空中交通管理系列教材

领 航 学

（第二版）

程 擎　江 波　**编著**

何秋钊　**审定**

西南交通大学出版社
·成都·

内容简介

本书首先介绍领航基础知识，重点介绍了飞机在风中的航行规律，地标罗盘领航、无线电领航、仪表进近着陆方法，并阐述了区域导航、所需导航性能、基于性能的导航等现代导航的概念和方法，重点介绍了飞行管理系统的原理、应用，最后介绍了飞行过程的领航程序。

本书可作为交通运输（空中交通管理、飞行签派、航行情报）专业本科学生使用的教材，也可作为交通运输专业专升本教材，还可供飞行人员、其他航空管理人员参考。

图书在版编目（ＣＩＰ）数据

领航学/程擎，江波编著. —2 版.—成都：西南交通大学出版社，2013.6（2019.5 重印）

空中交通管理系列教材

ISBN 978-7-5643-2323-3

Ⅰ.①领… Ⅱ.①程… ②江… Ⅲ.①航空导航－教材 Ⅳ.①V249.3

中国版本图书馆 CIP 数据核字（2013）第 119016 号

空中交通管理系列教材

领航学
（第二版）

程 擎 江 波 编著

*

责任编辑 黄淑文

封面设计 何东琳设计工作室

西南交通大学出版社出版发行

四川省成都市二环路北一段 111 号西南交通大学创新大厦 21 楼

邮政编码：610031 发行部电话：028-87600564

http://www.xnjdcbs.com

成都蓉军广告印务有限责任公司印刷

*

成品尺寸：185 mm×260 mm 印张：19

字数：473 千字

2013 年 6 月第 2 版 2019 年 5 月第 7 次印刷

ISBN 978-7-5643-2323-3

定价：42.00 元

本书用英美制单位与国际单位的换算关系

1 ft=0.304 8 m

1 m=3.281 ft

1 mile=1.609 km

1 n mile=1.852 km

1 kn=1 n mile/h=1.852 km/h

1 lb=0.454 kg

1 kg=2.205 lb

1 inHg=33.86 hPa

760 mmHg =29.92 inHg =1 013.25 hPa

注：因飞行系统的需要，教材中保留部分英美制单位，未统一为国际标准单位。

前　言

　　领航学是交通运输专业的一门专业基础课，内容包括领航基础知识、基本领航方法以及现代导航方法、领航准备和空中实施程序及方法。空中交通管理、飞行签派、航行情报等专业的学生在学习专业知识之前，首先应学习领航学课程，以便理解飞机位置与航线之间相互关系，熟悉航空器航行的规律和方法，掌握航空器基本飞行程序及空中导航设备的功用、主要使用参数，以利于对航空器进行管制和放行控制。

　　原《领航学》教材是依据交通运输专业领航学教学大纲，参考多方面资料编写的，于1998年6月投入教学使用。随着民航快速发展，导航系统发生了很大的变化，空中交通管理、飞行签派和航行情报等人员对领航知识提出了新的要求，2009年，中国民航飞行学院决定对领航学教材进行重新编写。新版《领航学》教材按照新大纲，重新设置教学内容，收集了大量资料，重新研讨了该学科的知识体系和学科教学特点，对教材进行了大幅度的修订改编，删除了一些陈旧的内容，增加了许多新知识、新技术，使教材的内容、结构、体系贴近专业教学需要，更加符合民航发展的要求。

　　本教材共分8章，第1章领航基础知识，第2章飞机在风中的航行规律，第3章地标罗盘领航，第4章无线电领航，第5章仪表进近着陆，第6章现代导航方法，第7章飞行管理系统，第8章飞行过程的领航程序，由中国民航飞行学院程擎、江波同志编写。绪论、第2、3、5、6、7、8章由程擎编写，第1、4章由江波编写。全书由程擎统稿，何秋钊审阅。领航学教学组的其他老师对教材也提出了很好的建议，孙立新博士、研究生杨荣盛对教材进行了部分校对工作，杨荣盛、牟俊宇同学制作了部分图形。

　　本教材在编写过程中，得到了中国民航飞行学院空管学院、教务处、研究生处等单位的大力支持，在此表示衷心感谢。

　　由于编写时间仓促，编者资料不全、水平有限，书中不足之处在所难免，恳请读者批评指正。

中国民航飞行学院　编者

2013年1月

目　录

绪　论

　　领航学是研究利用领航设备引领飞机航行的一门应用学科。飞行、空管、签派、航行情报等人员的工作目的，就是安全、准确、准时地让飞机从起飞机场飞往目的地机场。飞机在飞行过程中，飞行员就需要运用不同的领航方法完成航行任务，所以领航的基本任务就是引导飞机沿着预定的航线安全、准确、准时地飞到目的地。

　　自从飞机发明以后，飞行过程的领航方法也随之产生了。早在19世纪90年代，飞机刚刚飞上天，飞行员用地图对照地面，凭借目视从一个基地飞往另一个基地。此时飞机还只能在天气良好时，在机场附近飞行，此时主要依靠目视观察地面，利用城镇、河流、铁路等显著地标来领航。

　　随着飞行次数的增加，人们渐渐掌握了飞机在风中的航行规律，能够利用航行速度三角形的解析法和修正偏流飞向目标的方法，而且随着专用飞行航空地图的问世，俄国莫斯科航空学院的教授朱拉夫琴科提出了罗盘领航的概念，同时将罗盘领航运用于云上和夜间飞行。与此同时，空中领航理论也不断地发展，决定领航学发展前途的理论著作相继出现，在航空地图、飞机位置线理论、磁罗盘理论、航行测量的理论及应用、无线电领航设备和天文领航设备的应用等基础上，领航的手段和方法取得了突飞猛进的发展。

　　20世纪20年代初，无线电技术开始用于导航，在第二次世界大战期间和战后，无线电领航的发展十分迅速，无方向信标系统（NDB/ADF）、全向信标系统（VOR）、测距仪系统（DME）、仪表着陆系统（ILS）等各种无线电导航系统不断研制成功并用于航空飞行，无线电领航应运而生。

　　由于无线电领航采用无线电波传播，无线电波的传播受到外界条件的限制较小，通过无线电测角、测距（或测距差）获得导航参数，具有速度快、精度高的优势，所以无线电领航使飞机能够在复杂气象条件下安全地起飞和降落，能够准确地沿航线准时飞到目的地，增强了飞机的机动飞行能力，取得了极大的经济效益，在当前是一种主要的领航方法。

　　随着电子技术、计算机技术的飞速发展，导航系统向作用距离远、自动化程度高等方面发展，先后研制和使用了一些远程导航系统，如罗兰C（LORAN-C）、奥米伽导航系统（OMEGA）、多普勒雷达（DRA）和惯性导航系统（INS）/惯性基准系统（IRS）。随着空间技术、大地和大气测量技术、数字通信和计算机技术的迅速发展，卫星无线电导航也迅速发展，如美国1973年开始研制、1995年宣布达到全运行能力的全球定位系统（GPS），1982年苏联研制、后来建成归俄罗斯所有的全球轨道导航卫星系统（GLONASS），正在建设的欧洲"伽利略"卫星导航系统和我国的北斗卫星导航系统等。

　　各种现代导航系统的发展和完善，使区域导航（RNAV）成为可能。导航方法从传统的向背台飞行发展到了在导航系统的覆盖范围和能力限度内从航路点到航路点的任意飞行。导航的理念从基于信号的导航转变到了基于性能的导航，随着基于性能导航（PBN）的发展和完善，"自由飞行"将成为可能。

尽管领航方法经历了地标领航、罗盘领航、无线电领航、现代导航等，但在飞行过程中，飞行员都还要通过适当的领航方法来确定飞机的位置，根据飞机相对于航线的位置来决定如何保持飞机的航向，并且需要考虑什么时候飞到预定地点。所以确定飞机位置、飞机航向和飞行时间是领航需要解决的三个基本问题。

1 领航基础知识

1.1 地球及航线知识

1.1.1 地球的形状和大小

　　地球自然表面是一个崎岖不平的不规则表面，有高山、丘陵、平原、盆地和海洋。人们对地球形状的认识经历了漫长的过程，近代大地测量发现地球更接近于两极扁平的椭球形；随着科学技术的发展，通过分析人造地球卫星对地球观察的资料，发现地球是一个不规则的"近似于梨形的椭球体"，它的极半径略短，赤道半径略长，北极略突出，南极略扁平，如图 1.1 所示。图中，实线为地球的真实形状，虚线为理想椭球体。

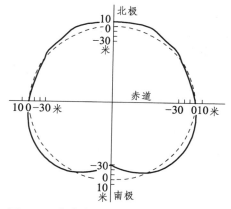

图 1.1　地球真实形状与理想椭球体

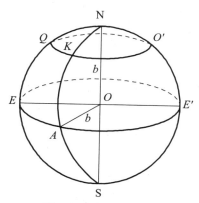

图 1.2　地球椭球体

　　由于地球表面极不规则，因而难以用数学公式表示，为了测量和制图工作的需要，选用一个同大地球体相近的可以用数学方法来表达的旋转椭球体来代替，简称地球椭球体，如图 1.2 所示。地球椭球体面是一个规则曲面，是测量和制图的基础。地球椭球体的大小，由于推求所用资料、年代和方法不同，所得地球椭球体的描述参数也不同。从 1978 年起，我国采用国际大地测量（IAG）和地球物理联合会（IUGG）第十六届大会所推荐的"1975 年基本大地数据"给定的椭球体。其数据为：东西半径（长半轴 a）为 6 378.140 km，南北半径（短半轴 b）为 6 356.755 km，地球长、短半轴只相差 21.385 km，椭球体的扁平率 $e = 1/298.257$。

　　在现代民航运输中广泛应用的全球定位系统（GPS）采用的 WGS-84 椭球，是国际大地测量和地球物理联合会第十七届大会所推荐的椭球体。其测量数据为:东西半径 a 为 6 378.137 km，南北半径 b 为 6 356.752 km，扁平率为 $e = 1/298.257$。

为了计算方便，通过等体积计算，将地球椭球体换算成一个正球体，这时地球等体积正球体平均半径 $R = 6371$ km。

1.1.2　地理坐标系与地理坐标

1.1.2.1　地理坐标系

地理坐标系是指用地理经纬度表示地球表面上点位的空间坐标系。地球体的质量中心叫地心，地球的旋转轴叫地轴。地轴的北端叫北极，南端叫南极；过地心与地轴垂直的平面与地球表面的交线是一个圆，叫地球的赤道；过英国格林威治天文台旧址和地轴的平面，与地球椭球面的交线叫起始经线（起始子午线）。以地球的北极、南极、赤道和起始经线等作为基本元素，即可构成基于地球的球面地理坐标系。

1.1.2.2　纬度（LAT—Latitude）

利用与赤道平行的平面去切地球，与地球表面的交线叫做纬圈，纬圈的一段叫纬线，所有纬线都是互相平行的。地球表面任何地点都有一条纬线通过，它代表该地点的东西方向，如图 1.3 所示。

每一条纬线的地理位置，用它的坐标——纬度（φ 或 LAT）来表示。某纬线的纬度，就是该纬线上任意一点与地心的连线同赤道平面的夹角，叫该地点的纬度，单位为度、分、秒。以赤道为 0°量起，向南、北两极各 90°，赤道以北的叫北纬（φ_N 或 LAT N），赤道以南的叫南纬（φ_S 或 LAT S）。同一纬圈上各地点的纬度相同。如图 1.4 所示，北京的纬度是北纬 39°57′，常见的表示形式为：① $\varphi_N39°57′$；② 39°57′N；③ N39°57′；④ LAT N39°57′。

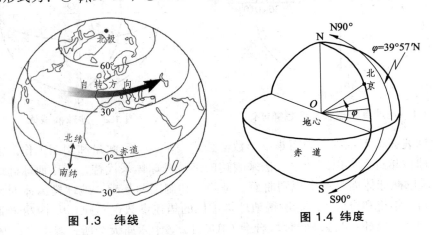

图 1.3　纬线　　　　　　　　　图 1.4　纬度

1.1.2.3　经度（LONG—Longitude）

通过地轴的平面与地球表面的交线叫经圈，每个经圈都被两极分为两半，每一半或一段叫经线，如图1.5所示。地球表面上任何地点都有一条经线通过，它代表该地点的南北方向。每一条经线的地理位置，用它的坐标——经度（λ或LONG）来表示。某条经线的经度，就是该地方经线所在平面和起始经线所在平面的夹角，叫该地点的经度，单位为度、分、秒。以起始经线为0°量起，向东、西各180°，起始经线以东的叫东经（λ_E或LONG E），起始经线以西的叫西经（λ_W或LONG W）。如图1.6所示，北京的经度为东经116°19′，常见的表示形式为：① λ_E116°19′；② 116°19′E；③ E116°19′；④ LONG E116°19′。

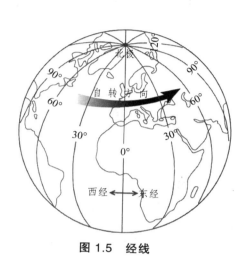

图1.5　经线

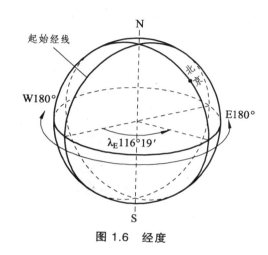

图1.6　经度

1.1.2.4　地理坐标

地面上任何地点都有且仅有一条纬线和一条经线通过。在地图或地球仪上标画出每一地点的经、纬度，就可以建立一个完整的地理坐标网，如图1.7所示。根据某地点的经、纬度（即地理坐标），就可以在地球仪或地图上查出该地点的地理位置；反之，也可以通过已知位置点查出其经、纬度（地理坐标），如图1.8所示。飞行中，可以随时利用经、纬度来报告飞机的位置，也可以在机载设备中进行航路点（位置）的经、纬度输入，完成领航工作。

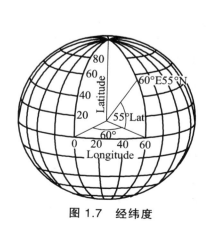

图1.7　经纬度

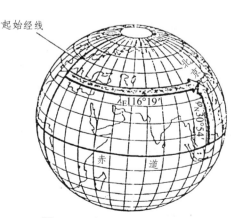

图1.8　地理坐标与地理位置

1.1.3　地球磁场（Geomagnetic Field）

地球存在磁场，很像在它的内部放置着一个大磁铁，如图 1.9 所示。地球磁场的两个磁极叫地球磁极。地球磁场的南极在地理北极附近，约位于北纬 74.9°、西经 101°处；地球磁场的北极在地理南极附近，约位于南纬 67.1°、东经 142.7°处。磁轴不通过地心，而且两磁极的位置亦绕地理两极，沿椭圆形轨道缓慢作有规律的移动，运动周期约 960 年。

在领航中，习惯上将地球磁场的南极称作磁北极，以与地理北极相对应；将地球磁场的北极称作磁南极，以与地理南极相对应，如图 1.10 所示。

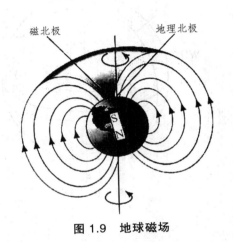

图 1.9　地球磁场

图 1.10　磁北极和磁南极

某一位置的地球磁场在水平面和垂直面上的方向，用磁差和磁倾表示；地球磁场的强度，用地磁力表示。磁差、磁倾和地磁力（地球磁场强度）称为地球磁场三要素，如图 1.11 所示。

1.1.3.1　磁差（MV 或 VAR—Magnetic Variation）

地球仪或地图上所标画的经线，即通过地轴平面与地球表面的交线，都是指向地理南北极的方向线，叫作真经线；真经线的北端指向地理北极，称为真北（True North，N_T）。稳定的自由磁针所指的南北方向线，即地球表面连接地磁南北极的方向线，是地球磁场水平分量的方向线，叫作磁经线；磁经线的北端指向磁北极，称为磁北（Magnetic North，N_M）。

由于地磁南北极与地理南北极不重合，使得稳定的自由磁针指示的方向并不一定指向地理南北极，而是指向地磁的南北极，即各地点的磁经线常常偏离真经线。磁经线北端偏离真经线北端的角度，叫作磁差或磁偏角，用 MV 或 VAR 表示，如图 1.12 所示。以真经线北端为基准，磁经线北端偏在真经线北端东面（右边）为正磁差，偏在真经线北端西面（左边）为负磁差；磁差范围 − 180° ～ + 180°，磁差的常见表示形式有：① MV − 2°；② VAR2°W。磁差随时间、地区变化而变化。

6

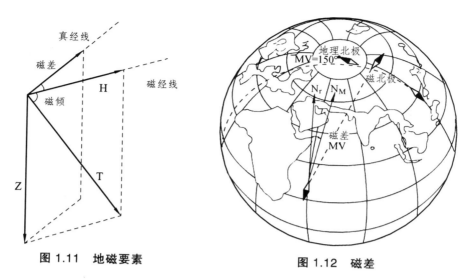

图 1.11　地磁要素　　　　　　　　图 1.12　磁差

　　某一地点的磁差，可以从航空地图或磁差图上查出。在航空地图或磁差图上，通常把磁差相等的各点，用紫色的虚线连接起来，并标出磁差的数值，这些虚线就叫等磁差曲线，可供飞行时查取磁差之用。图 1.13 所示为中国磁差图和全球磁差图。

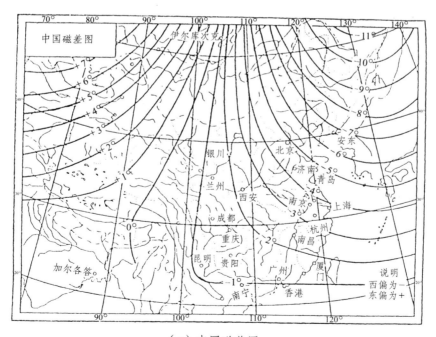

（a）中国磁差图

7

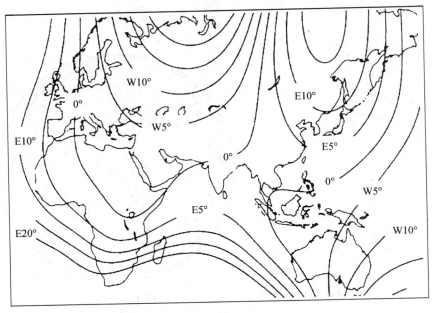

（b）全球磁差图

图 1.13　中国磁差图和全球磁差图

1.1.3.2　磁　倾

在大多数地区，地球磁场的磁力线都同水平面不平行，所以支点同重心重合的磁针常常是倾斜的。地球表面任何一点的地球磁场强度方向（及自由磁针的轴线方向，也就是磁力线的切线方向）与水平面之间的夹角，就叫磁倾角，简称磁倾（θ），如图 1.14 所示。在水平面之下，磁倾角为正；在水平面之上，则磁倾角为负。地球上各点的磁倾也常不相同，磁倾随纬度增高而增大，在地球磁极附近的地区，磁倾最大可达 90°。

1.1.3.3　地磁力

地球磁场对磁体（如磁针）的作用力叫地磁力。同一磁体所受的地磁力，在地球磁极附近最强，在地球赤道上最弱。地磁力的大小还同飞行高度有关：随着高度的升高，地磁力将逐渐减弱。

图 1.14　磁倾

地磁力对水平面常常是倾斜的。在磁极附近地磁水平分力很弱，磁针难以准确地指示出南北方向。

1.1.3.4　地磁要素的变化

根据各地实际测量的结果，地磁要素不仅因地区不同，而且随着时间缓慢地变化。

1）世纪变化和磁差年变率

由于地磁南北极围绕地理南北极沿椭圆形轨道缓慢作有规律的移动，运动周期约 960 年，因此地磁要素也相应发生变化。地磁要素长期有规律的变化叫世纪变化，变化的周期大约是 960 年，其中对领航准确性影响较大的是磁差的变化。磁差世纪变化的年平均值叫磁差年变率，磁差年变率一般不超过 10′，但随着时间的增加积少成多，应予以修正。为了在领航中准确地确定某地点当前的磁差，应当根据地图上等磁差曲线的年份、磁差及注明的磁差年变率进行修正计算。计算某地当年的磁差时，先按等磁差曲线查取磁差，再根据航图图例上标注的等磁差曲线数值的年份、磁差年变率进行修正。

2）周年变化和周日变化

地磁要素以年和日为周期的变化，叫周年变化和周日变化。但这些变化很小，实际应用中可忽略不计。

例 1.1 通过查询地图上等磁差线，某地 1960 年磁差为 − 1.5°，年变率为 − 0.8′，求该地 2011 年磁差。

解： $MV_{(2011)} = -1.5° + (2011 - 1960) \times (-0.8′) \approx -2°$

1.1.4 航　线

飞机从地球表面一点（起点）到另一点（终点）的预定的航行路线叫航线，也称为预计航迹。

由于地面导航设施、空中交通管理、飞行任务、地形等因素的影响，一条航线常常由起点、转弯点、终点等航路点构成，其中还包括指定的或飞行员自选的检查点，这样的航线我们称为航路。

在目视飞行规则（VFR）条件下飞行，通常以起飞机场作为航线起点，以着陆机场作为航线终点，转弯点和检查点则是一些明显易辨的地面景物。而在仪表飞行规则（IFR）条件下飞行，通常以起飞机场和着陆机场的主降方向远距台或附近的归航台为航线起点和终点，而转弯点和检查点则是一些无线电导航点或定位点；实施区域导航时，这些航路点则是一些选定的点（采用经、纬度表示）。

航线的方向和距离用航线角和距离表示，领航使用的航线有大圆航线和等角航线。

1.1.4.1 航线角和航线距离

航线（航段）的方向，用航线角（Course）表示，即从航线起点的经线北端顺时针量到航线（航段）去向的角度，如图 1.15 所示。航线角范围 0° ~ 360°。因经线有真经线、磁经线，所以航线角用真航线角（TC）和磁航线角（MC）两种来表示，换算关系式为：

$$MC = TC - MV$$

（1.1）

领航上常用的航线角为磁航线角。进行航线角换算时，应注意航线角的取值范围为 0° ~ 360°；如果出现超界的情况，应通过 ± 360° 将其转化到有效范围内。

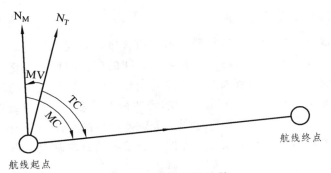

图 1.15　航线角及换算

　　航线距离（D – Distance）是航线起点到终点间的地面长度，它等于各航段长度之和，其计算方法按《飞行管制 1 号规定》执行。航线距离我国民航上常用公里（km）和海里（n mile）为单位，也有以英里（mile）为单位的，规定地球上大圆弧 1′的长度为 1 n mile。三者间的关系为：1 n mile = 1.852 km = 1.15 mile。飞行中，三者可用民航五型尺进行计算，计算的尺形如图 1.16 所示。海里指标、英里指标和三角指标中的任一个，在对向固定尺上的某一数值时，另外两个指标在固定尺上所对的数值，分别是它们换算的结果。

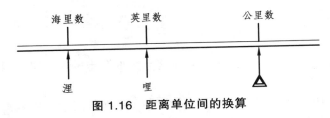

图 1.16　距离单位间的换算

1.1.4.2　大圆航线和等角航线

　　航线按其构成方法分为大圆航线（GC – Great Circle）和等角航线（RL – Rhumb Line）两种类型，如图 1.17 所示。

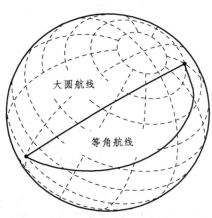

图 1.17　大圆航线和等角航线

1）大圆圈线和大圆航线

地球表面两点间的大圆圈线是包含这两点以及地心的平面与地球相切时，该平面与球面的交线。以通过两航路点间的大圆圈线作为航线的叫大圆航线，如图1.17所示。大圆航线上各点的真航线角不相等（只有沿经线或沿赤道时相等），但大圆航线是地球上两点之间距离最短的航线。

大圆航线的航线角、距离和途中所经各点的地理坐标，是航行的基本要素，可以根据球面三角公式导出各参数的计算公式。实际飞行中，通过自动导航设备，飞行人员只需输入位置坐标，即可计算出所需的参数。

航线角的计算公式：

$$\cot TC = \cos\varphi_1 \tan\varphi_2 \csc(\lambda_2 - \lambda_1) \sin\varphi_1 \cot(\lambda_2 - \lambda_1) \tag{1.2}$$

航线距离的计算公式：

$$\cos D = \sin\varphi_1 \sin\varphi_2 + \cos\varphi_1 \cos\varphi_2 \cos(\lambda_2 - \lambda_1) \tag{1.3}$$

式中：φ_1、λ_1 是起点的地理坐标；φ_2、λ_2 是终点的地理坐标，计算北纬取正值，南纬取负值；东经取正值，西经取负值。计算得出的 D 值以弧度为单位，需乘以60换算为海里。

2）等角线和等角航线

地球表面两点间的等角线是与各真经线夹角都相等的曲线。以通过两航路点间的等角线作为航线的就叫等角航线，等角航线是一条盘向两极的螺旋形曲线，等角航线上各点的航线角相等，但它的距离一般都比大圆航线长，如图1.17所示。

等角航线的航线角、距离和途中所经各点的地理坐标，同样可根据球面三角公式导出各参数的计算公式，以便在飞行中计算出所需的各参数。

航线角的计算公式：

$$\tan TC = (\lambda_2 - \lambda_1) / \ln\tan(45° + \varphi_2/2) - \ln\tan(45° + \varphi_1/2) \tag{1.4}$$

航线距离的计算公式：

$$D = (\varphi_2 - \varphi_1) \cdot \sec TC \tag{1.5}$$

或 $$D = (\lambda_2 - \lambda_1)\cos\varphi_{均} \cdot \sec TC \tag{1.6}$$

式中：$\varphi_{均}$ 是起点和终点的平均纬度；纬度相差较大时，用式（1.5）；纬度相差较小时，用（1.6）式。其他的规定与计算大圆航线参数相同。

3）大圆航线和等角航线的比较

地球表面任意两点间都有一条大圆航线和一条等角航线通过。地球表面上的大圆航线距离最短，但是每经过一条经线就要改变航线角；等角航线的航线角不变，但是航线距离比大圆航线长。因此远程航线的全程应选择大圆航线（取其短），再分成数段，每段按等角航线飞行（取其航线角不变）。

计算表明，经度差越大，航线与经线越接近垂直，等角航线与大圆航线的距离差也越大；但是，当经度差小于30°时，大圆航线与等角航线的距离差就比较小，可以忽略不计，所以近程航行时选择等角航线。一般地图作业画的航线，经度差不会超过 30°，两点间的航线都画成直线，可以沿直线量航线角和距离。

4）大圆航线和等角航线的应用

地球上任意两点间都有一条大圆航线和一条等角航线，只有当两点都在赤道上或同一经线上时，这两条航线才互相重合，否则就一定是两条不重合的航线。

等角航线一般比大圆航线的距离长，二者相差的距离随航线长度而增加，且与起点和终点的航线方向及纬度、经度差有关：经度差越大，航线角越接近 90° 或 270°，距离差就越大；在中纬度地区，距离差最大。但是，经过计算表明，在经度差小于 30° 的情况下，无论其他条件如何，距离差都很小，完全可以忽略不计。

大圆航线距离虽短，但一般的大圆航线在飞行中需要时时改变航线角，极不方便；等角航线虽然距离长，但可以在飞行中不改变航线角一直到达目的地。因此，实际飞行中必须根据不同的情况进行选择：一般在近程飞行，相差距离很小时，选用等角航线；远程飞行时，则必须计算出两者相差的数值，然后根据差值的大小选择一种或二者配合。最常用的方法是全程采用大圆航线，然后将大圆航线根据实际情况分成几个航段，每一航段按等角航线飞行，这样，可以减少不必要的麻烦，便于领航的空中实施，同时也能得到较好的经济效益。

随着现代导航技术、计算机技术和自动控制技术的发展，现代大中型飞机都可以使用大圆航线，而小型飞机（如运五、TB 等）受导航设备限制只能采用等角航线。

1.2　常用的航空地图

将地球表面的全部或者一部分地形、地物按一定的比例缩小，用一定的方法和符号描绘在平面上的图形，就叫地图。地图的种类很多，不同的地图有不同的用途。专供航空使用的地图叫航空地图，简称航图。我国民航使用的航图分为通用航图和特种航图。本节主要介绍通用航图的基本知识，特种航图将在仪表进近程序部分加以介绍。

1.2.1　地图三要素

地球可以认为是一个椭球体，要将地球表面上的各种景物画到面积有限的平面上，需要解决两个矛盾，即：球面与平面之间的矛盾，大与小的矛盾。为此必须将地球按一定比例缩小，并采用一定的符号和投影方法进行，即地图比例尺、地图符号和地图投影方法，称为地图三要素。

1.2.1.1　地图比例尺

编制地图时，需要把地球或制图区域按照一定的比率缩小表示，这种缩小的比率就是地图的比例尺。地图比例尺的精确定义为：地图上沿某方向的微分线段和地面上相应微分线段水平长度之比。在领航上，一般使用地图比例尺的传统定义：地图比例尺就是地图上线段的长度（$D_\text{图}$）与地面上相对应的实际长度（$D_\text{地}$）之比，即：

$$地图比例尺 = \frac{图上长}{实地长} = \frac{D_\text{图}}{D_\text{地}}$$

$$(1.7)$$

地图比例尺通常绘注在每幅地图的图廓下方，常用的有三种表示形式：

1）数字比例尺

数字比例尺是指用阿拉伯数字形式表示的比例尺。一般是用分式或比例式表示，如 1：10 000，1：5 万，1/250 000 等。为了使用方便，通常都将比例尺的分子化为 1，那么，分母的大小就表示地面某一线段长度画在地图上时缩小的倍数。如地图比例尺为 1：100 000 表示缩小了 10 万倍。使用时将数字比例尺的分母消去 5 个"0"，剩下的数值就是图上长 1 厘米所代表的地面距离公里数，以便利用这一关系正确地量取两点间的实地距离。数字比例尺的优点是：简单易读、便于运算、有明确的缩小概念。

2）文字说明比例尺

文字式比例尺也叫说明式比例尺，是指用文字注释方式表示的比例尺，一般用文字在地图上注明图上长同地面实际长度的关系。如"五万分之一"，"图上一厘米相当于实地一公里"等。在使用英制长度单位的国家，常见地图上注有"一英寸等于一英里（1 inch to mile）"等。文字比例尺单位明确、计算方便、较大众化。

3）图解比例尺

图解比例尺是以图形的方式来表示图上距离与实地距离关系的一种比例尺形式。它又分为直线比例尺、斜分比例尺和复式比例尺三种。

直线比例尺又叫线段比例尺，是以直线线段的形式表示图上线段长度所对应的地面距离，具有能直接读出长度值而无需计算及避免因图纸伸缩而引起误差等优点，如图 1.18 所示。

斜分比例尺又称微分比例尺。它不是绘在地图上的比例尺图形，而是依据相似三角形原理，用金属或塑料制成的一种地图量算工具。用它可以准确读出基本单位的百分之一，估读出千分之一，如图 1.19 所示。

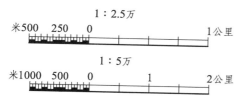

图 1.18　线段比例尺

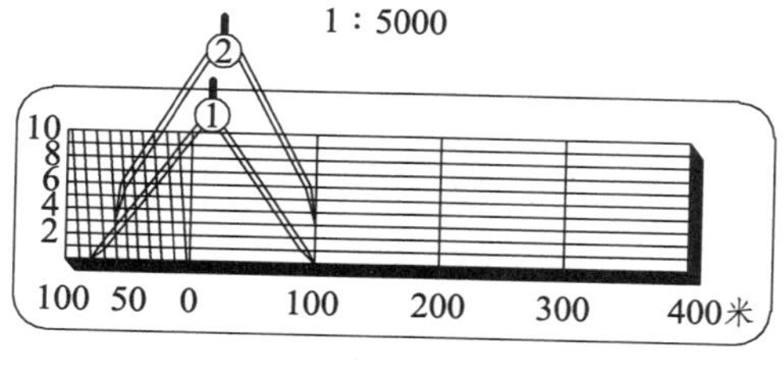

图 1.19　斜分比例尺

复式比例尺又称投影比例尺，是一种由主比例尺与局部比例尺组合成的图解比例尺。在小比例尺地图上，由于地图投影的影响，不同部位长度变形的程度是不同的，因此，其比例尺也就不同。在设计地图比例尺的时候，不能只设计适用于没有变形的点或线上的直线比例尺（主比例尺），而要把不同部位的直线比例尺科学地组合起来，绘制成复式比例尺。通常是对每条纬线或经线单独设计一个直线比例尺，将各直线比例尺组合起来就成为复式比例尺。如图1.20所示。

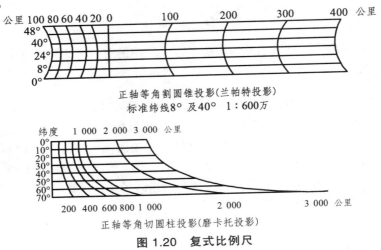

图 1.20　复式比例尺

为了适应航空运输的不同用途，需要各种不同大小比例尺的航图，但地图比例尺的大小是相对而言的。不同比例尺的地图互相比较，比例尺分母较小，比值就较大，因而比例尺也较大，领航上习惯于把比例尺大于 1：500 000 的地图称为大比例尺地图，如 1：200 000 和 1：100 000 地图；把比例尺小于 1：1 000 000 的地图称为小比例尺地图，如 1：1 500 000 和 1：2 000 000 地图。

图幅同样大小的地图，比例尺大的所表现的地面范围要小些，但比较详细；比例尺小的地图所表现的地面范围要大些，但比较简略。飞行人员应根据飞行任务的需要，选择适当比例尺的航图：在一般航线上飞行时，为了便于配合观察地面景物和进行领航计算，常选用 1：1 000 000 航图；在远程航行时，为了推测飞机位置方便和便于携带，常选用 1：1 500 000 航图和 1：2 000 000 航图；在通用航空和特殊领航任务时，如航测、护林、空投、航摄、救援等，为了便于详细识别地面景物和地形，常选用 1：100 000 和 1：50 000 的大比例尺航图。

1.2.1.2　地图符号

绘制地图时，需将地面上的各种景物、高低起伏的形态表示出来，因而必须采用不同的表示符号，这些符号就称为地图符号。

1）地物在地图上的表示

地面上的河流、湖泊、森林、沙漠等自然景物，以及居民点、铁路、公路、桥梁、机场等人工建造物，统称地物。各种地物，依据它们的面积、长短，有三种表示形式：

① 真形：森林、湖泊、岛屿、大居民点、城市等，按比例尺缩小后仍能在地图上表示出真实轮廓即真实形状的，地图上用实线或虚线画出其真实形状轮廓，其间填充不同的符号和颜色。

② 半真形：铁路、公路、河流以及其他较狭窄的线状地物，其长度和弯曲情况可按比例尺缩小，但宽度按比例尺缩小后无法表示出来，因而采用半真形的符号表示。

③ 代表符号：村镇、桥梁、灯塔、寺庙等较小的地物，按比例缩小后，根本无法在地图

14

上表现其形状和大小，因而只能用一些规定的符号来表示，这些符号只表明地物的位置，而不表明其形状和大小。在每幅地图的边缘或背面有代表符号的图例，使用时可参照图例来了解地面的各种景物。同一地物在不同比例尺地图上其表示符号不完全相同，使用时须注意。

当需要对地物作补充说明时，在它旁边注有说明符号，说明符号总是配合上述三种表示形式使用的。如河流旁边注上箭头以表示水流方向。

2）地形在地图上的表示

地面高低起伏的形态叫地形，也叫地貌。为了计算和比较地面各点的高低，我国规定以黄海平均海平面作为基准面，从这一基准面算起的某地点的高度，叫该地的海拔，也叫标高（ELEV – Elevation）。两地点标高之差叫标高差，如图 1.21 所示。

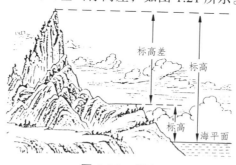

图 1.21　标高

① 将地形情况清楚地在地图上表现出来，常采用标高点、等高线和分层着色三种表示方法。

标高点：标高点是一些选定的特殊地点，如山峰、山脊的顶点，其位置用一小黑点或黑三角表示，旁边注明该地点的标高数值，如"●1 046"或"▲1 705"。标高前附加有"±"的（如±2700），表示标高不精确；标高数值为红色表示该地点是所在 1°经、纬网格的最大标高；标高数值为红色并加一个长方形红框则表示该位置点标高为本幅地图范围的最大标高。标高点只能查出个别地点的标高，但看不出整个地形的起伏情况。

② 等高线：等高线指的是地球表面标高相等的各个地点的连线在地图上的投影。在现代地图上，地形主要是用等高线来表示的。在每幅地图上，每隔一定高度画有一条等高线，旁边注明其标高，如图 1.22 所示为不同地形等高线示意图。用等高线表示地形虽然详细准确，但看起来不够明显。

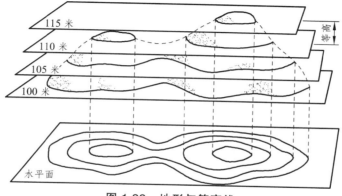

图 1.22　地形与等高线

15

③ 分层着色：在两条等高线之间，从低到高，由浅到深分别涂上不同的颜色，以表示不同的高度。这样，航图的地形看起来更为明显，一目了然。不同颜色所表示的高度，在地图边缘的颜色高度尺上都有注明。

目前使用的航空地图，为了把地形表现得更加明显、准确，都是采用综合三种方法来表示地形的起伏。在地图上查某地点标高的方法是：根据该地点所在的等高线或所在区域的颜色从颜色高度尺上查出；若该地点正好在等高线上，则等高线的标高就是该地点的标高；若在两条等高线之间，一般以邻近较高的等高线的标高作为该地点的标高。

1.2.1.3 地图投影

1）地图投影的意义

地球近似一个旋转椭球体，有时也把它当作一个球体，但是这两种球体的表面都是不可展平的曲面，而地图通常是二维平面，因此在地图制图时首先要考虑把曲面转化成平面。然而，从几何意义上来说，球面是不可展平的曲面，要把它强行展成平面，势必会产生破裂与褶皱，而且其分布又是毫无规律可循。这种不连续的、破裂的平面是不适合制作地图的，所以必须采用特殊的方法来实现球面到平面的转化。

2）地图投影的概念

地球表面上任意一点的位置用地理坐标(λ, φ)表示，而平面上点的位置用直角坐标(x, y)或极坐标(r, θ)表示，因此要想将地球表面上的点转移到平面上去，则必须采用一定的数学方法来确定其地理坐标与平面直角坐标或极坐标之间的关系。这种在球面与平面之间建立点与点之间对应函数关系的数学方法，称为地图投影。

3）地图投影的基本方法

地图投影的方法很多，通常可以归纳为几何透视法和数学解析法。我们这里主要介绍几何透视法。

（1）几何透视法。

几何透视法是利用透视关系，将地球表面上的点投影到投影面上的一种投影方法。例如，假设地球按比例缩小成一个透明的地球仪般球体，在其球心、球面或球外安置光源，将透明球体上的经纬线、地物和地貌投影到球外的一个平面上，所形成的图形，即为地图。

如图 1.23 所示，几何透视法只能解决一些简单的变换问题，具有很大的局限性，例如，往往不能将全球投影下来。随着数学分析这一学科的出现，人们就普遍采用数学分析方法来解决地图投影问题了。

（2）数学解析法。

在球面与投影平面之间建立点与点的函数关系（数学投影公式），已知球面上位置点的地理坐标，根据坐标转换公式确定在平面上对应坐标的一种投影方法。

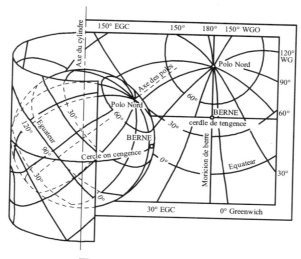

图 1.23　几何透视法原理

4）地图失真

用地图投影的方法可以解决将球面转化为平面的矛盾，虽可保证图形的连续和完整，但投影前后经纬线网的形状却明显不同。这表明，投影以后经纬线网发生了变形，因而根据地理坐标展绘在地图上的各种地面事物也必然随之发生变形。这种变形使地面事物的几何性质（长度、方向、角度、面积）受到了影响。地图失真是指球面转换成平面后，地图上所产生的长度、角度和面积误差。

① 长度失真：地球仪表面上的线段投影到投影面上后，其长度产生伸长或缩短，叫长度失真。由于长度失真，地图上各个地点不同方向上的比例尺将发生变化：长度伸长的地方比例尺变大，长度缩短的地方比例尺变小，因此，用同一个基准的比例尺去量距离时，会产生误差。

② 角度失真：地球仪表面上的任意两线段所成的夹角投影到投影面上后，其夹角的增大或减小，叫角度失真。角度失真是由于投影时沿经线和纬线方向的局部比例尺不同而产生的。由于角度失真，在地图上量取方向时，会产生误差。

③ 面积失真：地球仪表面的任意区域（小圆）投影到投影面上后，其面积的扩大或缩小，叫面积失真。面积失真是由于长度失真而产生的。

5）地图投影的分类

地图的分类有各种不同的分法，领航学中主要按失真的性质、投影面的类型、投影面同球面的关系位置来分类。

（1）按失真的性质分类。

根据使用地图的目的和要求，制作地图时可以运用投影理论，采用一定的投影方法，使制作的地图在某一方向没有失真或失真极小，一般分为等角投影、等积投影和任意投影。

等角投影：又称正形投影、相似投影；投影面上两条方向线所夹角度与球面上对应的两条方向线所夹角度相等。等角投影的缺点是面积变形比其他投影大，只有在小面积内可保持形状和实际相似。等角投影由于没有角度变形，便于量测方向，所以常用于编制航线图、航

17

海图、洋流图和风向图等。但等角投影地图上面积变形较大。

等积投影：球面上的面状地物轮廓经投影之后，仍保持面积不变。等积投影上以破坏图形的相似性来保持面积上的相等，因此，等积投影的角度变形大。由于等积投影没有面积变形，能够在地图上进行面积的对比和量算，所以常用于编制对面积精度要求较高的自然地图和社会经济地图，如地质图、土壤图、行政区划图等。等积投影的缺点是既有角度失真又有长度失真，并且该区域的形状会产生较大变化。

任意投影：这是一种既不等角也不等积，长度、角度和面积三种变形并存但变形都不大的投影类型。该类投影的角度变形比等积投影小，面积变形比等角投影小。在任意投影中还有一种十分常见的投影，即等距投影。等距投影是指那些在特定方向上没有长度变形的投影，但并不是说这种投影不存在长度变形。任意投影多用于对投影变形要求适中或区域较大的地图，如教学地图、科学参考图、世界地图等。

（2）按投影面的类型分类。

地图投影时采用的投影面有圆柱面、圆锥面和平面三种类型，地图投影可分为：以圆柱面作为投影面的圆柱投影；以圆锥面作为投影面的圆锥投影；以平面作为投影面的平面投影（也叫方位投影）；以许多顶角不同的圆锥面作为投影面的多圆锥投影如图1.24所示。绘制地图时，根据要求各投影面可以选择与球面相切或相割的方法。

图 1.24　不同投影面的地图投影

（3）按投影面与球面的关系位置分类。

一般可分为：投影面的轴线与地轴重合的正轴投影；投影面的轴线与地轴垂直的横轴投影；投影面的轴线同地轴相交成一角度的斜轴投影，如图1.25所示。

按投影面的类型分类　　按投影面与球面的关系位置分类	方位投影	圆柱投影	圆锥投影
正轴			

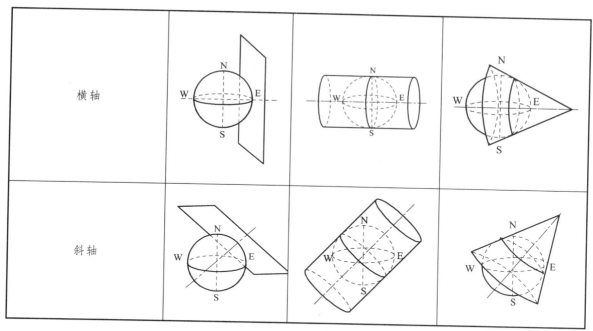

| 横轴 | | | |
| 斜轴 | | | |

图 1.25　不同投影方式的地图投影

由此可以看出，选择航空地图的投影方法时，为了便于在地图上量取准确的角度和距离，所有航空地图应当是等角和等距的，对于面积失真可不考虑。但是没有一种投影方法能同时满足既等角又等距的要求，因此，目前所使用的航图采用的投影方法，是在保证等角的前提下，尽量减小长度失真，以便用同一比例尺在地图上量取距离，同时，还应考虑在地图上画大圆航线或等角航线的方便。

1.2.2　常用的航空地图

为了满足领航上对航空地图的各种要求，常采用不同的投影方法绘制各种航图，这些航图都各有特点。只有理解和掌握常用航空地图的投影特点、失真情况及图上航线的形状，才能在领航工作中熟练应用，为飞行服务。

1.2.2.1　等角正圆柱投影

等角正圆柱投影又称墨卡托投影，是圆柱投影的一种，由荷兰地图学家墨卡托（G. Mercator）于 1569 年创立。

1）投影特点及主要特征

投影时将一个与地轴方向一致的圆柱切于地球球面的赤道，根据等角投影的要求，将经纬网投影到圆柱面上，最后将圆柱面展开成平面，就得到一张等角的墨卡托投影图，如图 1.26 所示。墨卡托投影图的主要特征是：经线是一组竖直的等距离平行直线，纬线是垂直于经线的一组平行直线，各相邻纬线间隔由赤道向两极增大。

2）失真情况

墨卡托投影图没有角度失真，赤道没有任何失真，其余地区都有不同程度的长度和面积失真：赤道附近失真很小，离赤道越远，失真越大，即随纬度增高而增大。因此，在这种投影图上量距离时，不能用同一个比例尺，而必须利用图边的复式比例尺。

我国目前绘制的一些墨卡托投影图，为了使整个地图的长度、面积失真分布均匀，采取将圆柱面割于南、北纬30°处绘制而成，所以两条30°纬线上没有失真，两条纬线间的地区有所缩小，两条纬线外的地区有所扩大。

3）图上航线形状

由于图上经线互相平行，所以等角航线是一条直线，而大圆航线则是一条凸向两极的曲线。

在墨卡托投影图上利用图解法计算飞机位置十分方便，适用于海上领航，同时也用作绘制较长距离等角航线时的辅助地图。

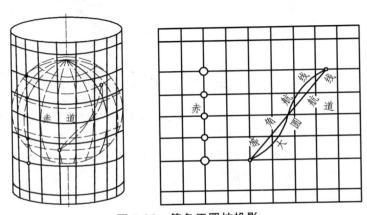

图1.26　等角正圆柱投影

1.2.2.2　极地平面投影图

1）投影特点和主要特征

投影时平面与地球的南（北）极相切，然后从地球仪中心将经、纬网投影到平面上，就成为极地平面投影图。它的主要特征是：经线都是从极点向外发散的射线，各经线间的夹角等于它们之间的经度差，纬线都是以极点为圆心的同心圆，纬度差相等的各纬线间的间隔，离极点越远，间隔越大，如图1.27所示。

2）失真情况

极地平面投影图是任意投影，即有角度失真、长度失真和面积失真，除平面与地球仪相切的极点没有任何失真外，其他地区离极点越远，失真越大。

3）图上航线形状

等角航线在极地平面投影图上是凹向极点的螺旋曲线，大圆航线是一条直线。极地平面投影图用作画大圆航线的辅助地图。

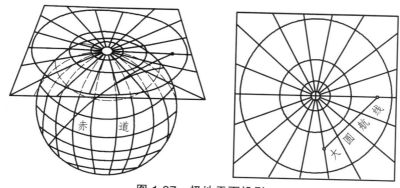

图 1.27　极地平面投影

1.2.2.3　等角正割圆锥投影图

等角正割圆锥投影图又称为兰伯特投影图，是德国人兰伯特（J.H.Lambert）创制的。

1）投影特点和主要特征

投影时以圆锥面与地球仪的两条选定的标准纬线相割，根据等角投影的要求，从地球中心将经、纬网投影到圆锥面上，然后将圆锥面展开成平面就得到了兰伯特投影图，如图 1.28 所示。

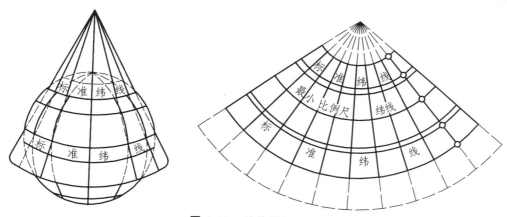

图 1.28　兰伯特投影图

投影时，两条标准纬线间的地区有所收缩，两条标准纬线以外的地区则有所扩大。主要特征是：经纬都是互不平行的射线，收敛于图外的一点（投影圆锥的顶点）；纬线都是以圆锥顶点为圆心的同心圆弧；纬度差相等的各纬线间的距离基本相等；两经线间的夹角（δ），小于它们间的经度差（Δλ），关系是：

$$\delta = \Delta\lambda \cdot \sin\varphi_{\text{平}}$$ （1.8）

其中　　　　　　　　$$\varphi_{\text{平}} = \varphi_1 + \varphi_2 / 2$$ （1.9）

φ_1、φ_2 是两条选定的标准纬线的纬度。

2）失真情况

兰伯特投影图没有角度失真，存在长度失真和面积失真。

长度失真的情况是：两条标准纬线上没有失真，两条标准纬线之间长度有所缩短，即比例尺变小，图上量出的距离将小于实际距离；两条标准纬线以外的地区，长度有所拉伸，比例尺变大，图上量出的距离将大于实际距离；离标准纬线越远，失真越大。

当投影地区较大时，为了减小失真，常用多个圆锥面正割地球仪进行分带投影，因而在拼接地图时，各投影带之间将产生裂缝。

3）图上航线的形状

等角航线是凸向赤道的曲线，大圆航线则是凸向比例尺大的一方的曲线，如图 1.29 所示。在一幅地图上，大圆航线极近似于直线。

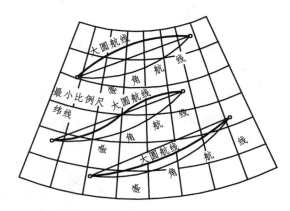

图 1.29　兰伯特投影图航线的形状

实际使用中，可以认为兰伯特投影图既等角又等距，成为一种最主要的航空地图。全世界统一规范的 1∶1 000 000 世界航图，从赤道 0°起至北纬 84°或南纬 80°之间，采用的就是兰伯特投影图。国际民航组织（ICAO）的规定：纬度每 4°为一个投影带，每个投影带的标准纬度，与投影带边缘纬度相差 40′，即北半球 $\varphi = \varphi_N - 40'$、南半球为 $\varphi = \varphi_S + 40'$；由于投影带范围很小，因此产生的失真极小，如在变形（失真）最大的赤道投影带（0°～ 4 °N）的上边缘纬线上，长度的相对失真也只有 0.037%。我国绘制的 1∶1 000 000 世界航图，规定每个投影带的边缘纬线和中间纬线长度相对失真的绝对值低于 0.030%，精度就更高了。但须注意，由于图上经线不平行，在量航线角时，应以航线中间的经线为基准。

1.2.3　航空地图的分幅和编号

为了使全国的地图大小规格一致，便于保管和使用，我国各种比例尺航图，是以 1∶1 000 000 等角正割圆锥投影图的分幅作为基础，进行统一的分幅编号。表 1.1 为各种比例尺航图图幅的范围规定。根据图幅的编号，就能迅速地选用所需航图。

表 1.1　地图比例尺与图幅范围

地图比例尺		1∶50 000	1∶100 000	1∶200 000	1∶500 000	1∶1 000 000	1∶2 000 000
图幅范围	纬度差	10′	20′	40′	2°	4°	12°
	经度差	15′	30′	1°	3°	6°	18°

1）百万分之一世界航图的分幅

百万分之一航图的分幅如图 1.30 和表 1.2 所示，纬度为 88°～90°为一幅图，采用的是极地平面投影。

表 1.2　百万分之一航图的分幅

地图区域		0°～60°	60°～76°	76°～84°	84°～88°	88°～90°
分幅范围	纬度差	4°	4°	4°	4°	2°
	经度差	6°	12°	24°	36°	360°

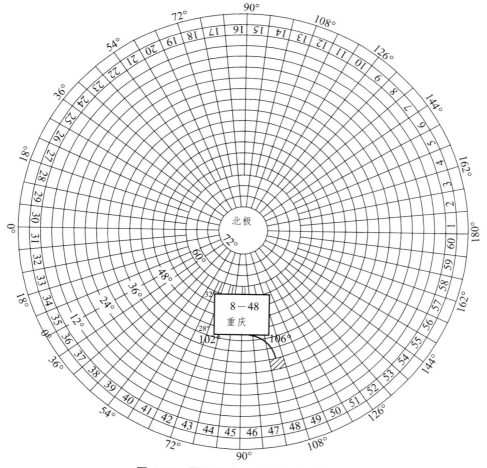

图 1.30　百万分之一航图的分幅编号

23

2）地图的编号

每幅图的编号由列数和行数组成。百万分之一航图从赤道起向两极纬度每隔4°为一列，依次以1、2、3、…、22表示；从经度180°起，自西向东经度每隔6°为一行，依次以1、2、3、…、60表示。在北半球的图幅，编号前加注N，南半球的图幅则加注S。我国领土都在北半球，编号时通常将N省略。重庆所在的一幅百万分之一航图位于第8列和第48行，编号为8－48。

五十万分之一航图图幅所包含的范围是百万分之一航图范围的四分之一，即一幅百万分之一航图可分为四幅五十万分之一航图，五十万分之一航图的编号为百万分之一航图编号后面加上甲、乙、丙、丁，如图1.31所示。

同理，一幅百万分之一航图可分为36幅二十万分之一航图，其编号在百万分之一航图编号后面加上（1）、（2）、（3）、…、（36），如图1.32所示。

一幅百万之分一航图可分为144幅十万分之一航图，其编号为在百万分之一航图编号后面加上1、2、…、144，如图1.33所示。

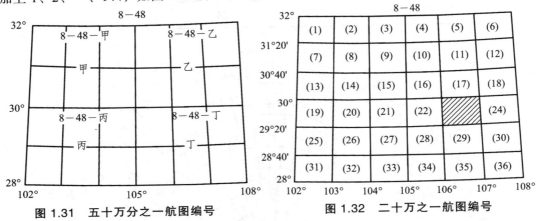

图1.31　五十万分之一航图编号

图1.32　二十万之一航图编号

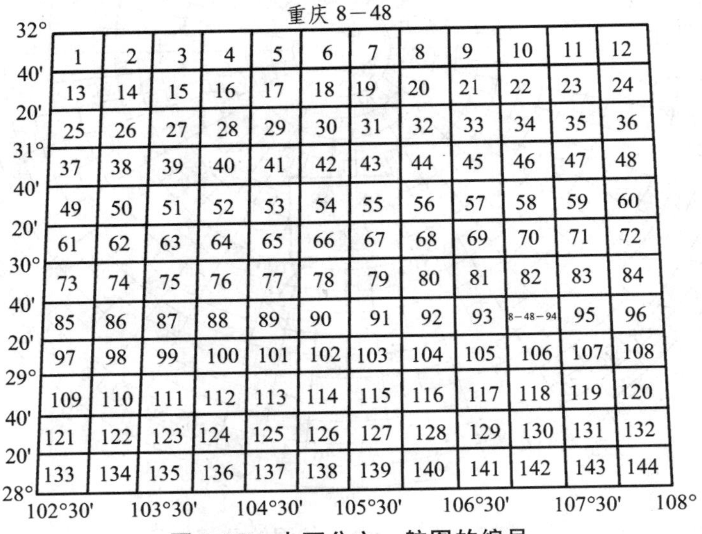

图1.33　十万分之一航图的编号

1.3 基本地图作业

对于一项飞行任务，需要选择航线，获取航线角、航线距离、最大标高、最低安全高度等航线数据。对于航班运输飞行，航线数据可通过查询航线图得到，而对于临时飞行、通用飞行等，如果没有航线图，可以通过标画航线来获得航线角和航线距离等航线数据。根据任务的不同，需要选择航空地图，进行航图的拼接和航线的标画。

1.3.1 航图的选择

使用航空地图的飞行、空管、签派和情报等专业技术人员，根据各自不同的业务需要，选择不同的航图。一般要求所选择的航图能够满足最新出版、资料准确、比例尺和投影方式都符合需要等基本条件。

1）地图比例尺

低空/超低空飞行、通用飞行、专业飞行、小速度飞机的飞行、研究固定目标等情况下，通常选用大比例尺航图；高空飞行、远程航行、高速飞机飞行等情况下，通常选用小比例尺航图，例如"等角正割圆锥投影图"；在训练飞行以及一般任务飞行的情况下，选用百万分之一或五十万分之一的航图。

2）地图投影

根据飞行任务的性质，一般以选择无角度失真和较小长度失真的投影图为宜。在赤道附近地区飞行，应选用"等角正圆柱投影图"；在中纬度地区飞行，应选用"等角正割圆锥投影图"；在极地附近飞行，应选用"极地球心方位投影图"、"极地球面方位投影图"或"等角横圆柱投影图"等。

3）出版年月

地面上的地形、地物，随着国家经济建设的发展和自然条件的变迁，也在不断随时间而发展变化。因此，选择航图时，应注意地图的绘制日期和出版日期，选择使用最新出版的地图，并在工作中不断积累资料进行充实和修正。

4）航图资料

一般要求航图资料翔实、准确度高。

1.3.2 航图的拼接

几幅相同比例尺的航图拼接时，按照图幅编号顺序和邻接图表（通常在航图左侧上方的图边缘处）的提示，裁去上图和左图相接部分的图边，依照上图压下图、左图压右图的原则，将相同的经、纬线以及主要的线状地标对齐接合。整幅图对齐接合有困难时，应将航线经过地带的经、纬线以及主要的线状地标对齐接合。

1.3.3 标画航线

在航图上进行地图作业，主要是进行标基本位置点、连航线、量取航线数据、标注航线数据的工作。

1.3.3.1 标基本位置点

基本位置点包括航线起点、转弯点（显著地标或航路导航点）、航线终点、检查点以及其他规定的位置点，必须准确地标出这些位置点。

1）标机场位置

在标画航线时机场位置的标画有两种方法：按经、纬度标注和按方位、距离标注。

按经、纬度标注是从航行资料公布的机场基准点（一般是跑道中心）找出经、纬度，然后在地图上找到相应的经、纬度刻划，分别轻轻划出经线、纬线的平行辅助线，两条线的交点即是机场中心位置。

按方位、距离标注是从航行资料中查出机场中心位于某地点的真方位和距离，然后在地图上找出该地点并画一条方位线，以该地点为起点沿方位线用同比例向量尺量出公布距离，找出机场的中心位置。

例1.2 广汉机场位于广汉市真方位127°，距离为5.9 km处，标出的广汉机场中心位置如图1.34所示。

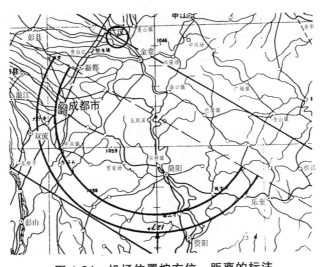

图1.34 机场位置按方位、距离的标注

解：① 使向量尺量角器（半圆）的中心压在广汉市附近的一条经线上，转动向量尺，使代表机场真方位127°的刻度也压住该经线，然后沿该经线平移向量尺，使向量尺底边通过广汉市，用笔沿127°方位画出一条方位线。

② 沿127°方位线用向量尺底边量出距离5.9 km，根据地图比例尺1：100万，在方位线上量出5.9 mm，该位置即机场中心位置。

③ 地图上机场中心位置，用向量尺上的 5 号圈以机场中心为圆心，用红笔标出机场位置识别符号。

2）标跑道方向

因为机场的跑道长度通常为几千米、宽度为几十米，在百万分之一的航图上按照比例缩小后长度仅几毫米、宽度零点几毫米，无法在百万分之一航图上标画，所以只能标画跑道的方向。跑道方向的标画是在机场位置红圈内，通过机场基准点用向量尺沿跑道方向画出圆的直径。其具体方法如下例。

例 1.3　重庆江北机场跑道磁向为 019°/199°，标出跑道方向。

解：① 将公布的跑道方向换算为真方位：由于该地 MV－2°，所以跑道真方向为 017°/197°。

② 将向量尺上量角器的跑道方向半圆刻度 017°和量角器中心压在机场基准点附近的经线上，平移向量尺，使向量尺底边压住机场基准点。

③ 沿向量尺底边用红笔在机场位置圈范围内画出该圆的直径，即表示跑道的方向。如图 1.35 所示为江北机场跑道标志。

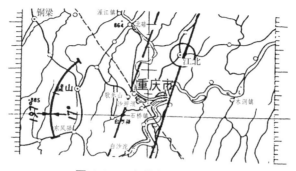

图 1.35　跑道方向的标注

如果跑道方向接近于南北方向，也可采用压纬线的方法来标跑道方向。即将向量尺上量角器的跑道方向小段刻度和量角器中心压在纬线上，平移向量尺，使向量尺底边压住机场中心点。

3）标导航台

导航台在机场可设置在跑道两端中心延长线上，也可设置在机场中心某方位、距离处。当导航点在跑道中心延长线上时，应从跑道中心沿延长线方向至导航点距离找出导航点位置；当导航点在跑道侧方时，应根据公布的导航点与跑道中心的真方位和距离标出导航点位置，当然如果导航点公布有经、纬度，则按经、纬度标注更为精确。标出导航点位置后，用红笔以导航点位置为几何中心画一个"△"，代表导航台。如果导航台在航路上，可找到导航台所在的城镇位置或经纬度位置，同样用红笔以导航点位置为几何中心画一个"△"，代表导航台，如图 1.36 所示。

4）标其他航路点

航线上的各个转弯点和规定的位置点（如检查点），如果是某一特定地标，则用红色 5 号圈以地标为圆心圈起即可；如果转弯点是一导航台，则用标导航台的方法标出即可。

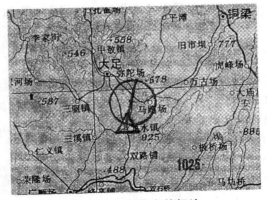

图 1.36　导航台的标注

1.3.3.2　连航线

连接航线时，使用蓝（黑）色笔将起点、各转弯点、终点的中心用直线连接起来，连接时注意不要将直线画进起点、终点的标志符里面，只画到与标志符相连，画出的航线粗细要均匀、清晰，但画出的航线可以通过检查点。

1.3.3.3　量航线角和航线距离

量航线角时，要根据航线的方向来选择量取方法：如果航线为东西方向，可以采用压经线的方法；如果航线为南北方向，则采用压纬线的方法。

当航线为东西向时，将向量尺的底边或平行线压住航线，平移向量尺，使向量尺量角器中心压在经线上，这时在两半圆上所对经线刻度即为航线角，如图1.37所示。读取角度时须注意航线的方向，航线自西向东，航线角小于180°，应读外圈刻度；航线自东向西，航线角大于180°，应读内圈刻度。

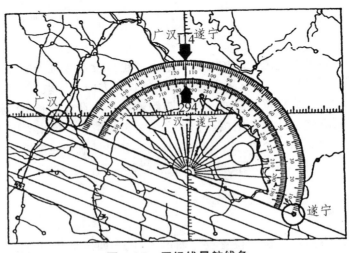

图 1.37　压经线量航线角

当航线接近平行经线（即航线为南北方向）时，应将向量尺的底边或平行线压住航线，沿航线移动向量尺，使量角器中心压在纬线上，这时从纬线所对两刻度段读出的刻度即为航线角，如图 1.38 所示。读取角度时须注意：航线自北向南，航线角接近 180°，应读外边一段刻度；航线自南向北，航线角接近 0°，应读里边一段刻度。

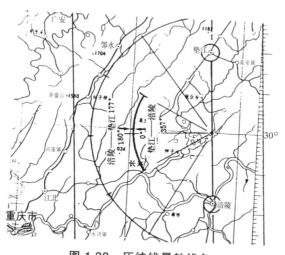

图 1.38　压纬线量航线角

量航线距离时，应选择与地图比例尺相同的比例尺刻划，分段量出航线距离。如某航段有检查点，则应以检查点正切位置分段量出。

1.3.3.4　标注航线数据

根据所标画的航线，把航线角 MC、航线距离、最大标高、磁差和无线电方位等标注在航线规定的位置。

1）标记航线角

从图上量出的航线角是 TC，但标注在地图上的航线角是 MC，需要修正 MV。在航线的起始端，按航线前进方向的下方，用红色铅笔标注磁航线角及指向箭头；如果为往返航线，则在该边航线的另一端下方，仍为红铅笔标注相差 180°的磁航线角及指向箭头。

2）标注航线距离

在每边航线前进方向的上方，起点到检查点的居中位置和检查点到转弯点的居中位置，用与航线相同颜色的蓝（黑）色铅笔，分别标注距离。

3）标注航线最大标高和最低安全高度

飞行中，为了保证飞机不与地面高大障碍物相撞，必须找到沿每边航线的障碍物最大标高，即在航段左右 25 km 区域内的最高标高。注记的方法是：首先找出最高标高点位置，然后用蓝（黑）笔以长方形框将该位置框起，使矩形框的长边平行纬线。

飞机在沿航线飞行时，最低安全高度是保证飞机不致与地面相撞的最低飞行高度。每边航线的最低安全高度，是在该边最大标高的基础之上，按规定加上最小超障余度。飞机飞越最大标高的最小超障余度规定：平原地区不小于 400 m；丘陵和山区不小于 600 m；当航线有大风或强烈升降气流时，山区不小于 1 000 m。

求出了每边的最低安全高度，在每边航线前进方向，居中位置的下方，用与航线相同颜色的铅笔，标注航线最低安全高度；数据字体及字长同于航线距离的要求。

4）标注磁差

航线区域的磁差，可以从航行资料或航图上等磁差曲线查出。查出的磁差还应注意它的变化情况，以便及时修正。磁差的注记是在航图上飞行区域的适当位置，用红笔画出一个 5 号圈，然后用红色在圆圈里标出数值。

如图 1.39 所示为广汉机场飞遂宁机场的航线，广福镇为检查点。

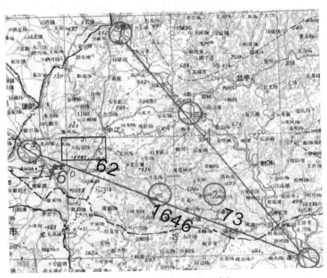

图 1.39　图上航线示例

1.4　高　度

为了确定飞行中飞机的位置，除了明确经纬度外，还需要确定一个航行元素，就是飞行高度。自某一个特定的基准面，量至一个平面、一个点或视作一个点的物体的垂直距离叫作高（Height）/高度（Altitude）。飞机到某一基准面的垂直距离叫飞行高度（Flight Altitude），常用米（m）或英尺（ft）为单位。

1.4.1　飞行高度及种类

常用的飞行高度根据其测量的原理可以分为两类：几何高度和气压高度。

1.4.1.1　几何高度

几何高度是以地球表面上某一水平面作为基准面的高度，它实际上就是飞机相对于地球表面上某个基准面的真实高度，它只与地表面所处的高低有关，具有稳定的几何形态。几何高度可分为真高、相对高和绝对高度三种，如图 1.40 所示。

① 真高（H_T – True Height）：飞机到正下方的地平面的垂直距离叫真高。如果飞机保持平直飞行，虽然飞机没有爬升和下降，但是随着地面的起伏变化，真高将随之不断变化。

② 相对高（H_R – Relative Height）：飞机到某机场平面的垂直距离叫相对高。

③ 绝对高度（H_A – Absolute Altitude）：飞机到平均海平面（MSL）的垂直距离叫绝对高度。

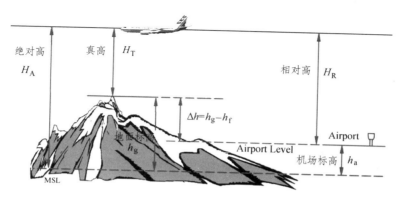

图 1.40　几何高度及其相互关系

从图 1.40 中可以看出各高度间的关系是：

$$绝对高度 = 相对高 + 机场标高 = 真高 + 地点标高 \tag{1.10}$$

$$相 \ 对 \ 高 = 真高 + 标高差 = 绝对高度 - 机场标高 \tag{1.11}$$

$$真 \quad 高 = 绝对高度 - 地点标高 = 相对高 - 标高差 \tag{1.12}$$

式中：标高差 = 地点标高 – 机场标高，当地点标高大于机场标高时，标高差为正值，反之标高差为负。机场标高常指跑道最高点的标高，飞行员可以从机场使用细则或机场图中查出。地点标高则是指飞机正下方地面最高点的标高，可从航空地图上查出。

1.4.1.2　气压高度

通过学习航空气象学，我们知道，随着高度的增高，大气压力是逐渐降低的，而且有一定的规律：在标准大气条件下，可用公式表示。

$$P_H = 1\,013(1 - 0.0255H)^{5.256} \quad (hPa) \qquad H \leqslant 11\ km \tag{1.13}$$

$$P_H = 226.2e^{0.1578(11-H)} \quad (hPa) \qquad H > 11\ km \tag{1.14}$$

从公式可以看出，气压随高度上升呈指数函数递减。表 1.3 是标准大气条件下高度同气压、气温的关系。

表 1.3　高度与气压、气温的关系

| H (km) | t (°C) | P_H | | ρ (hg·s²/m⁴) | H (km) | t (°C) | P_H | | ρ (hg·s²/m⁴) |
		(mmHg)	hPa				(mmHg)	hPa	
0	+15	760.00	1013.25	0.125	8	−37	266.85	355.9	0.0536
1	+8.5	674.07	898.7	0.113	9	−43.5	230.42	307.4	0.0476
2	+2	596.18	794.8	0.103	10	−50	198.12	264.4	0.0421
3	−4.5	525.75	701.1	0.0927	11	−56.5	169.60	226.2	0.0371
4	−11	462.21	616.2	0.0835	12	−56.5	144.84	193.4	0.0317
5	−17.5	405.04	540.2	0.0751	13	−56.5	123.69	165.1	0.0271
6	−24	353.73	471.8	0.0673	14	−56.5	105.64	141.1	0.0231
7	−30.5	307.82	410.6	0.0601	15	−56.5	120.5	120.5	0.0197

通过表 1.3，我们发现标准大气条件下，气压每减小 1 hPa，高度升高 8.25 m；气压每减小 1 mmHg，高度升高 11 m。所以，我们运用气压随高度上升而递减这一气象学原理，通过仪表测量出大气压力来间接测量飞行高度，这样得到的高度就是气压高度。由于在飞行中选择的气压基准面不同，因此有三种气压高度：场压高、修正海压高度和标准气压高度，如图 1.41 所示。

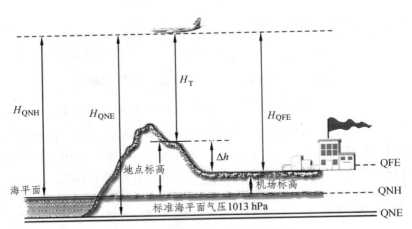

图 1.41　气压基准面和气压高度

1）场压和场压高（H_{QFE}）

场面气压是气象台测定机场标高（或跑道入口）处的大气压力（QFE – Atmospheric Pressure Aerodrome Elevation or at Runway Threshold），简称场压。以起飞机场或着陆机场的场面气压（QFE）为基准面的气压高度，叫做场面气压高，简称场压高（H_{QFE}）。当飞机停在跑道上时，场面气压高通过高度表指示应为座舱高，但实际使用时可忽略。在标准大气条件下，场压高就等于相对高。

2）修正海平面气压和修正海平面气压高度（H_{QNH}）

修正海平面气压是运用气压随高度上升而递减这一气象学原理，由气象台测定的场面气压和机场标高推算出的平均海平面的气压值。以修正海平面气压（QNH）为基准面的气压高度，叫做修正海平面气压高度，简称修正海压高（H_{QNH}）。当飞机停在跑道上时，修正海压高通过高度表指示应为机场标高加座舱高度。在标准大气条件下，修正海压高就等于绝对高。

例 1.4　已知某机场某天的场压（QFE）为 990 hPa，机场标高为 165 m，求当时的修正海平面气压（QNH）。

解： QNH = 990 + 165/8.25 = 1110（hPa）

3）标准气压高（H_{QNE}）

以标准海平面气压（为一个大气压力，即 1 013 hPa，760 mmHg 或 29.92 inHg）为基准面的气压高度，叫做标准气压高（H_{QNE}）。

从图 1.41 可以看出三种气压高度的关系：

$$H_{QNH} = H_{QFE} + ELEV_{机场}\tag{1.15}$$

$$H_{QNE} = H_{QNH} + \Delta h_p\tag{1.16}$$

气压修正量 $\Delta h_p = (760 - QNH)mmHg \times 11\ m$ 或者 $\Delta h_p = (1\ 013 - QNH)hPa \times 33/4\ m$

例 1.5　已知某次飞行中，某时刻飞机的修正海压高（H_{QNH}）为 3 900 m，当时的修正海压（QNH）为 1 003 hPa，求当时的标准气压高（H_{QNE}）。

解： H_{QNE} = 3 900 + (1 013 – 1 003) × 8.25 = 3 982（m）

1.4.2　高度的测量

飞行高度是通过相关设备、仪表来测量、指示的。现代民航客机上常用的测量高度的设备、仪表很多，包括有气压式高度表、无线电高度表、惯性导航系统、全球定位系统等。这里主要介绍气压式高度表和无线电高度表。

1.4.2.1　气压式高度表

1）基本工作原理

气压式高度表是通过一组具有很好弹性的真空膜盒，来测量出飞行高度上的大气压力，并通过传送使指示器的指针指示出相应的高度，如图 1.42 所示。当飞行高度升高时，大气压力减小，真空膜盒膨胀，经过传动机构使指针指示的高度增加；当高度降低时，大气压力增加，真空膜盒收缩，经过传动机构使指针指示的高度减小。

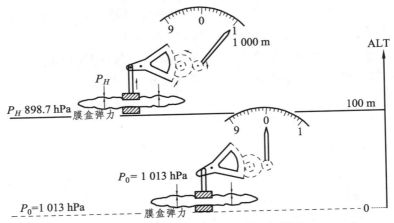

图 1.42　气压式高度表简单工作原理

气压式高度表有机械式和电动式两种，其区别就在于：机械式高度表是通过机械传动将膜盒位移变成高度的指示，而电动式高度表则是将膜盒位移转换为电信号、放大后去驱动伺服电动机，使指针或计数器指示出高度来。图 1.43 为常用的高度表表面，图 1.44 为典型机械式气压高度表结构图。

从图中可以看出：表面上都有一个气压调整钮和气压刻度窗，其用途就是调（选择）不同的气压基准面；电动编码高度表还可以向高度垂直速度预选器和自动驾驶仪提供编码高度信号，可以向二次雷达应答机提供编码高度信号；气压的调节范围一般在 946 ~ 1 050 hPa（或 670 ~ 790 mmHg）。以前的老式高度表的气压调整钮一般都有松紧螺帽，以方便调节气压刻度时指针的指示；而目前各类飞机使用的气压高度表，气压调整钮大都没有松紧螺帽。

图 1.43　常用的高度表表面

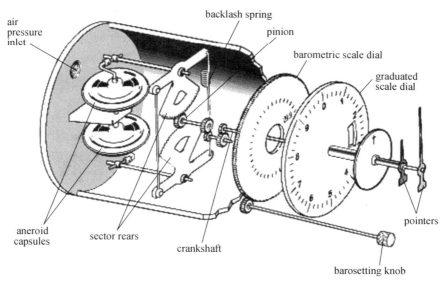

图 1.44　机械式气压高度表结构

2）气压式高度表的误差及修正

气压式高度表的指示值与实际值之差称为气压式高度表的仪表误差（Instrument Error）。仪表的指示值越接近实际值，仪表误差越小，仪表越准确。容许仪表在工作中所能产生的最大误差称为仪表容许误差（Permissible Error）；当仪表误差在容许误差之内，就可以认为仪表指示准确。按误差来源，仪表误差分为机械误差（Instrumental Error）和方法误差（Measurement Method Error）两类。

① 机械误差：由于高度表制造时机件不够精密、使用中某些零件的磨损变形、使用中零件之间的摩擦、传动放大结构零件不平衡、真空膜盒弹性发生变化、维修时调节不精确等，都将使气压式高度表产生误差，这种误差叫机械误差（$\Delta H_\text{机}$）。高度表少指，机械误差为正；多指为负。机械误差随着生产材料和制造工艺的改进，将越来越小。

每一架飞机的气压式高度表，经机务维护人员调节后可以消除一部分误差，机务维护人员将剩余的机械误差测定后绘制成误差曲线表，如图 1.45 所示，供飞行员修正时查用。表高（$H_\text{表}$）修正机械误差后的高度叫修正表高（$H_\text{表修}$）。实际飞行中，$\Delta H_\text{机}$很小，往往忽略不计。

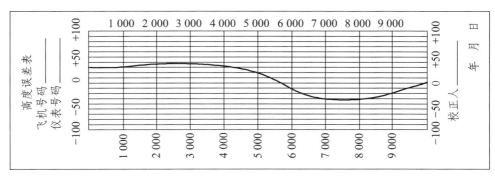

图 1.45　高度表机械误差

②　方法误差：气压式高度表的方法误差，根据产生的原因不同，可分成气压误差和气温误差两种。

气压误差：由于气压式高度表上所调定的基准面气压与实际的气压基准面不同而造成的误差，叫气压误差。由此引起的飞行事故发生过很多起。这种误差是在实际使用中由飞行员操作错误引起的。修正气压误差的方法：转动气压调整钮，直至气压刻度窗指示基准面实际气压值为止，这时须注意高度指针的指示。

气温误差：气压高度表是按照标准大气条件设计的，当实际的大气条件与标准的大气条件不相符时，由于实际气温同标准大气条件下气温不一致，空气密度将发生变化，气压垂直递减率也随之发生变化，使高度表产生误差。这种由于气温不标准而引起的高度表误差，叫气温误差。

如图 1.46 所示，由于实际气温的变化将引起气压的变化，气压式高度表将发生多指或少指。

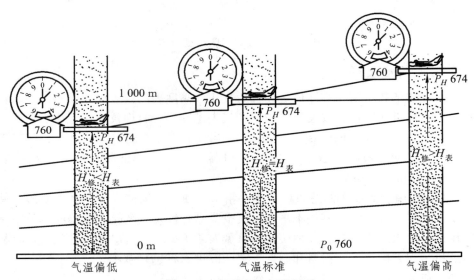

图 1.46　高度表的气温误差

图的中部表示实际气温等于标准气温，飞机飞行的标准气压高度 1 000 m，气压值按照标准递减率降至 674 mmHg，气压式高度表的指针指示刚好为 1 000 m（不考虑机械误差时）。

图的左部是外界的实际气温偏低，使大气收缩（即空气密度增大），1000 m 高度对应的气压降低，当飞机还未上升到 1 000 m 时，气压已降至 674 mmHg，飞机上的气压式高度表指针已经指示到 1 000 m，仪表出现多指误差。

图的右部是外界实际气温偏高的情况，导致大气膨胀（即空气密度减小），1000 m 高度对应的气压升高，使飞机已经上升到 1000 m 时，气压还未下降到 674 mmHg，当气压式高度表的指针指示 1000 m，实际高度已经超过 1000 m，仪表出现少指误差。

修正表高经修正气温误差后的高度就是飞机的实际高度，也称为修正高度（$H_修$）。修正气温误差有两种方法：一种就是通过计算求出，一种是通过计算尺计算出来的。在实际应用中是通过计算尺计算出来的，即第二种方法，领航计算尺是通过式（1.17）进行对尺计算的，如图 1.47 所示。

$$\frac{H_{表}}{H_{修}} = \frac{273 + t_H}{288(1 - 0.022\,57\,H_{表})} \qquad (1.17)$$

例 1.6 高度表指示的标准气压高为 2 450 m，测出的大气温度实际为 $t_H = +10°C$，用领航尺对尺算出修正高为 2 550 m。

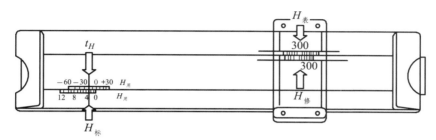

图 1.47　修正气温误差的尺型

1.4.2.2　无线电高度表

使用气压式高度表不能很方便准确地测量出真高，而在起飞、着陆和低空飞行时，准确地掌握真高又对飞行具有十分重要的意义，所以为了弥补气压式高度表的不足，目前在各型飞机上都装有能够直接测定飞机真实高度的无线电高度表。

1）简单工作原理

无线电高度表是利用电波的等速传播和反射特性来测量高度的。如图 1.48 所示，飞机上的发射天线向正下方发射的电波，经反射后通过接收天线接收，因此测出电波从发射到接收的时间，就可以计算出飞机的真高，计算公式是：$H_T = \frac{1}{2}ct$（c 为电波传播速度）。无线电高度表的指示随地形而改变，与地面的覆盖层和大气层条件无关。无线电高度表的测量范围较小，图 1.49 是典型的无线电高度表表面。

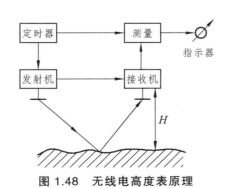

图 1.48　无线电高度表原理　　　**图 1.49　无线电高度表表面**

2）无线电高度表使用注意事项

① 飞机高度较高或作长途飞行，应关闭无线电高度表。

② 飞机着陆后应立即关闭无线电高度表。

③ 飞机通过城市、丘陵地带或森林上空时，因高低起伏较多，因而指示器的指示不稳定，应注意认读。

④ 飞机在作大坡度转弯时，高度表指示有误差，这种情况下一般不用无线电高度表。

1.4.3　气压式高度表在飞行中的应用

在飞行中，飞行员是通过高度表来判断飞机高度的，因此选择不同的基准气压面，对飞行具有重要意义。

1.4.3.1　基准面气压的调定

基准面气压的调定，是飞机停在机场跑道平面上时通过气压式高度表的气压调整钮来进行的，其目的就是使调定的气压基准面与实际的气压面一致，即使气压面与机场平面或平均海平面、标准气压面一致。

气压调整钮带有密封螺帽的气压式高度表，调定基准面气压的方法如下：

1）基准面是场压（QFE）的调整

① 拧紧密封螺帽转动调整钮，使高度指针指"0"，这时，气压刻度窗的气压刻度应为场压（QFE），如果不是则进行下一步。

② 松开密封螺帽，转动调整钮，使气压刻度窗指示场压（QFE），这个过程中，高度指针应始终指"0"不动，调定好场压后必须拧紧螺帽。当高度表指针指示高度时，这一高度即是场压高（H_{QFE}）。调定 QFE 的口诀是：拧紧指"0"看气压，松开调好再拧紧。

2）基准面是修正海压（QNH）的调定

① 拧紧螺帽转动调整钮，使高度指针指示机场标高（ELEV），这时，气压刻度窗的气压刻度应为修正海压（QNH），如果不是则进行下一步。

② 松开密封螺帽，转动调整钮，使气压刻度窗指示修正海压（QNH），这一过程中，高度指针应始终指机场标高不动，调好修正海压后必须拧紧螺帽。当高度表指针指示高度时，这一高度即是修正海压高（H_{QNH}）。调定 QNH 的口诀时：拧紧指 ELEV 看气压，松开调好再拧紧。

3）基准面是标准气压（QNE）的调定

先调定好场压（QFE）或修正海压（QNH），不松开密封螺帽转动调整钮，使气压刻度窗口的气压刻度指示"1013 hPa"或"760 mmHg"、"29.92 inHg"，这时高度表指示出的高度即是标准气压高（H_{QNE}）。如果飞机停在跑道上，这时指示的 H_{QNE} 就是机场标准气压高。调定 QNE 的口诀是：调好 QFE/QNH 看刻度，转动旋钮对 QNE。

对于气压调整钮没有密封螺帽的气压面调定，则是转动调整钮分别使高度指针指"0"、

"ELEV"，然后看气压刻度窗是否指示相对应的"QFE"、"QNH"，如果是则调定完毕，如果不是，则应报告机务维护人员进行调整校正。

1.4.3.2　高度表的拨正程序

　　为了维护机场区域的空中交通秩序以及航路飞行的安全，确保飞机正常起降，防止飞机空中相撞，我国规定飞机起降过程中使用修正海压高，航线飞行则使用标准气压高。所以，飞机起飞离场加入航线或脱离航线进场着陆，就需要进行修正海压高与标准气压高间的转换，即进行基准气压面的调整。调整基准面气压的时机就是高度表的拨正程序，对于不同的机场有不同的方法：

　　1）规定过渡高度和过渡高度层的机场拨正程序

　　过渡高度（TA – Transition Altitude）是以修正海压（QNH）为基准面在航站区域内划定的一个气压高度，在这个高度（含）以下，飞机按修正海压高（H_{QNH}）飞行。

　　过渡高度层（TL – Transition Level）是在过渡高度以上可以利用的最低飞行高度层（是以 QNE 为基准面的飞行高度），在这个高度（含）以上，飞机按标准气压高飞行。

　　过渡夹层（Transition Layer）是指过渡高与过渡高度层之间的空间（即垂直间隔），它随修正海压的变化而改变。

　　过渡高度、过渡高度层的定义如图 1.50 所示。

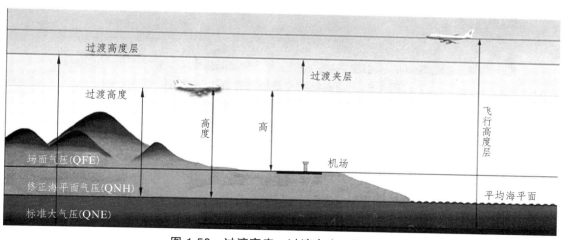

图 1.50　过渡高度、过渡高度层的定义

　　目前我国许多大、中型机场，如北京、上海、成都等都规定有过渡高度和过渡高度层。

　　① 离场航空器在爬升过程中，保持本机场的 QNH 直至到达过渡高度。在穿越过渡高度或者在过渡高度以下穿越修正海平面气压适用区域的侧向水平边界时，必须立即将高度表气压刻度调到标准气压 1 013.2 hPa，其后航空器的垂直位置用飞行高度层表示，如图 1.51、1.52 所示。航空器在修正海平面气压适用区域内，按过渡高度平飞时，应使用机场的修正海平面气压。

② 在航路、航线及未建立过渡高度和过渡高度层的区域飞行，航空器应使用标准大气压 1 013.2 hPa 作为高度表拨正值，并按照规定的飞行高度层飞行。

③ 进场航空器在下降穿过机场的过渡高度层，或者在过渡高度以下进入修正海平面气压适用区域侧向边界时，应立即将高度表气压刻度调到本机场的 QNH 值，其后航空器的垂直位置用 H_{QNH} 高度表示，如图 1.51、1.52 所示。

④ 在过渡高度层或者以上飞越机场的航空器，高度表拨正值使用标准大气压 1 013.2 hPa；在过渡高度以下飞越机场的航空器，在修正海平面气压适用区域内飞行时，其高度表拨正值使用 QNH，如图 1.52 所示。

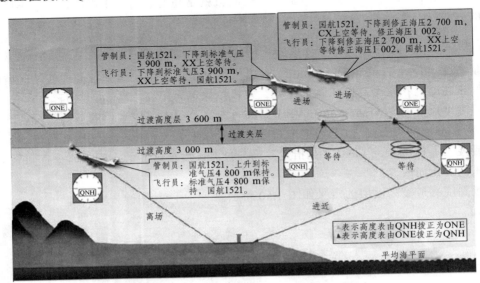

图 1.51　进离场航空器的高度表拨正时机

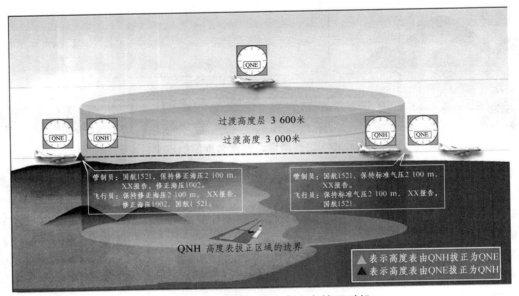

图 1.52　飞越航空器的高度表拨正时机

在整个拨正的过程中，起降机场的修正海压在起飞前或进场着陆前，从空中交通管制服务部门获得，飞行员应当防止听错或调错气压刻度，避免飞行事故的发生。由于在过渡层中上升飞机气压基准面用的是"QNE"，而下降飞机用的是"QNH"，因此，有两个高度表以上的飞机应当只调左座的高度表，而右座的高度表则等上升至 TL 或下降至 TA 时才调整，以防止在过渡层中飞机同高度危险接近或相撞事故的发生。

2）没有规定过渡高度和过渡层的机场

① 飞机起飞前，调定修正海压（QNH）。

② 飞机起飞后，当上升到修正海平面气压适用区域的水平边界或管制员指令高度时，调定其中一个高度表的气压刻度为标准气压 1013.2 hPa 或 760 mmHg，另一个高度表则等到上升至指定的航线飞行高度以后，再调定到标准气压 1013.2 hPa 或 760 mmHg。

③飞机进场着陆前，当飞机进入到修正海平面气压适用区域的水平边界或者根据塔台管制的通知，将高度表的气压刻度调定为着陆机场的 QNH。

1.4.3.3 高度表使用的注意事项

① 密封螺帽必须拧紧，以保证高度表的气密性。

② 空中禁止松动密封螺帽。

③ 高度表常用的单位是米（m）或英尺（ft），两者的关系是：1 m = 3.28 ft，飞行中我们可以用计算进行换算，尺型如图 1.53 所示。

④ 大中型飞机驾驶舱都备有"米·英尺换算表"，贴在很醒目方便的地方，飞行员可以很方便地查出。

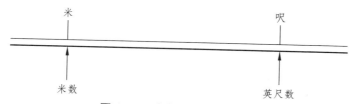

图 1.53 米与英尺换算尺型

例 1.7 飞机起飞后指示的修正海压高为 600 m，问修正海压高为多少英尺？

解：用计算尺对尺求出修正海压高为 1970 ft。

例 1.8 飞机在航线上的飞行高度为 31500 ft，问对应为多少米？

解：利用计算尺的缩小功能，即将 31500 ft 缩小 100 倍，即用 315 去对尺求出为 96，然后扩大 100 倍，即可得到飞行高度为 9600 m。

1.4.4 安全高度与飞行高度层

1.4.4.1 最低安全高度及计算

最低安全高度（MSA – Minimum Safe Altitude）是指保证飞机不与地面障碍物相撞的最

低飞行高度。飞行中，最低安全高度必须对飞行区域内的所有障碍物具有最小的超障余度，也就是飞机飞越障碍物上空时必须保证具有最小的垂直间隔（即安全真高）。

最小超障余度（即安全真高）（MOC – Minimum Obstacle Clearance）是指保证飞机超越障碍时所应保证的最小垂直间隔，它的大小依据可能造成高度偏差的气象条件、仪表误差、飞机性能及驾驶员技术水平等因素，由有关主管部门规定发布。我国由中国民用航空局规定，发布在《中国民用航空飞行规则》中，规定如下：航线仪表飞行的最小超障余度是平原地区为 400 m，丘陵和山区为 600 m。

最低安全高度的计算是在航线两侧各 25 km 区域内的最大标高，加上最小超障余度，以及由于沿航线飞行的最低海平面气压低于 760 mmHg 而产生的气压修正量 ΔH，即：

$$MSA = ELEV + MOC + \Delta H \tag{1.18}$$

式中：$\Delta H = (760 - 航线最低海压) \times 11$ m，但一般不作计算，可忽略。ELEV 可从地图作业或航行资料中查出。

例 1.9 宁陕至小烟庄，航线两侧 25 km 范围内的最高障碍物是秦岭山脉的静裕脑，其标高为 3 015 m，计算该航线的最低安全高度。

解： 宁陕至小烟庄属山区，最小超障余度取 600 m，因此 MSA = 3 015 + 600 = 3 615（m）

在实际飞行中，民航班机航线的每一航段的最低安全高度，由航行情报部门进行精确计算后，以航线图和航行资料的形式发布，供飞行员查用。

1.4.4.2　飞行高度层及其确定方法

1）飞行高度层的配备

飞行高度层（FL　Fight Level）是为了维护空中交通秩序，防止空中飞机相撞，增大空中交通流量而配备的一种高度。

在《中国民用航空飞行规则》中规定飞行高度层并发布实施，规定如图 1.54 所示。飞行高度层按照真航线角 0°～179°和 180°～359°进行了划分，在飞行高度层 8 400 m 以下实行 300 m 的垂直间隔，在 8 400 m 至 8 900 m 实行 500 m 垂直间隔，8 900 m 至 12 500 m 实行 300 m 垂直间隔，在 12 500 m 以上实行 600 m 垂直间隔。

2）确定最低飞行高度层

航线最低飞行高度层，是指在紧急情况下能够确保飞机安全的可以使用的最低高度层。它的确定是根据航线的去向和最低安全高度而进行。其方法是：首先计算或查出航线角和最低安全高度，然后按照高度层配备，选择用于最低安全高度的最低高度层，这一高度层即是航线最低飞行高度层。

例如广汉至遂宁的最低安全高度为 1 646 m，真航线角为 114°，从高度层的配备可知：2 100 m、2 700 m、3 300 m…都是可飞行的高度层，而最低的可使用的高度层是 2 100 m，即最低飞行高度层为 2 100 m。

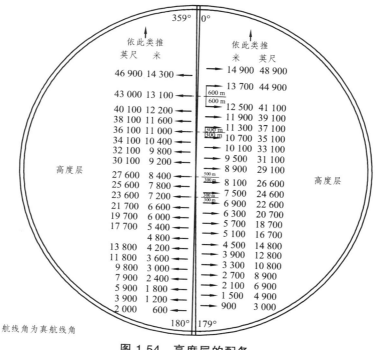

图 1.54 高度层的配备

3）确定飞行高度层

确定好飞行高度层，对充分发挥经济效益和提高交通流量具有极大意义。飞行高度层的确定主要依据四方面：① 飞行高度层必须高于最低飞行高度层，以保证飞机安全；② 利于空中交通流量增加，提高空域利用率；③ 充分发挥飞机性能，减低油耗，提高效益；④ 便于空中交通管制。实际飞行中，每次飞行的高度层，由有关的空中交通管制部门规定，或按事先批准的高度层飞行。凡在我国境内飞行的国际、国内民航班机，都应严格按规定的航线和飞行高度层飞行，如果需要改变高度层，应当经过区域管制员许可；只有在紧急情况，机长才能自行决定改变规定的飞行高度层，但必须立即报告区域管制员，机长应对该决定的正确性负责。

1.5 航 向

1.5.1 航向及其种类

1.5.1.1 航向（HDG-Heading）

飞机纵轴前方的延长线叫航向线。从飞机所在位置经线北端顺时量到航向线的角度，叫航向角；航向角范围为0°～360°。领航上，航向角简称为航向。当飞机转弯时，向右转航向增大，向左转航向减小，如图1.55所示。

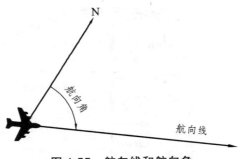

图 1.55　航向线和航向角

1.5.1.2　航向的种类

根据航向角的定义，选择不同的经线北端可以得到不同的航向角。

（1）真经线与真航向：以飞机所在位置真经线北端为基准顺时针量到航向线的角度，叫真航向（TH – True Heading）。

（2）磁经线与磁航向：以飞机所在位置磁经线北端为基准顺时针量到航向线的角度，叫磁航向（MH – Magnetic Heading）。

（3）罗经线与罗航向：飞机上钢铁部件和电气设备所形成的磁场叫飞机磁场。每架飞机的飞机磁场是不同的。飞机磁场水平分量与地磁水平分量的合成磁场方向线叫做罗经线。放在飞机上的自由磁条所指的南北方向线就是罗经线。

① 罗差（DEV – Deviation）：罗经线北端偏离磁经线北端的角度，叫罗差（DEV），如图 1.56 所示。以磁经线北端为准，罗经线北端偏东为正罗差（ + DEV），罗经线北端偏西为负罗差（ – DEV）。每一架飞机的磁场不同，磁罗盘的罗差也就不相同；即使是同一架飞机，由于各个磁罗盘安装的位置不同，所受到的飞机磁场的影响就不相同，所以各个磁罗盘的罗差都不一样；对同一架飞机的同一个磁罗盘，罗差的大小随着航向的变化而改变。

每一架飞机的每一个磁罗盘经校正后，将剩余罗差绘制成曲线或以表格的形式，放置在该架飞机的驾驶舱边壁上，供修正罗差时使用。图 1.57 所示为某架飞机的某个磁罗盘的剩余罗差曲线表。

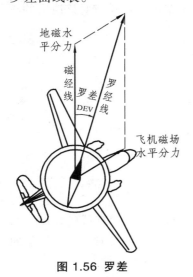

图 1.56　罗差

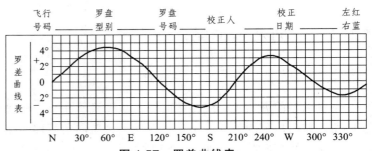

图 1.57　罗差曲线表

② 罗航向（CH – Compass Heading）：以罗经线北端为基准顺时针量到航向线的角度，叫罗航向（CH）。

必须注意，上述三种航向，都是表示一架飞机的同一航向线指向，只是由于存在磁差和罗差，才有了三种不同的表达形式。

1.5.1.3 航向的换算

领航上，进行有关计算时使用的是磁航向，因此在飞行中需要根据情况进行一些航向换算。在飞行实施中，根据飞行的需要，三种航向要经常换算，三种航向的关系如图 1.58 所示。

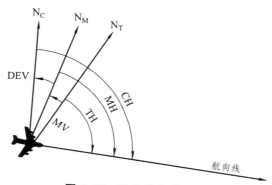

图 1.58 三种航向的关系

三种航向之间的换算如下：

$$CH = TH - MV - DEV = MH - DEV \tag{1.19}$$
$$TH = CH + DEV + MV = MH + MV \tag{1.20}$$

进行航向换算时，应注意航向的取值范围为 0°～360°；如果出现超界的情况，应通过 ±360°将其转化到有效范围内。

1.5.2 航向的测量

飞机的航向通过罗盘来测量。目前民航飞机采用的罗盘主要有：直读磁罗盘、陀螺半罗盘、陀螺磁罗盘等。在现代化的飞机上则采用航向系统，其目的是实现机载设备的综合化及实施自动飞行管理等。无线电导航仪表中的无线电磁指示器（RMI）、水平状态指示器（HSI）也可以指示飞机的航向，有关 RMI、HSI 的内容我们在无线电领航部分再详细介绍。

1.5.2.1 直读磁罗盘

直读磁罗盘简称磁罗盘，是利用自由磁针恒指南北的特性制成的，指示飞机上的罗航向。它是早期飞机上测量航向的主要仪表，它具有体积小、不易发生故障的优点，因此现在主要用作各型飞机的备用罗盘。直读磁罗盘表面及结构如图 1.59 及图 1.60 所示。

图 1.59 直读磁罗盘表面

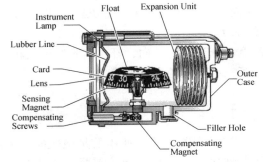

图 1.60 直读磁罗盘结构

直读磁罗盘的内部装有可以自由转动的磁条和固定在磁条上的刻度盘，并且刻度盘上的0°(N)～180°(S)线与磁条重合（或平行），让磁条的北极（N 极）指向刻度盘的 180°方向（即刻度盘的 S 位），磁条的南极（S 极）指向刻度盘的 0°刻度盘的方向（即刻度盘的 N 位）。这样，磁条在地磁水平分量和飞机磁场的水平分量作用下，始终停在罗经线的方位上。在磁罗盘的表壳上还固定有航向标线，它代表飞机的纵轴线位置。当飞机航向改变后，磁条和刻度环不动，表壳随飞机一起转动，因而表壳上的航向标线就相对于刻度盘转动一定角度。这样，航向标线在刻度盘上所对的刻度读数就是飞机的罗航向，如图 1.61 所示。

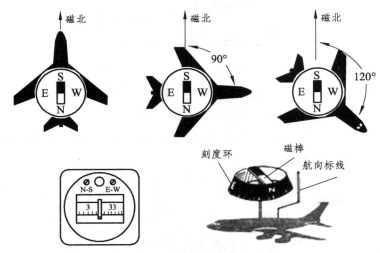

图 1.61 直读磁罗盘指示原理

直读磁罗盘构造简单，不需要通电，能单独测量航向；飞机在非矿区上空平飞，直读磁罗盘指示稳定、准确。所以，即使是有了航向基准系统的现代飞机，在座舱仪表板上方的显著位置，仍然保留直读磁罗盘作为备份的航向仪表。

但是，在高纬度地区地磁水平强度很弱，直读罗盘不能准确而稳定地测量航向；在磁矿区飞行时，受磁极的影响，直读罗盘也不能正确指示航向；当飞机发生俯仰、倾斜、变速和转弯等情况时，垂直磁场和其他一些因素对直读磁罗盘影响较大，将产生停滞误差、惯性误差、涡动误差、俯仰倾斜误差和转弯误差。在这些情况下，不宜单独使用直读磁罗盘测量航向。

1.5.2.2 陀螺半罗盘

陀螺半罗盘是利用陀螺的定轴性而工作的仪表，它可以准确测量飞机转弯的角度；经过校正，可以指示飞机的大圆航向或真航向、磁航向、罗航向。由于这种罗盘不能独立地测量航向，必须与其他罗盘配合，由人工进行调定，所以称为半罗盘。典型陀螺半罗盘表面如图 1.62 所示。

1）陀螺半罗盘的基本结构

陀螺半罗盘主要由三自由度陀螺、刻度盘、航向指标、水平修正器和方位修正器等部分组成，如图 1.63 所示。

目前，飞机上使用的陀螺半罗盘有直读式和远读式两种。

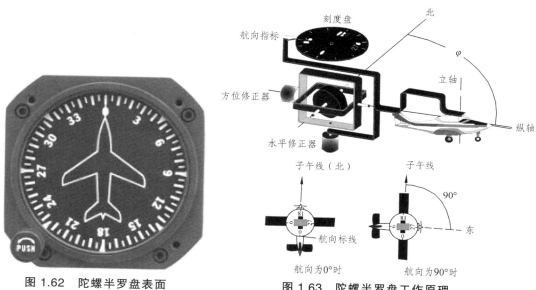

图 1.62　陀螺半罗盘表面

图 1.63　陀螺半罗盘工作原理

2）陀螺半罗盘的工作原理

如果把陀螺半罗盘中三自由度陀螺仪的自转轴设置为航向基准线，陀螺半罗盘就可以指示航向，如图 1.63 所示。陀螺半罗盘中，三自由度陀螺仪的外框轴与飞机的立轴平行，轴上固定有 0°～360°航向的刻度盘；水平修正器产生的修正力矩作用于外框轴，使自转轴在水平修正器的作用下始终保持在水平状态；方位修正器产生的修正力矩作用于内框轴，使自转轴在方位修正器的作用下，能在一段时间内保证自转轴稳定于航向基准线位置（即使自转轴相对于地球的方位不变），同时又能在人工控制下，给陀螺施加控制力矩，使自转轴进动到新的航向基准方位；航向指标代表飞机的纵轴，固定在表壳上，刻度盘上的 0°～180°线代表航向基准线，航向指标所对应的刻度盘读数即为飞机的航向角。如果在使用前，将三自由度陀螺仪的自转轴设置为真经线、磁经线、罗经线航线，则陀螺半罗盘就可以指示相应航向；经过设置和校正，陀螺半罗盘还可以指示沿大圆航线飞行的航向。

陀螺半罗盘还可以测量飞机转弯角度。先用人工方法（通过陀螺半罗盘的航向设定旋钮）将罗盘的航向基准（三自由度陀螺仪的自转轴）调定在飞机转弯前的航向上，使刻度盘上的 0° 与航向指标对准；这就说明飞机在转弯前，作为航向基准的 0°～180° 线已与飞机的纵轴线重叠，罗盘指示的航向角为 0°。然后，当飞机航向改变时，自转轴方位不变，刻度盘不随飞机转动，而航向指标则随着飞机转。因此，航向指标相对于刻度盘的转角就是飞机的转弯角度。

3）陀螺半罗盘的误差和优缺点

陀螺半罗盘的误差，主要有三种：一是自走误差，是陀螺自转轴与经线发生相对运动引起的；二是支架倾斜误差，是飞机俯仰、倾斜时外框轴偏离地垂线引起的；三是盘旋误差，是飞机盘旋过程中水平修正引起的。

因为陀螺半罗盘内没有磁条，因而不受磁极和磁矿区的影响，在这些地区飞行能正常指示；经人工校正能在一定时间内稳定、准确地指示航向；可以根据人工设定的经线测定飞机的大圆航向或真航向、磁航向、罗航向。

但是，陀螺半罗盘最大的缺点是不能独立测量航向，必须根据其他罗盘的指示，人工给定基准线。而且，由于陀螺半罗盘使用中，地球的自转运动、飞机相对于地面的运动以及陀螺的进动等，会使陀螺的自转轴与子午线之间发生相对运动，引起自走误差；飞行中必须定时（一般每隔 15 分钟）进行一次校正。

1.5.2.3 陀螺磁罗盘

飞机上所用的磁罗盘能独立测量飞机的航向，但稳定性差；陀螺半罗盘稳定性好，但不能独立测量飞机航向。将二者结合起来，就制成了一种既能独立测量航向，又具有良好稳定性和较高灵敏度的航向仪表，即为陀螺磁罗盘。

1）陀螺磁罗盘的结构

陀螺磁罗盘的结构形式多种多样，但从结构上讲主要由磁传感器、陀螺机构、指示器及具有航向跟踪能力的伺服系统等部分组成。

① 磁传感器：陀螺磁罗盘的地磁敏感部分，用来测量飞机的磁航向，并输出磁航向信号。磁传感器有两种，一种是永磁式，一种是感应式。永磁式是利用磁棒来感应地磁，测量精度较低且体积较大，现在已经逐渐淘汰；感应式则利用地磁感应元件来感测地磁，应用较多。磁传感器一般安装在飞机翼尖等飞机磁场影响较小的地方。

② 陀螺机构：陀螺机构用来稳定磁传感器测出的磁航向信号。陀螺机构相当于一个陀螺半罗盘（航向陀螺仪），它受磁传感器控制，同时磁传感器又通过它输出稳定的航向信号给航向指示器。

③ 航向指示器：用来指示磁航向和转弯角度。现代飞机多采用综合指示器，不仅能指示磁航向，还可以指示无线电方位角等。

④ 航向跟踪伺服系统：由磁电位器、放大器、协调电动机、减速器和陀螺电位器等部分组成。

2）陀螺磁罗盘工作原理

磁航向传感器与同步接收器、放大器和伺服电机组成伺服系统，将飞机的磁航向信号传输给航向陀螺传感器。陀螺传感器输出由陀螺稳定的磁航向信号，并通过另一套伺服系统带动指示器，指示飞机的磁航向。当飞机转弯时，磁航向传感器误差较大，系统会自动断开磁航向传感器，而输出陀螺记忆的磁航向信号。这样结合起来，既发挥磁航向传感器和航向陀螺仪的优点，又克服两种传感器的缺点。为了减小罗差，一般磁航向传感器装在受飞机磁场影响较小的翼尖或尾部，此外还采用凸轮带修正机构对系统误差进行补偿。

陀螺磁罗盘中陀螺机构所确定的航向基准受磁传感器控制，它们形成一个角随动同步工作系统，使指示器始终指示磁航向。有的陀螺磁罗盘有磁差修正装置，用人工方法可以进行磁差修正，使指示器直接指示真航向。

总之，陀螺磁罗盘是一种利用地磁敏感元件和三自由度方位陀螺测量飞机航向的罗盘。它综合了直读磁罗盘和陀螺罗盘二者的优点，既能测量飞机的航向，又能比较准确地指示出飞机的转弯角度。平飞时，用磁传感器测量飞机的磁航向，然后通过陀螺机构控制指示器的指针，使它指示出飞机的磁航向；转弯时，陀螺机构直接控制指示器，使它指示出飞机的转弯角度，如图 1.64 所示。

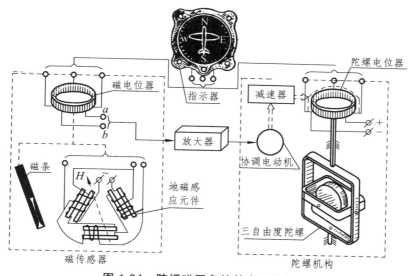

图 1.64　陀螺磁罗盘的基本工作原理

1.5.2.4　航向系统

在各种不同飞行条件下，磁罗盘、陀螺半罗盘、陀螺磁罗盘都有优缺点，它们的缺点在某种程度上被另一种仪表的优点所克制。因此，可以把这些不同原理的航向系统组合起来。由两个以上不同原理的罗盘所组成的工作系统叫罗盘系统或航向系统。

1）组成及特点

航向系统主要由航向传感器、控制器、角速度器和指示器等部分组成。

航向传感器包括磁航向传感器、陀螺航向传感器等。各种传感器中以陀螺传感器为基本传感器，它直接控制航向信号的输出和仪表的指示；磁传感器则用以校正陀螺传感器的基准线。

航向指示器是一种多参数的综合指示器，例如水平状态指示器（HSI）、无线电磁指示器（RMI）等。现代飞机上大都装有两套航向系统，一旦其中一套系统故障，可以通过航向转换电门进行转换。

航向系统的航向信息由多种传感器提供，航向信号的输出也是多方面的：除送到指示器提供给飞行员读取外，还可以向自动飞行控制系统的自动驾驶仪（A/P）、飞行指引系统、飞行指引仪（FD）、无线电导航系统（如甚高频全向信标系统）、飞行仪表警告系统和飞行数据记录器提供信号。飞机上都装有两套以上航向系统，保证一套故障的情况下还有数据正常输出，其转换通过转换电门进行。

2）航向的选择

飞行中，航向系统可以用来保持磁航向（或真航向），沿等角航线飞行；也可以用来保持大圆航向，沿大圆航线飞行；还可以选择以起降跑道为基准的陀螺方位，进行起落航线飞行。

随着科学技术的发展，航向系统不仅在制造精度上有了很大的提高，而且结构形式也是多种多样的，它能根据不同的机型和机载设备的要求，配备不同结构的罗盘系统。

1.6　空　速

为了评价飞机运动的快慢，引入了空速（Airspeed）的概念。空速就是飞机相对于空气运动的速度，常以公里/小时、（米/秒）或海里/小时为单位。

1.6.1　常用空速的种类

民航飞机上常用的空速很多，主要有真空速和 M 数。真空速指飞机相对于空气运动的真实速度；M 数为飞机的真空速与飞机所在高度的音速之比。

1.6.2　测量空速的原理及空速表的误差

1.6.2.1　全压、动压和静压

飞机在飞行中，飞机相对空气运动。空气分子一方面作不规则的分子热运动，一方面顺气流方向作规则的运动。在正对气流运动方向的飞机表面上，气流完全受阻，速度降低到零。在这种条件下，气流分子的规则运动全部转化为分子热运动，气流的动能全部转化为压力能和内能，因此，空气的温度升高、压力增大。这个压力叫全受阻压力，简称全压。

气体未受扰动时本身实际具有的压力，即大气压力，叫作静压。全压和静压之差叫动压。

飞机上，收集全压、静压的管子叫全静压管（空速管）。空速管由一个正对前方气流开口的内管和一个侧面有若干圆形小孔的外管构成。前者称为总压管，后者称为静压管；相应的开口称为总压孔，圆形孔称为静压孔；分别获得全压、静压，如图 1.65 所示。

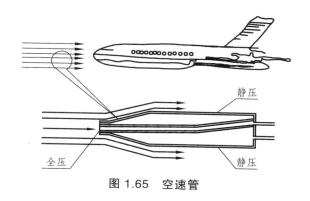

图 1.65　空速管

1.6.2.2　测量空速的原理

目前常用的测量空速的方法是通过测量相对气流的压力间接测量飞行速度。根据伯努利方程，如果能测量出流场中某处的压力、密度和温度，则可间接地测出空气的流速。

具体研究空气流过全静管时空速与动压、静压、气温的关系，大致可分为亚音速和超音速两个阶段。在这两个阶段中上述几个参数的关系是不同的，由于民航运输机很少能进行超音速飞行，所以我们以亚音速飞行进行说明。

亚音速飞行时，空速与动压、静压、气温的关系又分两种情况：不考虑空气压缩性时的情况和考虑空气压缩性，下面分别进行说明。

1）不考虑空气压缩性时的情况

当飞机的空速小于 400 km/h 时，可以认为空气没有被压缩，其密度不变。在这种情况下，空速与动压、静压和气温的关系可用下列公式表示：

$$TAS = \sqrt{\frac{2gRT_H P_T}{P_H}} \qquad （1.21）$$

式中：TAS——飞机的真空速；

　　　g——重力加速度；

　　　R——气体常数；

　　　T_H——飞机所在高度的气温；

　　　P_H——飞机所在高度的静压；

　　　P_T——动压。

由上式可知，静压、气温一定时，动压越大，空速越大；动压、气温一定时，静压越小，空速越大；动压、静压一定时，气温越高，空速越大。

2）考虑空气压缩性时的情况

当飞机的空速大于 400 k m/h 时，必须考虑空气的压缩性，不能认为气流受阻时密度不变。空气的压缩性由气温决定。气温高时，空气不容易被压缩；气温低时，空气容易被压缩。考虑空气压缩性时，气流受到阻滞而被压缩，密度增大，单位体积内所具有的动能增大，所以气流的动压比不考虑空气压缩性时大；M 数越大，空气被压缩得越厉害，密度增大越多，气流的动压比不考虑空气压缩性时增大得越多。因此，动压除了与空气密度、空速有关外，还与 M 数有关。

考虑空气压缩性时，空速与动压、静压、气温的关系可用下式表示：

$$TAS = \sqrt{\frac{K\ gRT_H}{K-1}\left[\left(\frac{P_T}{P_H}+1\right)^{\frac{K-1}{K}}-1\right]} \tag{1.22}$$

式中：TAS——飞机的真空速；

      g——重力加速度，R 是气体常数；

      T_H——飞机所在高度的气温；

      P_H——飞机所在高度的静压；

      P_T——动压；

      K——绝热指数。

1.6.2.3　空速表的误差

测量空速的空速表结构不同，其误差也不同，概括起来有以下几种误差。

1）机械误差（Δv_i）

由于空速表的内部机件不可能绝对精确以及使用中机件磨损变形、老化等原因引起空速表产生的误差，称为机械误差（Δv_i）。空速表多指时，机械误差为负值；少指时为正值。每个空速表的机械误差由机务维护人员定期测定并绘制成空速表误差表，如图 1.66 所示，以供飞行中飞行员修正时查用。

2）空气动力误差（Δv_q）

由于气流流经空速管时产生弯曲和紊乱，使空速管接受的全压和静压不准确而引起空速表产生的误差，称为空气动力误差（Δv_q）。空速表少指，空气动力误差为正值；多指为负值。空气动力误差的大小随机型、飞行重量和表速不同而异。通常在表速的 ±2% 以内，飞行员可从各机型使用手册中查出，飞行中进行修正。随着飞机设计者的不断研究和改进，新型飞机的空气动力误差已经逐渐减少，部分飞机已经减小到只有 1.5 ~ 2 km/h。

3）方法误差

方法误差包括空气压缩性修正量误差（Δv_ε）和空气密度误差（Δv_ρ）两部分。我们知道，仪表空速是按照海平面标准

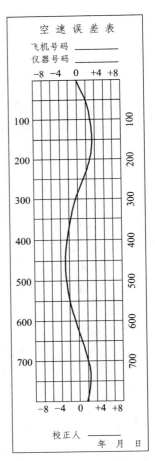

图 1.66　空速表误差曲线

大气条件下动压与空速的关系进行设计的，只有当飞行高度上的空气密度 ρ_H 和空气压缩性修正系数 ε_H 同海平面的标准空气密度 ρ_0 和空气压缩性修正系数 ε_0 完全一致时，指示空速 IAS 才等于真空速 TAS，而实际飞行中，各个飞行高度上的大气条件不可能与海平面标准大气条件完全一致，因而指示空速常常不等于真空速，它们之间可用关系式表示：

$$TAS = IAS \cdot \sqrt{\frac{\rho_0}{\rho_H}} \cdot \sqrt{\frac{1+\varepsilon_0}{1+\varepsilon_H}}$$ （1.23）

从关系式可以看出方法误差的两部分，通过计算可得到在标准大气条件下，各飞行高度上指示空速与真空速的对应值。

（1）空气压缩性修正量误差（Δv_ε）

由于空气压缩性修正系数 ε 变化所引起的误差叫空气压缩性修正量误差（Δv_ε），其误差值计算公式为：

$$\Delta v_\varepsilon = \left(\frac{\sqrt{1+\varepsilon_0}}{1+\varepsilon_H} - 1 \right) \cdot IAS$$ （1.24）

根据不同飞行高度上的空气压缩性修正系数 ε_H，可以计算出各飞行高度上不同速度（IAS）所对应的 Δv_ε。

从计算可知，低空低速飞行 Δv_ε 比较小，所以在 6 000 m 以下高度飞行时，空气压缩性修正量误差可不进行修正，而超过 6 000 m 则应予以修正。

（2）空气密度误差（Δv_ρ）

由于飞行高度上的空气密度 ρ_H 与海平面的标准空气密度 ρ_0 不一致所引起的误差，称为空气密度误差（Δv_ρ）。以海平面标准气压 P_0 和气温 T_0 为基准，当高度升高时，气压和气温都随之降低，气压降低（$P_H < P_0$）时，空气密度 ρ_H 减小，真空速将大于当量空速；气温降低（$T_H < T_0$），空气密度增大，真空速将小于当量空速。由于气压变化比温度变化对空气密度的影响要大得多，所以飞行中真空速通常大于当量空速，高度越高，二者相差越大。空气密度误差是仪表的主要误差，必须予以修正。常见的修正方法有两种：一种就是采用修正补偿机构进行修正，该方法现在已被广泛采用；另一种就是采用领航计算尺计算修正，这种方法仅用于小型低速飞机，其计算修正方法在空速的换算中将详细说明。

1.6.3 空速及其关系

空速除前面提到的真空速、M 数外，还有修正空速、当量空速等，这些空速之间的关系如下：

（1）仪表空速（BAS – Basic Airspeed）：仪表空速简称表速，是仪表空速表根据海平面标准大气条件下空速与动压间的关系，通过测量动压所获得的空速。仪表空速存在各种误差（机械误差、空气动力误差、方法误差即空气压缩性修正量误差和密度误差），不能直接用于有关的领航计算。

（2）修正表速（CAS – Calibrate Airspeed）：仪表空速经过修正机械误差得到的空速就是

修正表速。

（3）指示空速（IAS – Indicated Airspeed）：修正表速经过修正空气动力误差得到的空速就是指示空速。

在实际飞行中，由于目前飞机上的空速表的机械误差和空气动力误差都较小，一般不进行这两种误差的修正，就把表速看成指示空速。在低空一定空速范围内飞行，指示空速能够比较准确地反映空气相对飞机的动压关系，所以是飞行操纵的一个重要参数。

（4）当量空速（EAS – Equivalent Airspeed）：指示空速经过修正空气压缩性修正量误差得到的空速就是当量空速。

（5）真空速（TAS – True Airspeed）：当量空速经过修正空气密度误差得到的空速就是真空速，它就是飞机相对于空气运动的真实速度。

（6）马赫数（M 数 – Mach Number）：马赫数是该飞行高度上的真空速与音速 a 之比，即 $M = \text{TAS}/a$。现代民航运输机都装有 M 数表，在低空按空速表来保持指示空速或真空速飞行，在高空一般按 M 数表来保持 M 数飞行。

1.6.4 测量空速的仪表

1.6.4.1 指示空速表

指示空速表是根据空速与动压的关系，利用开口膜盒测量动压表示空速的，如图 1.67 所示。在飞机上安装一个全静管（空速管）感受飞机在飞行时气流产生的全压和大气的静压，分别用管路与指示空速表上的全、静压接头相连。空速表内有一个开口膜盒，其内部通全压，外部（表壳内）静压，膜盒内外的压力差就是动压。动压发生变化时膜盒产生位移，经过传送机构带动指针指示，指针角位移即可反映动压的大小。在静压和气温一定的条件下，动压的大小完全取决于空速，因此指针的角位移可以表示空速的大小。典型指示空速表表面如图 1.68 所示。

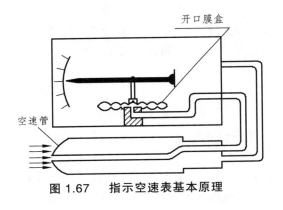

图 1.67　指示空速表基本原理

图 1.68　指示空速表表面

1.6.4.2 真空速表

根据前面的分析，要获得真空速，除了测量动压获得指示空速外，还必须修正空气密度误差。空气密度误差主要是由于实际温度和标准大气条件下温度不一致造成的。因此，可根据真空速与动压、静压、气温的关系，通过测量动压、静压和气温，并将它们的输出通过传送机构共同控制仪表的指示就可以测量真空速，如图 1.69 所示。

在标准大气条件下，气温与高度有对应关系，静压也与高度有对应关系，也就是说气温与静压有对应关系。因此，只要感受动压和静压，就可以达到测量真速的目的，这也是测量真空速的又一原理，如图 1.70 所示。

真空速表表面如图 1.71 所示。

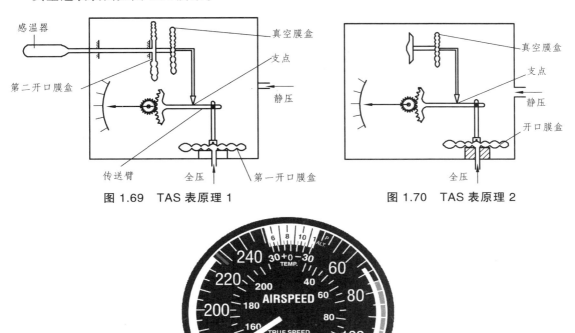

图 1.69　TAS 表原理 1　　　　　　　图 1.70　TAS 表原理 2

图 1.71　TAS 表表面

1.6.4.3　马赫数表

根据真空速与动压、静压、气温的关系和音速与气温的关系，可以求出马赫数与动压、静压的关系。

若保持静压、气温不变，动压增大，真空速必然相应地增大，音速不变，所以马赫数变大；若保持动压、气温不变，静压减小，真空速也必然增大，音速不变，马赫数也要变大；若动压、静压不变，气温升高，则真空速和音速按同样的比例增大，马赫数保持不变。由上面的分析可知：马赫数的大小只由动压和静压来决定，而与气温无关。

根据马赫数的定义可求出马赫数与动压、静压的关系式为：

$$M = \frac{\text{TAS}}{a_H} = \frac{\text{TAS}}{\sqrt{KgRT_H}} = \sqrt{\frac{2P_T}{KP_H}} \qquad (1.25)$$

式中：M——马赫数；

$\quad\quad K$——绝热指数；

$\quad\quad$ TAS——真空速；

$\quad\quad a_H$——在 H 高度的音速；

$\quad\quad g$——重力加速度；

$\quad\quad R$——气体常数；

$\quad\quad T_H$——飞机所在高度的气温；

$\quad\quad P_H$——飞机所在高度的静压；

$\quad\quad P_T$——动压。

由上式可知，马赫数仅与动压和静压有关，而与气温无关。马赫数表就是用一个开口膜盒测量动压，而用一个真空膜盒测量静压，经过传动机构使指针指示马赫数的仪表。图 1.72 为马赫数表原理，图 1.73 为典型马赫数表表面。

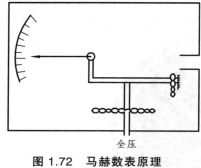

图 1.72　马赫数表原理

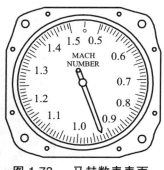

图 1.73　马赫数表表面

1.6.5　空速的换算

飞行中为了进行有关的领航计算，必须对空速进行换算，以满足领航工作的需要。

1.6.5.1　表速（指示空速）与真空速的换算

飞行中，由表速计算真空速的步骤是：

$$\text{BAS} \xrightarrow{\Delta v_i} \text{CAS} \xrightarrow{\Delta v_q} \text{IAS} \xrightarrow{\Delta v_\varepsilon} \text{EAS} \xrightarrow{\Delta v_\rho} \text{TAS}$$

如果要用仪表空速表来保持预定的真空速 TAS 飞行时，则按上述相反的顺序计算即可。在实际飞行中，Δv_i 和 Δv_q 一般不作修正，而对于使用仪表空速表的飞机一般都是小型低速飞机，所以 Δv_ε 也不作修正。所以，我们就把表速认为等于指示空速，经修正空气密度误差后即为真空速：$\text{BAS（IAS）} \xrightarrow{\Delta v_\rho} \text{TAS}$。

1）尺算方法

用民航五型尺第一、二组尺即可进行计算，在尺上分别刻有 BAS、H 和 t_H 的刻度，对尺关系式为：

$$BAS/TAS = (1 - 0.022\,57H)^{2.628}\sqrt{\frac{273+t_H}{288}} \qquad (1.26)$$

进行尺算时，H 是标准气压高，t_H 是该高度上的静温。

例 1.10 表速 370 km/h，飞行高度（H_{QNE}）5 000 m，空中气温 –30°C，求真空速。

解：对尺时，将 H_{QNE} 5 000 m 与 t_H –30°C 对正，即可从第一组固定尺上 BAS 370 km/h 处所对活动尺的刻度读出 TAS，如图 1.74 所示，即 TAS 为 465 km/h。

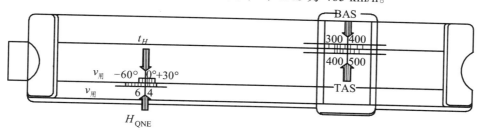

图 1.74　BAS 换算为 TAS 的尺算

2）心算方法

在中、低空，通常高度每升高 1 000 m，真空速比表速约大 5%，这里仅修正了气压变化所引起的误差，对于气温变化引起的误差则未修正，但心算方法快速简便，飞行中常用。如上例：TAS = 370 + 370 × 5 × 5% = 463（km/h）。

1.6.5.2　马赫数与真空速的换算

马赫数与真空速之间关系可用数学式表示为：

$$TAS = 1224 \cdot \sqrt{\frac{273+t_H}{288}} \cdot M \qquad (1.27)$$

从式中可以看出：保持一定的 M 数飞行，高度升高时，气温降低，真空速减小；在同飞行高度，空中温度越高，真空速越大。所以，由于同一 M 数在不同的高度和气温条件下所对应的真空速不同，因而不能直接进行相关的领航计算，必须将 M 数换算为真空速。

M 数与真空速的尺算关系式为：

$$\sqrt{\frac{273+t_H}{288}}\Big/1/1\,224 = \frac{TAS}{M} \qquad (1.28)$$

尺算时，在第二组尺固定尺上刻有一固定的红色"M"指标（代表 1/1224），使用时用"M"指标对正空中温度 t_H，从第一组尺固定尺 M 数刻度所对的活动尺刻度处读出真空速即可。

例 1.11 M 数表指示 M 数为 0.4，所在的飞行高度 H_{QNE} 为 5 000 m，空中温度为 –30°C，求真空速。

解：对尺即可求出 TAS = 450 km/h，如图 1.75 所示。

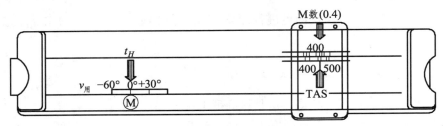

图 1.75　马赫数与 TAS 换算尺型

1.7　飞行时间

　　领航学解决的一个基本问题就是确定飞行时间，在飞行中，飞机的位置变化和时间的变化相关联。我们平常所说的时间包含有"时刻"和"时间间隔"两个概念。所谓时刻，即某一瞬间的早晚；时间间隔（也叫时段），是指两个时刻之间的间隔长度。换句话说，"时刻"是指某个事件何时发生，"时间间隔"是指某一事件持续多久。习惯上，我们把时间间隔叫做时间。例如，飞机 9 时 38 分（领航上常写成 9:38 或 0938）从北京起飞，11 时 48 分（领航上常写成 11:48 或 1148）在上海落地，那么 0938 和 1148 就是时刻，起飞落地之间经过的 2 小时 10 分钟表示时间。如图 1.76 所示，在表示时间的直线上，任意一点都代表一定的时刻，任意两点间的距离都代表一定的时段。

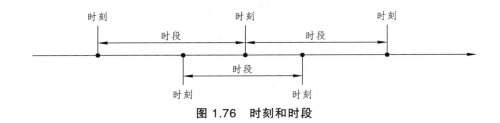

图 1.76　时刻和时段

1.7.1　时间的度量

　　要表示时间的长短，就需要有时间单位，时间的基本单位是日，年和月是日的倍数，时、分、秒是日的等分。科学上，时间的基本单位是秒（s）。

1.7.1.1　晨昏线

　　地球在自转的过程中总有一半对着太阳，即白天；一半背着太阳，即黑夜。白天和黑夜的分界线叫晨昏线。地球不停地自西向东旋转，晨昏线就在地球上自东向西移动，形成了太阳的升没和昼夜的不断更替。如图 1.77 所示，从左起，图中 A 点所在的经线对正太阳时是正午，然后依次是日没、半夜、日出，到第二天的正午。如此循环往复，日复一日。

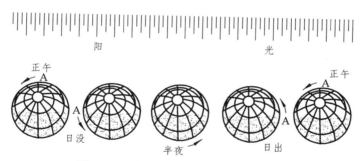

图 1.77　由地球自转形成的昼夜交替

1.7.1.2　真太阳日和平太阳日

人们在度量时间时，主要是按照太阳的运动来进行的。地球自转一个周期，即同一经线连续两次对正太阳的时间间隔称为一个真太阳日（或一个视太阳日），由此得出的秒称为真太阳秒，即：

$$真太阳秒 = \frac{真太阳日}{86\,400}\tag{1.29}$$

但由于地球公转的轨道是椭圆形，太阳位于椭圆的一个焦点上，地球公转的角速度不是常量，加之地轴同公转轨道平面的相对倾斜，因此真太阳日的长短每天都不一样。根据目前精确的测定，一年中最长和最短的真太阳日相差 51 秒，这样就造成了使用上的不便。为了弥补这一缺陷，天文学家就假想了一个太阳，其公转角速度是均匀的，为绕真太阳公转时一年内角速度的平均值，地球围绕该假想太阳公转的圆形运动轨道在赤道平面内，该假想的太阳称为"平太阳"。地球对平太阳自转一周，即同一经线连续两次对正平太阳中心的时间间隔称为一个平太阳日。平太阳日的任何一天都是一样长，可视为一年中真太阳日的平均值，一个平太阳日可以等分为 24 个平太阳时，由此得出的秒称为平太阳秒，即：

$$平太阳秒 = \frac{平太阳日}{86\,400}\tag{1.30}$$

1.7.1.3　历书秒和原子秒

由于平太阳是虚构的，所以无法直接观测而得到平太阳秒；同时，根据平太阳秒的定义，平太阳秒的稳定性取决于地球自转周期的稳定性。地球自转速度有长期减慢、周期变化和不规则变化的特点，由于地球自转周期的不稳定，使得由不同平太阳日得到的平太阳秒有 1×10^{-8} 左右的误差。但是，地球公转的周期却是相当稳定的。如果把地球公转周期的若干分之一定为 1 秒，这样的秒长也许会相当均匀的。

1958 年，国际天文学联合会决议，把秒长定义为 1899 年 12 月 31 日 12 时开始的一个回归年（平太阳连续两次经过春分点的时间间隔，叫做一个回归年）长度的 31 556 925. 974 7 分之一，这样的秒称为历书秒，该定义被 1960 年第十一届世界计量大会（CGPM）正式批准为时间基本单位。因此，历书秒就是 1900 年的平太阳秒，因而是一个定值，但它早已消失。然而 1900 年的回归年与太阳、月亮以及其他星体相对于地球的运动周期存在着严格的数学关系。因而可以根据星体运动情况的测量结果推算出历书秒。这样，历书秒的准确度，即推算出的秒长与定义秒长之间的误差就取决于测量和推算时的误差。遗憾的是实际测量的误差较大，要想得到 1×10^{-8} 的准确度（比平太阳秒高一个量级），需要进行三年的观测。因而历书秒的使用时间不长，到 1967 年就被原子秒取代。

1967 年第十二届 CGPM 认为采用原子秒定义业已成熟，并正式批准时间基本单位采用原子秒，取代 1960 年定义的历书秒。原子秒的定义为：位于海平面上的铯 133 原子基态两个超精细能级，在零磁场中跃迁所对应的辐射振荡 9 192 631 770 个周期所持续时间，为 1 原子秒。

1.7.1.4　经度改变量与时间的关系

地球对平太阳日自转一周（360°）的时间是 24 小时，而地球自转的速度又是相对均匀的，所以，地球自转角度（也就是经度差）与时间的关系如表 1.4 所示。

表 1.4　经度改变量与时间的关系

经度改变量	15°	1°	15′	1′	15″
时间	1 小时	4 分钟	1 分钟	4 秒钟	1 秒钟

1.7.2　时刻种类及其换算

1.7.2.1　地方时（LT−Local Time）

以当地经线正对着太阳的时刻为正午 12 时，正背着太阳的时刻为 0 时，这样确定的时刻，就叫做该地的地方时（LT）。地方时仅适合于当地。经度相同的地方，地方时相同；经度不同的地方，其地方时是不相同的。两地地方时的差数，正好等于地球转过其经度差所需的时间，同时又由于地球自西向东自转，因而同一天内西边的时刻数少于东边的时刻数。两地方时的差数（ΔT）可用公式表示：

$$\Delta T = \Delta\lambda \times 4(\min) \quad \Delta\lambda \text{ 是以度为单位的两地的经度差} \tag{1.31}$$

$$T_2 = T_1 \pm \Delta T \quad \text{东加西减原则} \tag{1.32}$$

由于地球自西向东旋转，所以东边的时刻要比西边的时刻早。所谓"东加西减"原则就是指所求某地在已知地的东边则相加，在已知地西边则相减。

例 1.12　已知锦州（E121°07′）的地方时是 10:30，求拉萨（E91°07′）的地方时。

解：$\Delta T = \Delta\lambda \times 4 = （121°07′ - 91°07′）\times 4 = 2:00$

$\quad\quad T_2 = T_1 - \Delta T \quad\quad\quad\quad$ 所求拉萨在锦州以西取 " − "

$\quad\quad T_2 = 10:30 - 2:00 = 08:30$

1.7.2.2 区时（ZTM-Zone Time）

地方时虽然适应了当地人们的生活习惯，但地方时因经度而异的缺点就带来了很大的不便。在 1884 年国际经度会议上，许多国家共同商定采用以时区为单位的标准时间，即时区制度。

1）时区的划分

理论时区是以经线为界，将地球表面按经度划分成 24 个时区，每个时区跨经度 15°。以零度经线为中央经线，东、西经各 7.5°范围的时区叫零时区（又称中时区）；以零时区为准，向东每隔 15°经度依次为东一区至东十二区，向西每隔 15°经度依次为西一区至西十二区；东十二区和西十二区合为一个时区，以 180°经线为东十二区和西十二区共同的中央经线，如图 1.78 所示。相邻两时区的中央经线相差 15°。

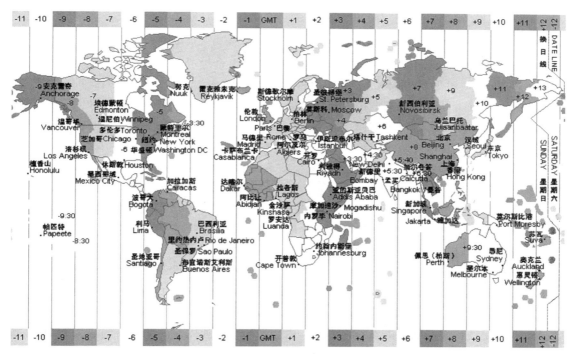

图 1.78　全球时区图

2）区　时

国际上规定，各时区均以本时区中央经线的地方时作为该时区的标准时间，叫该时区的区时（ZTM）。

在同一时区，地方时同区时的差数不超过 30 分钟。除东、西十二区外，相邻两个时区的区时相差 1 小时，所以，任何两时区之差，就等于其时区号码的差数（东时区号为正，西时区号为负）。

东、西十二区都是以 180°经线的地方时为两区的区时。国际上规定，东十二区的区时为地球上最东边的时间。因此，东、西十二区内时刻相同，而日期相差一天，即位于东边的西十二区比位于西边的东十二区晚 24 小时。

实际上，在理论时区的基础上，考虑到地球表面陆、海分布，国家领土和行政区划，实际时区界线有所弯曲。同时许多国家还根据自己的需要来确定本国的时间，这种通过国家法律规定公布使用的时刻，叫做法定时（legal time），它与理论区时不完全符合。如英国、法国、荷兰虽位于零时区，但规定采用东一时区的区时作为标准时间，而印度、尼泊尔则采用以东 5.5 时区为标准，新加坡、马来西亚采用以东 7.5 时区为标准。

1.7.2.3　北京时

我国幅员辽阔，全国共跨五个时区（东五～东九时区），为了使用方便，全国统一使用北京所在的东八区的区时作为标准时间，称为北京时，北京时就是我国的法定时，这样，我国西部地区的地方时与北京时有较大的差别。

1.7.2.4　世界时（UT）、原子时和协调世界时（UTC）

① 世界时。世界各国使用着不同的区时，而国际通讯、航空及科学记录等，却需要共同的时间标准。为此，国际上规定以零时区的区时作为全世界统一时刻，叫世界时（UT – Universal Time），也称为格林威治平时（GMT – Greenwich Mean Time），因此世界时就是中央经线的地方时。目前在航空上很多自动导航设备都要用到世界时。两极地区由于经常可能通过时区界线，使用区时很不方便，因而通常都采用世界时。各时区的区时同世界时相差的小时数，正好等于它的时区号码数。

② 原子时。随着空间科学技术和现代天文学与大地测量学新技术的发展和应用，对时间系统的准确度和稳定度的要求不断提高，以地球自转为基础的世界时系统，已难以满足要求。为此，20 世纪 50 年代建立了精度和稳定性更高的以物质内部原子运动特征为基础的原子时（Atomic Time，AT）系统。物质内部的电子跃迁所辐射和吸收的电磁波频率具有很高的稳定性和复现性，所以，由此而建立的原子时，便成为当代最理想的时间系统。原子时是以原子秒长为单位，以世界时 1958 年 1 月 1 日 0 时为原点建立的时间坐标。原子时是通过原子钟来守时和授时的，因此，原子钟振荡器频率的准确度和稳定度决定了原子时的精度。

③ 协调世界时。在许多应用部门，如测量、导航和空间飞行器的跟踪定位等部门，当前仍需要以地球自转为基础的世界时。但是，由于地球自转速度长期变慢的趋势，近 20 年来，世界时每年比原子时约慢 1 s，两者之差逐年累积。为了避免发播的原子时与世界时之间产生过大的偏差，从 1972 年起便采用以原子时秒长为基础，在时刻上尽量接近于世界时的一种折中的时间系统，这种时间系统称为协调世界时（UTC – Coordinate Universal Time）。

协调世界时的秒长，严格地等于原子时的秒长，采用闰秒（或跳秒）的办法，使协调时与世界时的时刻相接近。当协调时与世界时的时刻差超过 ± 0.9 s 时，便在协调时中引入 1 闰秒（正或负）。闰秒一般在 12 月 31 日或 6 月 30 日加入，具体日期由国际地球自转服务组织（IERS）确定并通告。但在航空应用中，协调世界时 UTC 与世界时 UT 没有多少差别（误差小于 1 s），完全可以认为两者相同。

④ 夏令时。许多国家在夏季为了节省电力及照顾人民工作生活习惯而采取以国家规定将

各地的标准时间在夏季提前一小时或半小时，这种时间称为夏令时（DT – Daylight Time），夏季过去又恢复到原来的标准时间。如叙利亚、埃及、古巴、加拿大、美国等地夏季都提前一小时，多米尼加则提前半小时，我国也曾在 1986—1992 年使用过夏令时。

1.7.2.5 各种时刻的换算

两时刻之差等于地球转过两种时刻基准经线的经度差所需要的时间，所以，时刻相互换算的步骤和方法是：

① 查出两种时刻的基准经线，并求出经度差；

② 将基准经线的经度差换算为两种时刻的时刻差：计算地球自转经过基准经线经度差的时间；

③ 东加西减原则：以已知时刻的基准经线为准，所求时刻的基准经线在东，加时刻差；在西，减时刻差。

例 1.13 已知北京时是 10:00:00，求成都（E104°23′）的地方时和世界时。

解：已知成都的经度是 E104°23′，北京时的基准经线的经度是 E120°，经度差为 15°37′，换算为相应的时刻差为 1.02.28″，而成都在北京时基准经线的西边、应减时刻差，所以成都的地方时 LT = 10:00:00 – 1.02.28″ = 08:57:32

北京时（即东八区区时）与世界时相差 8 小时，且零时区在东八时区的西边，应减去时刻差，所以：世界时 UT = 10:00:00 – 8:00:00 = 02:00:00

1.7.3 国际日期变更线

前面我们已经提到，东十二区和西十二区重合，它们的区时相差 24 小时。假定东 12 时区是 9 月 23 日正午 12 时，西 12 时区则是 9 月 22 日正午 12 时。但是，东十二时区和西十二时区是重合的，那么，这一时区的各个地点，到底是 9 月 23 日还是 9 月 22 日，这就必须有一个规定，否则将使计算日期发生差错。

1884 年国际经度会议规定以 180°经线为日界线，又叫国际日期变更线或改日线。当飞机从西向东（东十二区到西十二区）飞越日界线，日期应减一天；飞机从东向西飞越日界线（西十二区到东十二区），则应增加一天。我国民航中-加、中-美航线都飞越日界线，所以飞行员在飞行中须注意日期的变更。

理论上的日界线是 180°经线，但实际上为了保证行政区域计算日期的统一，避开陆地，实际日期变更线有所弯曲，并不完全同 180°经线重合，如图 1.78 所示。

1.7.4 日出、日没和天亮、天黑时刻

昼夜条件关系到领航的难易和飞行安全，同时也是制定机场天气标准和飞行员等级标准的一个重要条件，因此，正确掌握日出、日没和天亮、天黑时刻，有着重要意义。

1.7.4.1 日出、日没和天亮、天黑

早晨，当太阳上边缘升到地平线时叫日出（Sunrise）；傍晚，太阳上边缘沉没于地平线

时叫日没（Sunset）。由于大气对光线的反射与折射，在日出以前天就亮了，日没以后天还没有全黑，因此天亮、天黑并没有一个明显的界线。领航学里将太阳中心升到地平线下 7°时叫天亮；太阳中心沉没于地平线下 7°时叫天黑，如图 1.79 所示。

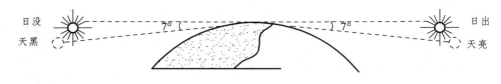

图 1.79　日出、日没和天亮、天黑

地球表面除赤道以外，不同纬度的各地点，在同一天中，日出、日没和天亮、天黑的时刻不相同；同一地点，在不同的季节，日出、日没和天亮、天黑时刻也不相同。日出、日没和天亮、天黑时刻还与飞行高度有关，飞行高度越高，日出和天亮越早，日没和天黑越晚。

1.7.4.2　求日出、日没和天亮、天黑时刻

各地点每天的日出、日没和天亮、天黑时刻，可以用日出、日没曲线图或日出、日没时刻表查出。

1）用日出、日没曲线图查时刻

在日出日没曲线中（图 1.80 为上半年，图 1.81 为下半年），竖线是经线，相邻线的间隔时间为 10 分钟；横线是纬线；曲线是日期线，每张图分为日出部分和日没部分；图上缘的数字表示地方时，下缘标有将地方时换算为北京时的修正量："＋"表示应加上修正量，"－"表示应减去修正量。

例 1.14　求成都 10 月 1 日的日出、日没时刻。

解：这里只详细说明查日出时刻的方法，查日没时刻的方法与此相同。

第一步：在曲线图上（图 1.81）找到地点"成都"位置，从该位置作纬线的平行线，与日期线"10 月 1 日"相交得一点。

第二步：从该点作经线的平行线，在图的上缘可读出成都日出的地方时是 5:53。

第三步：从地点"成都"位置作经线的平行线，在图的下缘查出时刻修正量为 + 1.04′。

第四步：将地方时换算为北京时，得 10 月 1 日成都日出时刻为 06:57。

用同样的方法可查出成都 10 月 1 日的日没时刻（北京时）为 18:51。

2）用日出、日没时刻表查时刻

利用日出、日没时刻表（表 1.5）来查某地方的日出、日没时刻很简单，只需找出地点名称和日期就可在对应的栏里查出时刻。对于没有列出的日期，则采用内插法。

如上例查成都 10 月 1 日日出、日没时刻，从表中可直接查出：日出时刻（北京时）为 06:57，日没时刻（北京时）为 18:51。

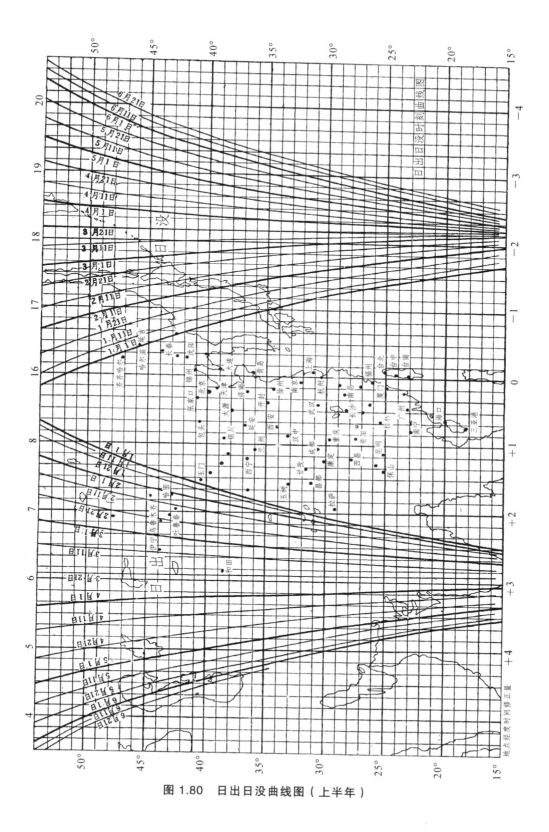

图 1.80　日出日没曲线图（上半年）

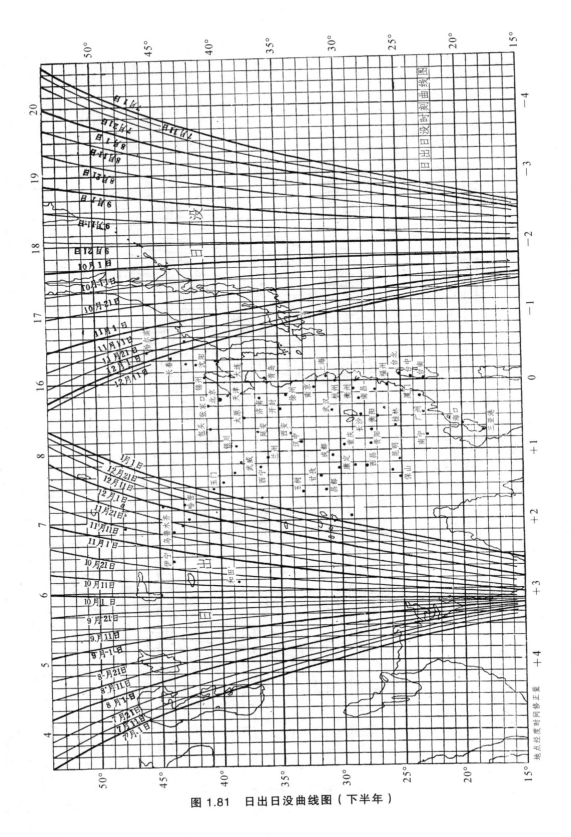

图 1.81 日出日没曲线图（下半年）

66

表 1.5　日出日没时刻表（北京时间）

月	日	北京 日出	北京 日没	哈尔滨 日出	哈尔滨 日没	成都 日出	成都 日没	广汉 日出	广汉 日没	西安 日出	西安 日没	乌鲁木齐 日出	乌鲁木齐 日没	上海 日出	上海 日没	广州 日出	广州 日没
一月	1	7:36	16:59	7:14	15:50	8:01	18:14	8:01	18:12	7:49	17:46	9:44	18:43	6:52	17:03	7:08	17:53
	15	7:35	17:12	7:12	16:13	8:02	18:25	8:02	18:23	7:49	17:58	9:43	18:56	6:53	17:14	7:10	18:03
二月	1	7:24	17:32	6:56	16:37	7:56	18:40	7:55	18:39	7:42	18:14	9:28	19:19	6:46	17:30	7:06	18:15
	15	7:09	17:49	6:38	16:58	7:46	18:51	7:45	18:50	7:29	18:28	9:11	19:38	6-36	17:41	7:00	18:23
三月	1	6:49	18:05	6:14	17:18	7::31	19:03	7:30	19:02	7:14	t8:40	8:49	19:57	6:21	17:53	6:48	18:31
	15	6:28	18:20	5:49	17:38	7:15	19:12	7:14	19:11	6:56	18:51	8:25	20:15	6:05	18:02	6:36	18:36
四月	1,	6:00	18:37	5:15	l?.59	6:55	19:22	6:54	19:21	6:34	19:04	7:53	20:35	5:45	18:12	6:21	18:42
	15	5:38	18:51	4:50	18:18	6:37	19:32	6:36	19:31	6:14	19:15	7:30	20:52	5:27	18:22	6:07	18:48
五月	1	5:15	19:08	4:22	18:39	6:21	19:42	6:20	19:41	5:56	19:27	7-03	21:12	5:1!	18:32	5:57	18:52
	15	5:00	19:22	4:02	18:57	6:10	19:51	6:08	19:51	5:43	19:38	6:45	21:28	4:59	18:42	5:47	19:00
六月	I	4:47	19:36	3:47	19:14	6:02	20:00	6:00	20:00	5:34	19:48	6:31	21:44	4:51	18:51	5:42	19:08
	15	4:44	19:44	3:42	19:24	6:01	20:07	5:59	20:07	5:33	19:56	6:26	21:54	4:50	18:58	5:41	19:13
七月	1	4:48	19:47	3:46	19:26	6:05	20:10	6:03	20:10	5:36	19:59	6:30	21:56	4:54	19:01	5:44	19:16
	15	4:57	19:42	3:56	19:20	6:11	20:08	6:09	20:08	5:43	19:56	6:40	21:50	5:00	18:59	5:49	19:16
八月	1	5:11	19:29	4:14	19:04	6:21	19:59	6:20	19:59	5:54	19:46	6:57	21:35	5:11	18:50	5:57	19:,08
	15	5:24	19:12	4:31	18:13	6:30	19:47	6:29	19:46	6:05	19:31	7:12	21:16	5:20	18:37	6:03	19:00
九月	1	5:41	18:47	4:52	18:14	6:40	19:28	6:39	19:27	6:17	19:11	7:32	20:48	5:30	18:18	6:09	18:44
	15	5:54	18:25	5:10	17:47	6:48	I9:11	6:47	19:10	6:27	18:52	7:48	20:23	5:38	18:v01	6:14	18:32
十月	1	6:09	17:58	5:30	17:16	6:57	18:51	6:56	18:50	6:38	18:30	8:07	19:53	5:47	17:41	6:18	18:15
	15	6:23	17:36	5:48	16:49	7:05	18:33	7-04	18:32	6:48	18:12	8:23	19:28	5:55	17:22	6:23	18:03
十一月	1	6:42	17:13	6:12	16:21	7:18	18:17	7:17	18:16	7:02	17:53	8:45	19:02	6:08	17:07	6,31	17:50
	15	6:58	16:58	6:32	16:02	7:30	18:07	7:29	18:06	7:16	17:41	9:03	18:45	6:20	16:57	6:39	17:44
十二月	1	7:16	16:50	6:53	15:50	7:43	18:03	7:43	18:01	7:30	17:36	9:24	18:34	6:34	16:52	6:51	17:41
	15	7:28	16:50	7:07	15:49	7:35	18:05	7-53	18:03	7:41	17:37	9:37	18:33	6:44	16:54	6:59	17:43

1.8　基本领航计算

　　领航工作中，基本的领航计算包括一些单位的换算和速度、时间、距离的换算。这些领航计算在飞行、空管、签派等工作中都非常重要，需要熟练掌握，达到迅速、准确。

1.8.1　单位换算

常用的单位换算包括速度单位、距离单位、重量单位、气压单位和容积单位等。

1）速度单位换算

根据飞机的速度表的不同，速度单位有公里/时（km/h）、英里/时（mile/h）、海里/时（kn）和米/秒（m/s），它们的换算关系是：

$$1 \text{ kn} = 1.15 \text{ mile/h} = 1.852 \text{ km/h}, \qquad 1 \text{ m/s} = 3.6 \text{ km/h}$$

在换算时,可根据换算关系进行计算，也可利用领航计算尺进行计算，其换算尺形如图 1.82 所示。

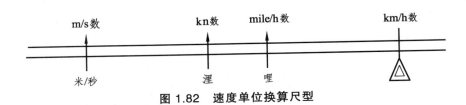

图 1.82　速度单位换算尺型

例 1.15　求 180 kn 是多少 km/h?多少 mile/h?多少 m/s?

解：对尺或通过换算关系求出 180 kn = 333 km/h = 207 mile/h = 93 m/s。

2）距离单位换算

常见的距离单位有公里（km）、英里（mile）、海里（n mile），它们的换算关系是：

$$1 \text{ n mile} = 1.15 \text{ mile} = 1.852 \text{ km}$$

在换算时，可根据换算关系进行计算，也可利用领航计算尺进行计算，其换算尺形如图 1.83 所示。

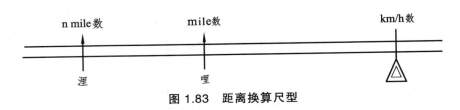

图 1.83　距离换算尺型

例 1.16　求 100 公里等于多少海里？多少英里？

解：对尺可求出 100 km = 54 n mile = 62 mile

3）质量单位换算

常用的质量单位是公斤（kg）、磅（lb），其关系是：1kg = 2.205 lb，实际运用中，常进行相互间的换算，也可用计算尺进行计算。

例 1.17　求 200 公斤是多少磅。

解：根据换算关系或对计算尺计算，计算尺型如图 1.84，可求得：200 kg = 441 lbs。

图 1.84　重量单位换算尺型

4）容积单位换算

常用的容积单位有公升、英加仑、美加仑，关系式是：1 公升 = 0.2642 美加仑 = 0.2204 英加仑，实际使用时需进行换算。

例 1.18　3000 美加仑是多少英加仑?多少公升?

解：计算尺的范围是 10 ~ 1000，3000 超出了计算尺的范围，采用缩小 100 倍，即用 30 来对尺，对尺求出的数据再增大 100 倍。即：3000 美加仑 = 2500 英加仑 = 11400 公升，尺型如图 1.85 所示。

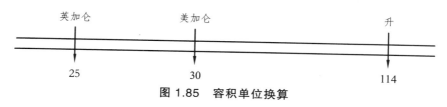

图 1.85　容积单位换算

5）气压单位换算

常用的气压单位有毫米汞柱（mmHg）、英寸汞柱（inHg）和毫巴（mb）（百帕）（hPa）其关系式为：1mmHg = 1.33 mb（hPa）= 0.039 inHg，飞行中常需进行相互间的换算。

例 1.19　752 毫米汞柱是多少英寸汞柱?是多少毫巴?

解：对尺尺型如图 1.86 所示，对尺求得：752 mmHg = 29.60 inHg = 1003 mb（或 hPa）

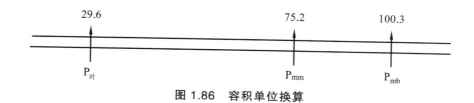

图 1.86　容积单位换算

1.8.2　速度、时间、距离的换算

飞机以一定的速度（v）运动，可看作匀速直线运动，其速度（v）、时间（t）、距离（D）之间的关系，可用公式表示为：

$$D = v \times t \tag{1.33}$$

在飞行和管制工作中，根据其中的两者可求第三者。为了达到快速、准确的计算，可采用计算工具计算，也可心算。

1.8.2.1 计算尺计算

利用计算尺进行速度、时间、距离换算，可以用三角指标"△"，"海里"指标和圆指标"◎"进行。

1）用三角指标"△"进行换算

对式 $D = v \times t$ 进行整理，得

$$v = D/t \tag{1.34}$$

上式可表示为：

$$\frac{\text{经过时间}(t)\text{飞行的距离}(D)}{\text{飞行时间}(t)\text{分钟}} = \frac{60\text{分钟的飞行距离}(v)}{60\text{分钟}} \tag{1.35}$$

即：

$$\frac{D(\text{km 或 n mile})}{t(\text{分钟})} = \frac{v(\text{km}/\text{h 或 kn})}{60(\text{分钟})} \tag{1.36}$$

利用计算尺进行计算时，在活动尺上时间刻度 60 处，刻一个红色"△"，作为一小时的标记，而固定尺则代表距离和速度数值。换算时，将"△"对正速度（即一小时的飞行距离），则活动尺上飞行时间所对正固定尺上的数值，就是该飞行时间内飞行距离，如图 1.87 所示。

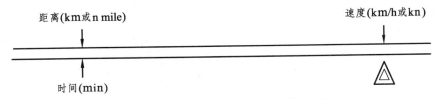

图 1.87　用三角指标"△"换算尺型

例 1.20　飞机以 600 km/h 的速度飞行 15 min，飞过的距离为多少公里？

解： 拉活动尺使"△"指标对准固定尺的 600 处，移动游标使其标线压住时间刻度尺（活动尺）上的 15 min 处，标线所对固定尺的刻度即为所求的飞行距离。从计算尺上可读出：15 min 的飞行距离为 150 km。

例 1.21　飞行速度是 400 kn，飞行距离是 160 n mile，求飞行时间。

解： 根据计算尺对尺求出飞行时间是 24 min。

例 1.22　飞机执行五凤溪至合流水航段，航段距离 232 km，飞机飞行 15 min 后检查，

70

已飞距离 96 km，求飞机的飞行速度及从该位置到合流水的飞行时间。

解：根据已飞距离 96 km，飞行时间 15 min，可求出飞机的速度为 384 km，从该位置到合流水的飞行时间为 21 min。

如果计算时遇到小于 10 或大于 1000 的数值，可以将尺上的数值按比例同时扩大（或缩小），读取计算结果时，应特别注意按相应的比例扩大（或缩小）。

2）用"海里"指标换算

在实际飞行中，很多飞机空速表是用"海里/小时"作单位的，而距离单位又是公里，如果先进行单位换算后再进行速度、时间、距离换算，就显得十分麻烦，而且计算速度慢，所以，对于这种单位不统一间的换算，可用"海里"指标进行，其尺型如图 1.88 所示。

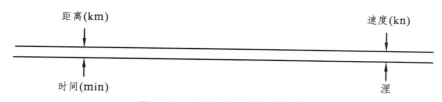

图 1.88　"海里"指标的换算

例 1.23　飞机的飞行速度为 380 kn，求飞行时间为 42 min 所飞过的距离为多少 km？
解：对尺求出飞行了 492 km。

例 1.24　飞机在五凤溪—南充航段飞行，飞行速度为 240 kn，航段距离为 156 km，计算该航段所需的飞行时间。

解：对尺即可求出飞行时间需 21 min。

3）用圆指标"◎"换算

在实际飞行中，有时飞行时间或飞行距离很短，这时利用"◎"指标进行换算更为快速、准确。

对式（1.36）进行整理：

$$\frac{经过时间(t)飞行的距离(D)}{飞行时间(t)秒} = \frac{60分钟的飞行距离(v)}{3\,600秒} \tag{1.37}$$

1 h 是 3 600 s，若按原比例式计算，应当在时间刻度 3600 处刻一个指标；由于尺长有限，所以将◎指标刻在 36 处，这一比例式可写成：

$$\frac{v(\text{km}/\text{h})}{36(\text{s})} = \frac{100D(\text{km})}{t(\text{s})} = \frac{D/10(\text{m})}{t(\text{s})} \tag{1.38}$$

或者：

$$\frac{v(\text{kn})}{36(\text{s})} = \frac{100D(\text{n mile})}{t(\text{s})} \tag{1.39}$$

其换算尺型如图 1.89 和 1.90 所示。

例 1.25 飞行速度为 180 km/h，飞行时间为 1′30″，求飞行距离。

解：飞行时间为 90″，根据计算尺对出固定尺的刻划为 450，如以 m 为单位，则飞行距离为 4 500 m；如以 km 为单位，则为 4.5 km。

例 1.26 飞机在 45″ 内飞行了 3 200 m，求飞行速度。

解：对尺计算出飞行速度为 240 km/h。

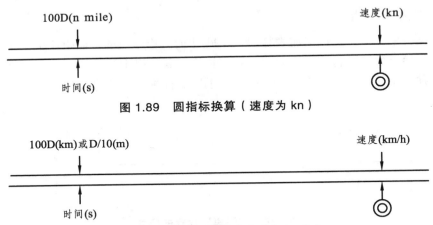

图 1.89 圆指标换算（速度为 kn）

图 1.90 圆指标换算（速度为 km/h）

1.8.2.2 心　算

因为距离是十进制，时间是六十进制，速度是单位时间内飞行的距离，所以要进行心算就必须摸索十进制和六十进制之间的变化规律，掌握心算的基本方法和技巧。常用的心算方法有六分钟距离法、分段求和法和一分钟距离法。

1）六分钟距离法

1 h 是 60 min，所以 6 min 所飞过的距离是 1 h 飞过距离的 1/10（即速度数值去掉一个 0），以此为基础进行心算。

例 1.27 飞行速度 360 km/h，飞行时间 12 min，飞行距离是多少？

解：因 6 min 飞 36 km，12 min 是两个 6 min，所以飞行距离为 72 km。

例 1.28 3 min 飞行距离为 15 n mile，飞行速度为多少？

解：3 min 飞行 15 n mile，6 min 则飞 30 n mile，所以 60 min 飞行距离为 300 n mile，即飞行速度为 300 kn。

同样 10、12、15、20 和 30 min，分别是 1 h 的 $\frac{1}{6}$、$\frac{1}{5}$、$\frac{1}{4}$、$\frac{1}{3}$ 和 $\frac{1}{2}$，也可采用心算的方法。

例 1.29 飞行距离为 52 km，飞行时间为 15 min，求飞行速度。

解：因为 15 min 是 1 h 的 1/4，所以速度应为距离的 4 倍，即 $v = 52 \times 4 = 208$ km/h。

2）分段求和法

当飞行时间不是 6 min 的整数倍时，将飞行时间分成 6 min 的整倍数和 1 min 的零头，用每分钟的飞行距离作调整，采取分段求和的办法得出计算结果。

例 1.30　$v = 190$ km/h，$t = 7$，$D = ?$

解：因为 60 min 飞行 190 km，所以 6 min 飞行 19 km，1 min 约飞行 3 km；而 7 min 飞行的距离约为 $19 + 3 = 22$ km。

例 1.31　$v = 230$ kn，$D = 50$ n mile，$t = ?$

解：因为 60 min 飞行 230 n mile，所以 6 min 飞行 23 n mile，1 min 约飞行 4 n mile；而 50 n mile 可以分解为 $23 \times 2 + 4$，即 $6 \times 2 + 1 = 13$ min。

3）一分钟距离法

除以上两种心算方法外，实际飞行中由于机型的相对固定，还可以熟记一些基本数据，用一分钟距离法，可在实际飞行中快速、准确地进行换算，如表 1.6 所示。

表 1.6　不同速度飞行六分钟和一分钟的距离对照

速度（kn、mile/h、mile/h）	6 min 飞行距离（n mile、km、mile）	1 min 飞行距离（n mile、km、mile）
180	18	3
240	24	4
300	30	5
360	36	6
420	42	7
480	48	8
540	54	9
600	60	10
660	66	11
720	72	12
780	78	13
840	84	14
900	90	15
960	96	16
1020	102	17
1080	108	18
1140	114	19
1200	120	20

复习思考题

1. 说明经纬度的定义、范围和表示方法。

2. 地球磁场的三要素是哪些？磁差是什么？范围是多少？正负如何确定？磁差年变率是如何影响磁差的？

3. 什么是航线角，有哪些种类？

4. 什么是大圆航线和等角航线，它们各有什么特点？在飞行中如何使用？

5. 进行真航线角和磁航线角的换算，并画图表示。

TC	56°			5°	358°			273°
MV	−2°	+7°	−5°	+9°	−6°	−8°	+12°	−18°
MC		293°	0°			287°	356°	

6. 地图比例尺有哪些表示形式？

7. 进行地图比例尺的换算。

比例尺	1：100 万	1：200 万	1：50 万	1：20 万		
图上长	12 cm			15 cm	32 cm	25 cm
实地长		100 km	60 km		16 km	25 km

8. 什么叫标高、等高线？地图上的地物和地形分别如何表示？

9. 什么叫地图投影？地图投影有哪些分类？

10. 什么叫地图失真，失真表现在哪些方面？航空地图在失真方面应满足什么要求？

11. 说明等角正圆柱投影图、极地平面投影图和等角正割圆锥投影图的主要特点和用途。

12. 下面的机场位置点，确认在哪幅 1：100 万的世界通用航图中：

（1）N23°，E98°；（2）N45°20′，E42°30′；（3）N17°25′，W98°20′；（4）S35°25′，W77°15′

13. 标画下列的航线：

（1）广汉机场→遂宁机场→绵阳机场，检查点分别是广福镇和三台；

（2）新津机场→乐至→南充机场，简阳和遂宁作为检查点；

（3）双流机场北台→五凤溪导航台→合流水导航台→江北北台，龙凤场作为检查点；

（4）绵阳机场导航台→南充机场导航台→江北机场北台，检查点是盐亭和武胜。

14. 气压式高度表和无线电高度表分别测量什么高度？

15. 气压式高度表不同的基准面如何调定？不同的机场起降时，气压式高度表的拨正程序是怎样的？

16. 什么是最低安全高度，如何计算最低安全高度？

17. 飞行高度层如何配备？如何确定航线最低飞行高度层？

18. 真高、相对高和绝对高度换算（高度单位为 m）。

H_T	1000	800	600							
地点标高	1046	547	215	1485	713	2197	484	58	1976	2103
机场标高	466	308	380	1950	243	61	28	78	2204	500
H_R				1200	1500					
H_A						2700	1500	1800	3300	6000

19. 标准气压高度与修正海压高度换算（高度单位为 m）。

H_{QNE}	3300	4200	5700	1800	2700					
QNH（mmHg）	760	748	770	754	772	752	765	758	767	743
$\Delta H_{修}$										
H_{QNH}						2872	3076	2637	2450	8610

20. 某机场的过渡高度 TA 是 3 000 m，过渡高度层是 3 600 m，气象台通报 QNH 是 978 hPa，计算过渡夹层的厚度。

21. 计算最低安全高度和确定最低飞行高度层（高度单位为 m）。

TC	215	162	34	326	96	275	179	0	180	359
h_{max}	946	1050	656	762	1416	1247	58	978	10	1340
MOC	600	600	600	600	600	600	400	600	400	600
MAS										
FL_{min}										

22. 什么是航向？航向有哪几种？它们之间如何换算？

23. 测量航向的仪表有哪几类？它们分别测量什么航向？

24. 真航向、磁航向和罗航向换算，并画示意图。

TH	162°						7°		156°	
MH		80°			0°	189°				341°
CH			283°	127°				222		
MV	+5°	−2°	+7°	−8°	+4°	−3°	+6°	−8°	+10°	−9°
DEV	+2°	−1°	+2°	+4°	+1°	0°	−1°	−4°	0°	−2°

25. 表速、真空速和马赫数的定义是什么？仪表空速和真空速之间存在哪些误差？

26. 指示空速和真空速的换算。

IAS（km/h）	200	190	450	270				
H_{QNE}（m）	2700	2100	6000	3300	3000	6600	5700	4200
t_H（℃）	−10	+5	−29	−12	−10	−24	−20	−15
TAS（km/h）					345	460	300	400

27. 马赫数与真速、音速换算。

H_{QNE}（m）	8400	4200	3600	6000	6600	7200	5100	9000	5700	7800
t_H（℃）	－40	－20	－17	－30	－35	－34	－26	－42	－28	－39
M	0.8	0.6	0.6	0.7	0.76					
TAS（km/h）						760	560	850	740	800
a（km/h）										

28. 地方时、时区时和世界时是如何定义的？协调世界时和世界时有何区别？

29. 地方时是如何换算的，时区时是如何换算的？

30. 日出、日没、天亮、天黑是如何定义的？如何利用曲线图来查询日出和日没时刻？

31. 北京时是 10:00，求下列地点的地方时和时区时。

地名	北京	成都	哈尔滨	
纬度	N40°04′20″	N30°34′48″	N45°37′20″	N30°15′
经度	E116°35′49″	E103°56′51″	E126°14′55″	E 121°26′
地方时				
时区时				

32. 时区时的换算。

是区号	E8	E3	E10	E12	0	W4	W8	W10	W12
时区时	11:00								
日期	8 日								

33. 2011 年 11 月 8 日北京时 15:50，从上海飞往美国旧金山，于 11 月 8 日 11:10 当地时间到达，飞机飞行了多少小时？

34. 速度单位的换算。

km/h	480	840				
kn			480	225		
mile/h					330	
m/s						35	50

35. 米与英尺换算。

m	2100	5700	8400				
ft				21000	29000	33000	41000

36. 用三角指标进行计算（距离和速度同一单位制）。

速度	180	210	480				820	780
飞行时间		18	24	46	5	1:05	1:15	
飞行距离	60			320	26	315		300

37. 用海里指标进行计算（距离和速度非同一单位制）。

速度（kn）	185	210	380				420	480
飞行时间		15		46	14	1:15	1:05	35
飞行距离（km）	60		400	320	64	315		

38. 用圆指标进行计算。

速度（km/h）	182	210	480	192	215			650
飞行时间（分、秒）	25″	1′28″	1′00″			2′13″	34′	1′30″
飞行距离（m）				2200	3500	16600	2850	

39. 心算（距离和速度同一单位制）。

速度	190	430			500		420	820	760
飞行时间	6′	13′	18′	15′		7′	19′		
飞行距离			96	85	250	49		41	152

2 飞机在风中的航行规律

围绕地球表面的大气层是按照一定的规律运动的，飞机在地球表面的大气层中飞行，必将受到大气层水平流动的影响，使得飞机对于大气的运动和飞机对于地面的运动不一致，运动的方向和速度都将发生改变。本章研究大气层水平流动对飞机航行的影响，以及飞机在大气中航行的基本规律。

2.1 风的表示

空气在地球表面的水平流动叫做风（Wind）。风是矢量，有大小，也有方向，用风速向量 $\overline{WS}$ 表示，表明了风对地面的运动。空气沿水平运动的方向叫风向（WD – Wind Direction）；空气在单位时间内水平运动的距离叫风速（WS – Wind Speed）。

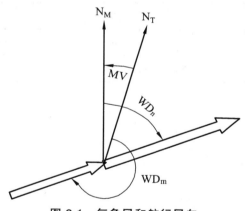

图 2.1 气象风和航行风向

风有两种表示方法：一种是气象上用的风叫气象风，其风向是指风吹来的真方向，即从真经线北端顺时针量到风的来向的角度，用 WD_m 表示，风速常以米/秒（m/s）或海里/时（kn）为单位；一种是领航上用的风叫航行风，其风向是指风吹去的磁方向，即从磁经线北端顺时针量到风的去向的角度，用 WD_n 表示，其风速常以公里/时（km/h）或海里/时（kn）为单位，如图 2.1 所示。

在实际工作中，飞行前从气象台所获得的是气象风，当进行有关的领航计算时，应将气象风换算为航行风，即进行风向和风速的相应换算。

其中，气象风向和航行风向之间的换算如下：

$$WD_n = WD_m \pm 180° - MV \qquad (2.1)$$

或

$$WD_m = WD_n \pm 180° + MV \qquad (2.2)$$

式（2.1）和（2.2）中，磁差可从航图或资料中查出，但在实际应用中，如果磁差较小，可忽略不计。

例 2.1 成都飞重庆，预报风为 $WD_m = 70°$，求航行风向。

解： 由于该飞行地区磁差较小，$MV = -2°$，可忽略不计，所以 $WD_n = 70° + 180° = 250°$。

气象台测报的风速通常以米/秒为单位，根据飞机的空速单位为千米/小时、海里/小时，可以将风速单位用领航计算尺换算成与空速单位相同，换算方法如前述。米/秒与千米/小时和海里/小时的换算，如果采用心算法，其换算关系是：

1）米/秒换算为公里/小时

因为 1 米/秒 = 3.6 公里/小时，即：

$$WS(km/h) = 3.6 \times WS(m/s) = 4 \times WS(m/s) - 4 \times WS(m/s)/10 \tag{2.3}$$

所以，以公里/小时为单位的航行风速就等于气象风速（米/秒）乘 4，再从乘积中减去十分之一所得的数值。

例 2.2 气象台预报风的风速为 10 米/秒，换算为以公里/小时为单位的风速是多少？

解： $WS_m = 4 \times 10 - 4 \times 10/10 = 40 - 4 = 36$（km/h）

2）米/秒换算为海里/小时

因为 1 米/秒 = 1.944 海里/时 ≈ 2 海里/时，所以：

$$航行风速（kn）= 2 \times 气象风速（m/s） \tag{2.4}$$

心算时，将气象风速乘以 2 所得的数值就是以海里/小时为单位的航行风速。

例 2.3 气象台预报风的风速为 6 米/秒，换算为以海里/小时为单位的风速是多少？

解： $WS_n = 2 \times 6 = 12$（kn）

2.2 飞机在风中的运动

飞机在风中航行，根据参照物的不同，存在三种运动，即飞机相对于空气、空气相对于地面和飞机相对于地面的运动。

2.2.1 三种运动

2.2.1.1 飞机相对于空气的运动

飞机相对于空气的运动，用空速向量 $\overline{TAS}$ 表示，方向为航向（MH）、大小为真空速（TAS）。

2.2.1.2 空气相对于地面的运动

空气相对于地面的运动，用风速向量 $\overline{WS}$ 表示，方向为风向 WD_n、大小为风速 WS。

2.2.1.3 飞机相对于地面的运动

飞机相对于地面的运动，用地速向量 $\overline{GS}$ 表示，方向为航迹角、大小为地速。

1）航迹线和航迹角

飞机相对于地面运动所经过的路线，叫航迹线，简称航迹；飞机保持一定的航向沿航线飞行时，一般情况下，航迹可以看成是直线。航迹用航迹角（TK – Track）表示，航迹角有真航迹角（TTK – True Track）和磁航迹角（MTK – Magnetic Track）两种。从真经线北端顺时针量到航迹线去向的角度，叫真航迹角；从磁经线北端顺时针量到航迹线去向的角度，叫磁航迹角，如图2.2所示。

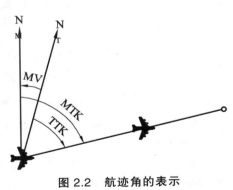

图2.2　航迹角的表示

飞行中常用的是磁航迹角，但在航图上画飞机的航迹时，从起点沿真航迹角（航图上的经线为真经线）画直线（平均航迹），需要进行真航迹和磁航迹的换算。其换算的关系式是：

$$MTK = TTK - MV \qquad (2.5)$$

2）地速（GS – Ground Speed）

飞机相对于地面运动时，单位时间内飞过的地面距离叫地速，常用的单位是公里/小时（km/h）和海里/小时（kn）。

2.2.2　飞机在风中的航行情形

飞机在风中的航行情况包括无风、受到顺风、逆风和侧风影响。

1）无风情况下航行的情形

空中无风时，机头对向哪里，飞机就能飞到哪里，这时飞机的航迹完全同航向线一致，飞机的航迹角等于航向，地速等于真空速。如图2.3所示，飞机保持 TH 80° 飞离 O 地上空，TAS 320 km/h，1小时后到达 A 地上空。无风时，线段 OA 即为飞机相对于地面运动所经过的航迹，其中 TTK = TH = 80°，飞行1小时的距离为320 km。

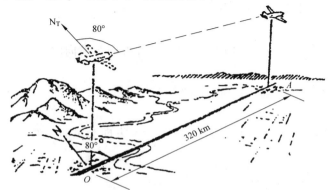

图2.3　飞机在无风情况下航行的情形

2）顺风或逆风情况下的航行情形

受顺风或逆风影响时，机头对向哪里，飞机就能飞到哪里，这时飞机的航迹完全同航向线一致，但飞机的地速将发生变化，顺风时 GS = TAS + WS，逆风时 GS = TAS − WS。

3）侧风情况下的航行情形

飞机受到侧风的影响，这时，飞机除与空气相对运动外，同时还将随风飘移，因此，飞机的航迹角和航向不一致，地速也会发生变化。如图 2.4 所示，飞机以 TH 80°、TAS 320 km/h 飞离 O 地上空，如果遇到航行风向 170°、风速 60 km/h 的风，那么飞机虽然机头对准 A 地上空，1 小时后却到达 A 地的 170° 方向相距 60 km 的 B 地上空。飞机相对于地面所飞过的路线不是 OA，而是 OB。

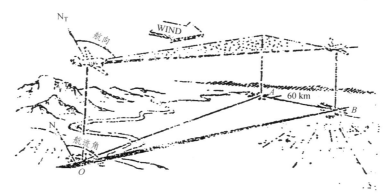

图 2.4　飞机在侧风情况下航行的情形

2.3　航行速度三角形

飞机对地面的运动，是飞机对空气运动和空气对地面运动的合成运动，因此，飞机的地速向量，必然是空速向量和风速向量的合成向量，即：

$$\overrightarrow{GS} = \overrightarrow{TAS} + \overrightarrow{WS} \tag{2.6}$$

三个向量表示了三种运动，这个由空速向量、风速向量和地速向量构成的三角形，叫作航行速度三角形，如图 2.5 所示。航行速度三角形可以准确地反映三个向量的相互关系，能够准确地说明航迹角和航向、地速和空速的关系，能准确地反映飞机在风中的航行规律。

2.3.1　航行速度三角形的 8 个元素

在航行速度三角形中，三个向量包含了 6 个元素：磁航向 MH、真空速 TAS、风向 WD、风速 WS、磁航迹 MTK、地速 GS。还有两个元素是三角形的两个内角，即偏流 DA 和风角 WA，如图 2.5 所示。

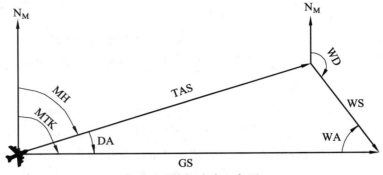

图 2.5　航行速度三角形

1）偏流（DA – Drift Angle）

由于侧风的影响，飞机的航迹线将偏向航向线的下风面，从航行速度三角形中可以看出：航迹线同航向线的关系，可以用地速向量同空速向量的夹角，即航迹线偏离航向线的角度来表示，这一角度叫偏流角（DA – Drift Angle），简称偏流。左侧风时，航迹线偏在航向线的右侧，规定偏流为正（+ DA），也称为右偏流（RDA），如图 2.6 所示；右侧风时，航迹线偏在航向线的左侧，规定偏流为负（– DA），也称为左偏流（LDA），如图 2.7 所示。偏流的大小与真空速和风速的大小及侧风程度有关，偏流一般较小。

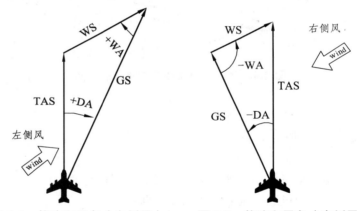

图 2.6　偏流和风角（左侧风）　　　图 2.7　偏流和风角（右侧风）

2）风角（WA – Wind Angle）

在航行速度三角形中，航迹线同风向线的夹角（即地速向量同风速向量的夹角）叫风角（WA – Wind Angle）。风角表明了飞机所受侧风影响的程度。如图 2.6 所示，风角的正负规定与偏流的正负规定完全一致，都是由风的左、右决定。以航迹线为基准，左侧风时，由航迹线顺时针量到风向线，为正值，即“+ WA”；右侧风时，由航迹线反时针量到风向线，为负值，即“– WA”。

风角的范围从 0° ~ ±180°。0°表示顺风，180°表示逆风，±90°表示（左或右）正侧风，0° ~ ±90°表示（左或右）顺侧风，±90° ~ 180°表示（左或右）逆侧风。

2.3.2 航行速度三角形各元素的关系

在航行速度三角形中，8 个元素间存在一定的关系，实质上就是空速向量、风速向量与地速向量三者的关系。

1）航迹角与航向的关系

在航行速度三角形中，由于受侧风的影响，航迹线总是偏在航向线的下风面，即：左侧风，航迹线偏在航向线右边，航迹角比航向大一个偏流角度值；右侧风，航迹线偏在航向线左边，航迹角比航向小一个偏流角度值。它们的关系可用数学式表示为：

$$MTK = MH + DA \tag{2.7}$$

或者

$$DA = MTK - MH \tag{2.8}$$

2）航迹角与风向的关系

从图 2.8 中可以看出：风向与航迹角之间相差一个风角，用数学式表示为：

$$WD_n = MTK + WA \tag{2.9}$$

或者

$$WA = WD_n - MTK \tag{2.10}$$

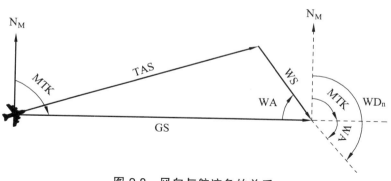

图 2.8 风向与航迹角的关系

3）偏流、地速同真空速、风速和风角的关系

从航行速度三角形中可知，偏流、地速的大小与真空速、风速的大小及侧风程度即风角有关。其中：

$$\frac{\sin DA}{WS} = \frac{\sin WA}{TAS} \tag{2.11}$$

$$\sin DA = \frac{WS}{TAS} \sin WA \tag{2.12}$$

由于 DA 一般较小，因此

$$DA \approx \frac{WS \cdot \sin WA}{TAS} \cdot \frac{180°}{\pi} = \frac{57.3°}{TAS} \cdot WS \cdot \sin WA \tag{2.13}$$

$$GS = TAS \cdot \cos DA + WS \cdot \cos WA \qquad (2.14)$$

由于 DA 较小，因此：

$$GS \approx TAS + WS \cdot \cos WA \qquad (2.15)$$

从式（2.15）可以看出：当真空速和风速一定时，风角不同，偏流、地速的大小也不一样。当风角为 0° 时，偏流为 0°，地速为最大值，GS = TAS + WS；当风角为 90° 时，为正侧风，偏流的角度最大，地速略小于真空速，可近似认为相等；当风角为 180° 时，偏流为 0°，地速为最小值，GS = TAS − WS；当风角为 0° ~ 90° 时，有偏流，地速大于真空速；当风角为 90° ~ 180° 时，有偏流，地速小于真空速，以上关系如表 2.1 所示。

表 2.1 WA 和 DA、GS 的关系

风角	0°（顺风）	0° ~ ±90°（顺侧风）	±90°（正侧风）	±90° ~ 180°（逆侧风）	180°（逆风）
偏流	0°（mix）	逐渐增大	max	逐渐减小	0°（mix）
地速	TAS + WS	>TAS	≈ TAS	<TAS	TAS − WS

其中，把风速向量投影在地速向量上，其垂直于地速向量的分量为侧风分量（WS_2），平行于地速向量的分量为顺、逆风分量（WS_1）。两个分量与风速、风角之间的关系为：

$$WS_2 = WS \cdot \sin WA \qquad (2.16)$$

$$WS_1 = WS \cdot \cos WA \qquad (2.17)$$

其中，侧风分量将使航迹线偏离航向线，产生偏流，影响航行方向；顺（逆）风分量将影响飞机的地速，使地速不等于真空速，影响航行时间。

2.3.3 影响偏流、地速的因素

在航行速度三角形中，如果风速向量和空速向量一一确定，经过矢量合成的地速向量即被唯一确定。用作图或计算的方法，可以求出偏流和地速的数值。但是，由于空中风每时每刻都在变化，飞机的航向和空速也有可能发生变化，这些变化必将引起地速向量的改变，进而引起飞机的航迹和到达时刻发生变化。

2.3.3.1 空速变化对偏流、地速的影响

在航线飞行中，假定空中风未发生变化，若飞机保持稳定的航向，而真速增大或减小，则航迹、地速的变化分析如下：

在飞行中，由于 DA（用弧度制表示）一般较小，式（2.12）可表示为：

$$DA \approx \frac{WS}{TAS} \sin WA \qquad (2.18)$$

$$d(DA) = \frac{-WS \times \sin WA}{TAS^2} \cdot d(TAS) = \frac{-TAS \times \sin DA}{TAS^2} \cdot d(TAS)$$

所以 $$\Delta DA \approx \frac{-\Delta TAS}{TAS} \times DA \qquad (2.19)$$

又因为： $$GS = TAS \cdot \cos DA + WS \cdot \cos WA$$

$$d(GS) = \cos DA \cdot d(TAS)$$

DA 较小时，$\cos DA \approx 1$，所以

$$\Delta GS \approx \Delta TAS \qquad (2.20)$$

又因为： $$MTK = MH + DA$$

$$d(MTK) = d(DA)$$

所以 $$\Delta MTK \approx \Delta DA \qquad (2.21)$$

　　从以上分析可以看出，真速增大、偏流减小，真速减小、偏流增大，即真速增、减时偏流发生反变化。但是偏流的变化量一般较小，只有接近正侧风飞行时，真速的变化引起偏流的变化才比较明显，才会对航迹产生较大影响。另一方面，真速增加、地速增大，真速减小、地速也随之减小，真速的变化量与地速的变化量近似相等，所以真速的增减主要引起地速的变化，应注意飞机将早到或晚到预定地点。真速变化时偏流、地速的变化如图 2.9 所示。

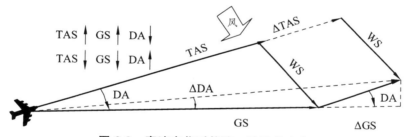

图 2.9　真速变化时偏流、地速的变化

2.3.3.2　风速变化对偏流、地速的影响

　　沿航线飞行中，如果飞机保持航向、真速不变，在风向不发生变化时，当风速发生变化，偏流、地速的变化分析如下：

根据式（2.18） $$DA \approx \frac{WS}{TAS} \sin WA$$

有 $$d(DA) = \frac{\sin WA}{TAS} \cdot d(WS)$$

$$= \frac{WS \times \sin WA}{WS \times TAS} \cdot d(WS)$$

$$= \frac{\text{TAS} \times \sin \text{DA}}{\text{WS} \times \text{TAS}} \cdot d(\text{WS})$$

$$\approx \frac{d(\text{WS})}{\text{WS}} \cdot \text{DA} \quad （\text{DA 较小时}）$$

所以 $\qquad \Delta\text{DA} \approx \dfrac{\Delta\text{WS}}{\text{WS}} \cdot \text{DA}$ （2.22）

又因为 $\qquad \text{GS} = \text{TAS} \cdot \cos\text{DA} + \text{WS} \cdot \cos\text{WA}$

$$d(\text{GS}) = \cos\text{WA} \cdot d(\text{WS})$$

所以 $\qquad \Delta\text{GS} \approx \Delta\text{WS} \cdot \cos\text{WA}$ （2.23）

又因为 $\qquad \text{MTK} = \text{MH} + \text{DA}$

$$d(\text{MTK}) = d(\text{DA})$$

所以 $\qquad \Delta\text{MTK} \approx \Delta\text{DA}$ （2.24）

从以上分析中可知，只要风速增大、偏流就增大，风速减小、偏流就减小；顺侧风飞行，风速增大、地速也增大，风速减小、地速也减小；逆侧风飞行，随着风速增大、地速反而减小，风速减小、地速反而增加；在接近顺、逆风飞行时，风速的变化引起偏流和航迹变化不很明显，引起地速的变化比较明显，风速的变化量近似等于地速的变化量，将主要影响飞机到达预定地点的时刻；在接近正侧风飞行时，风速变化引起的地速变化不很明显，主要影响偏流和航迹变化，应注意可能发生较大偏航。风速变化时偏流、地速的变化如图2.10所示。

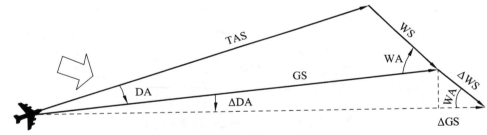

图 2.10 风速变化时偏流、地速的变化

2.3.3.3 航向变化对偏流、地速的影响

如果风速向量不变，飞机保持固定的真速沿航线飞行中，飞机的航向发生变化，那么风角将发生改变，引起地速向量变化的情形分析如下：

因为 $\qquad d(\text{DA}) = \dfrac{\text{WS}}{\text{TAS}} \cdot \cos\text{WA} \cdot d（\text{WA}）$

所以 $\qquad \Delta\text{DA} \approx \dfrac{\text{WS} \cdot \cos\text{WA}}{\text{TAS}} \cdot \Delta\text{WA}$ （2.25）

又因为 $\qquad d（\text{GS}） = -\text{WS} \cdot \sin\text{WA} \cdot d（\text{WA}） \cdot \dfrac{\pi}{180}$

所以
$$\Delta GS \approx \frac{-\pi \cdot WS \cdot \sin WA}{180} \cdot \Delta WA$$
（2.26）

又因为
$$d(MTK) = d(MH) + d(DA)$$

所以
$$\Delta MTK \approx \Delta MH + \Delta DA$$
（2.27）

式（2.25）和式（2.26）表明了 MH 的变化会引起 WA 的变化，从而影响偏流、地速的变化；式（2.27）表明了 MH 的变化会引起飞机航迹的变化，如图 2.11 和图 2.12 所示。

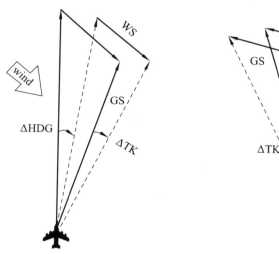

图 2.11　航向增大对偏流、地速的影响　　图 2.12　航向减小对偏流、地速的影响图

在接近顺逆风飞行时，由于航向变化引起风角的变化，导致偏流的变化比较明显，导致地速的变化不明显；在接近正侧风飞行时，由于航向变化引起风角的变化，导致偏流的变化不明显，导致地速的变化比较明显，可以忽略偏流的变化量，认为 $\Delta MTK \approx \Delta MH$，应注意航向的变化首先是航迹角发生的相应变化。

2.3.3.4　风向变化对偏流、地速的影响

如果空速向量不变，假定风速未发生变化，风向变化将引起风角的变化，且风角的变化量近似于风向的变化量。风向变化对偏流、地速的影响和航向变化时相同，可通过式（2.25）和（2.26）表示它们的关系。

风向变化时引起的偏流变化量近似等于航迹角的变化量：

因为
$$d（MTK）= d（DA）$$

所以
$$\Delta MTK \approx \Delta DA$$
（2.28）

风向变化，风角就变化（$WA = WD_n - MTK$），应注意引起的偏流变化量和航迹角变化量近似相等。在接近顺、逆风飞行时，与航向变化的结论相同，导致偏流发生比较明显的变化；在接近正侧风飞行时，也与航向变化时的结论相一致，导致地速发生比较明显的变化，如图 2.13 所示。

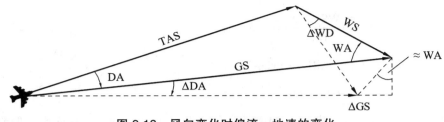

图 2.13　风向变化时偏流、地速的变化

当飞机改变高度，飞越不同地区或穿越锋线、切变线时，都可能发生风向、风速的改变，引起偏流、地速的变化，导致航迹偏差以及到达时刻的变化（提前或推迟）。沿航线飞行发生方向偏差和时刻误差的原因，既有主观因素——保持航向、真速不准确，也有客观因素——空中风发生了变化。运用风对航行影响的理论，分析飞机在有风情况下航行的基本规律，目的在于正确测算方向偏差和时刻误差，提供准确实施领航的依据。

复习思考题

1. 什么是风？如何表示风？

2. 气象风向和航行风向是否为同一个风？为什么要计算航行风向？

3. 航行速度三角形由哪几个向量构成，包含哪些常用的领航元素？

4. 航线、航向和航迹的区别是什么？

5. 什么是偏流，它的正负是如何规定的？偏流的大小取决于哪些因素？

6. 什么是风角，它的正负是如何规定的？风角的大小取决于哪些因素？风角的范围？

7. 顺风、逆风、正侧风、顺侧风和逆侧风的风角各为多少？在不同的风角情况下，偏流和地速的大小是如何的？

8. 真空速的变化对偏流、地速有何影响？

9. 风速的变化对偏流、地速有何影响？

10. 风角变化对偏流、地速有何影响？

11. 风向变化对偏流、地速有何影响？

12. 气象风向与航行风向换算：

WD_m	50°	90°		272°		
WS_m（m/s）	10	7		15		12
MV	+3°	−4°	+12°	0°	−10°	−8°
WD_n			120°		210°	112°
WS_n（km/h）		18			72	

13. 根据已知的空速向量和风速向量画出航行速度三角形（示意图），并标上各元素：

（1）MH80°，TAS210 km/h，WD_n120°，WS 30 km/h

（2）MH110°，TAS210 km/h，WD_n60°，WS 30 km/h

（3）MH210°，TAS 310km/h，WD$_n$90°，WS 50 km/h

（4）MH110°，TAS350 km/h，WD$_n$160°，WS 35 km/h

（5）MH0°，TAS220 km/h，WD$_n$180°，WS 30 km/h

（6）MH90°，TAS650 km/h，WD$_n$90°，WS 80 km/h

14. 根据风角确定偏流的正负并比较地速和真空速的大小：

MTK	40°	110°	225°	240°	270°	330°	315°	340°
WA	＋60°	－50°	＋150°	－120°	＋90°	－90°	0°	180°
DA 正负								
GS 与 TAS 比较								

3 地标罗盘领航

在空中领航发展的过程中，出现过地标领航和罗盘领航。地标领航是用地图对照地面，按辨认出来的地标来确定飞机位置、航向和距离，以引导飞机航行的方法；罗盘领航，也称为推测领航，是根据飞行中所测定的航行元素和航行的基本规律，通过推测计算来确定飞机位置、航向和距离，以引导飞机航行的方法。

地标领航是最早、最原始的领航方法，其优点是简单可靠，缺点主要是受飞行地区的地形、季节、昼夜、气象条件，以及飞行高度、速度和座舱环境的影响，在实际应用时有极大的局限性；罗盘领航的优点是不受天气、昼夜和地区等外界条件限制，可以在不同的条件下采用，缺点是受设备误差、作业准确性以及推算的积累误差的影响，所以，实际应用中，地标领航与罗盘领航相配合，以地标定位为基础，推测计算为主要手段的领航方法，就叫地标罗盘领航。

3.1 推算应飞航向和时间

执行一项飞行任务，首先需要选定航线，再根据气象条件沿预定航线飞行。沿预定航线飞行，飞行员在飞行前需要解决的是：飞机应该保持多少度航向飞行，需要飞多少时间才能到达预定航路点。

3.1.1 推算应飞航向

飞机沿预定航线飞行所应该保持的航向，称为应飞航向，用 $MH_{应}$ 表示。推算应飞航向的目的就是使飞机航迹线与预定航线重合，使飞机沿航线准确到达预定航路点。

根据飞机在空中受到风的影响情况，要使飞机航迹线与预定航线重合，$MH_{应}$ 的计算有下面的情况。

在无风或受顺逆风的情况下，飞机的航迹线与航向一致，机头对向哪里，飞机就能飞到哪里，因此，当飞机准确通过航段起点时，飞行员应操纵飞机使机头对正航线去向，即采取的应飞航向 $MH_{应} = MC$，飞机就能沿航线飞到预定航路点。

在受到侧风影响的情况下，如果飞机通过航段起点时仍然采取航向等于航线角，由于侧风的影响，飞机将产生偏航，航迹线将偏到航线的下风面，不能飞到预定点上空，如图 3.1 所示。

飞机在受到侧风的情况下飞行，为了使航迹线与航线重合，必须使飞机的航向迎风修正一个偏流角，即在航线角基础上迎风修正一个偏流，得到应飞航向 $MH_应$，如图 3.2 所示，$MH_应$ 是：

$$MH_应 = MC - DA \qquad\qquad (3.1)$$

可见，在实际飞行过程中，对风的判断非常重要，根据风的情况，迎风修正一个 DA 就可修正侧风的影响。

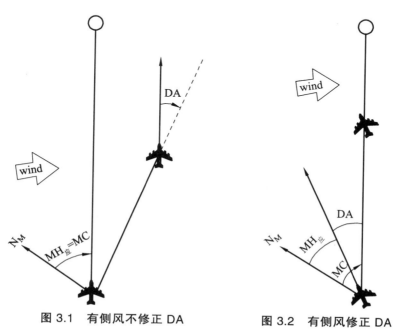

图 3.1　有侧风不修正 DA　　　　图 3.2　有侧风修正 DA

3.1.2　推算应飞时间

应飞时间指的是沿航线飞行所需的时间，它是计算飞机应携带燃油量、推算预达时刻及推算起飞时刻必不可少的条件。

推算应飞时间是根据航段距离和预计地速进行计算。在训练飞行中，可利用计算尺或心算计算，前面已做过详细介绍；在航班飞行过程中，飞行管理系统（FMS）可根据空中风的情况进行计算。

3.1.2.1　预计到达时刻

沿航线飞行中，按照一个航段一个航段的顺序预计到达时刻，最后将计算出预达目的地机场的时刻。如一架飞机从广汉机场飞往绵阳机场，遂宁作为转弯点，飞机 10:30:00 起飞，若按已知风计算出广汉飞遂宁的地速为 225 km/h，航段距离为 133 km，飞行时间 35 min，遂宁飞绵阳的地速为 180 km/h，航段距离为 132 km，飞行时间 44 min，那么预计飞机到绵阳机场的预达时刻为 10:30:00 + 35′ + 44′ = 11:49:00。

3.1.2.2　计算起飞时刻

按照每个航段的地速，分别计算每个航段的应飞时间再求和，将得到整个航线的飞行总时间，包括飞行的起飞和着陆、沿航线上升和下降阶段多花的时间，另外，航线飞行中需要留有备份的提前时间。提前的时间，一般为航线飞行总时间的 1%～3%，主要是用于飞行中偏航所造成的时间增加，以及消磨早到时间比补偿晚到时间容易，所以常提前一些时间起飞。因此，准时起飞时刻可表示为：

$$T_{起飞} = T_{规定} - T_{总} - (1\% \sim 3\%)T_{总} = T_{规定} - (1.01 \sim 1.03)T_{总} \tag{3.2}$$

例 3.1　要求到达目的地机场的时刻为 16:00:00，航线飞行的时间为 2.28ʰ，起飞和着陆、沿航线上升和下降阶段多花的时间为 20ʰ，提前时间按照飞行总时间的 3% 计，预计的起飞时刻是多少？

解： $T_{起飞} = T_{规定} - (1.01 \sim 1.03)T_{总} = 16:00:00 - 1.03 \times (2.28ʰ + 20ʰ)$

$$= 13:07:00$$

所以预计的起飞时刻为 13:07:00。

3.1.2.3　计算携带油量

飞机起飞携带的油量，应包括航线飞行用油，处置特殊情况的备用油量，飞机在地面试车、滑行用油，即：

$$最少携带油量 = (航线飞行时间 + 备份时间) \times 耗油率 + 地面用量 \tag{3.3}$$

中国民航总局颁发的《飞行规则》规定：备份油量是因特殊情况改变飞行计划、绕航、返航或去备降机场降落时使用的油量。航行备用油量根据天气情况、飞机性能、航程和到备降机场的距离等确定。国内飞行，保证飞机若不能在着陆机场着陆，飞抵最远备降机场上空还有不少于 45 min 的油量。以起飞机场为备降机场时，不得少于 1 h 30 min 的备用油量。飞机自返航点返航，还有不少于 45 min 的油量。

国际航线飞行的备用油量，包括按航线飞行时间的 10% 的燃油量，飞抵备降机场的燃油量（按实际距离或 370 km）；在备降机场上空的 460 m（1 500 ft）高度等待 30 min 的燃油量；在备降机场进近着陆的燃油量。远程飞行中途二次签派放行，计算其需要的备用油量。

直升机通常不少于 30 min 的航行备用油量。

通用航空飞行，按通用航空飞行工作细则计算航行备用油量。

例 3.2　用 Y7 飞机执行航线飞行总时间为 2.40ʰ，以起飞机场为备降机场的备份时间为 1.30ʰ，飞机的耗油率为 900 kg/h，地面试车、滑行用油 100 kg，飞机起飞时最少应携带多少燃油？

解： 最少携带油量 = (航线飞行时间 + 备份时间) × 耗油率 + 地面用量

$$= (2.40ʰ + 1.30ʰ) \times 900 + 100 = 3\ 850(kg)$$

所以飞机起飞时最少应携带 3 850 kg 燃油。

3.1.3　按已知风计算偏流、地速

从前面可知，推算 $MH_应$ 和 $t_应$ 的关键是计算出偏流和地速。飞行中，偏流、地速可通过实际测量得到或根据已知的风向、风速计算出来。在飞机发展的过程中，偏流、地速的计算可采用计算尺、心算法、计算机进行计算。

3.1.3.1　尺算法

飞机受到侧风的影响，根据风对飞机航行影响的规律，三个向量可构成航行速度三角形。从图 3.3 中可以看出偏流、地速同真空速、风速和风角的关系，由正弦定理可得：

$$\frac{\sin WA}{TAS} = \frac{\sin DA}{WS} = \frac{\sin(WA+DA)}{GS} \qquad （3.4）$$

其中，公式（3.4）中的 TAS、WD/WS 是已知的。飞行前准备时可根据机型规定的巡航表速、指定的飞行高度及预报的该飞行高度的气温计算得到 TAS；飞行实施中，则可根据仪表指示的表速、标准气压高度和空中大气温度计算得到 TAS。WD/WS 可通过气象台预报或飞行中测算实测风得到。风角 WA = WD – MC，MC 可从已完成的地图作业中或航线资料中查出。

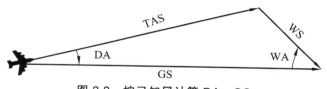

图 3.3　按已知风计算 DA、GS

根据这些已知条件，就可用正弦定理求出 DA、GS，该计算可利用计算尺的正弦尺进行计算。其计算方法和步骤如下：

① 计算风角：WA = WD – MC，风角的范围为 0°～±180°，所以当 | WD$_n$ – MC | > 180° 时，应在较小的角度上先加 360° 后再相减。

② 对尺计算偏流、地速：根据正弦定理的关系，对尺尺型如图 3.4 所示，对尺顺序是先拉动活动尺使活动尺的 "WA" 与固定尺的 "TAS" 对正，然后从固定尺的 "WS" 向上所对正弦尺刻度即为 "DA"，最后在正弦尺上 "WA + DA" 处向下所对固定尺刻度为 "GS"。

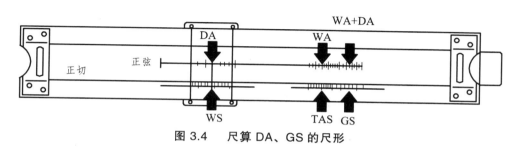

图 3.4　尺算 DA、GS 的尺形

在计算尺上，第四组尺的固定尺为 1～1 000，计算时它代表风速、真空速、地速，而活

93

动尺上刻有正弦尺。角度范围为 5°～90°，大于 90°的角度没有刻划，但是互为补角的正弦值相等，因此用它的补角来代替；5°以下的角度，因正弦和正切的函数值近似相等，所以与正切尺合用，这样，正弦尺的角度范围实际是 0.5°～179.5°。

例 3.3 已知广汉飞遂宁，MC 116°、TAS 170 kn、WD 156°、WS 20 kn、D 132 km，求 DA、GS、$t_应$和 $MH_应$。

解： ① 计算 WA：WA = 156° − 116° = + 40°，为左顺侧风。

② 计算 DA、GS：对尺求出 DA = + 4°、GS = 183 kn，航行速度三角形如图 3.5 所示。

③ 计算 $MH_应$：$MH_应$ = MC − DA = 116° − (+ 4°) = 112°。

④ 计算 $t_应$：$t_应$ = D/GS = 23 min。

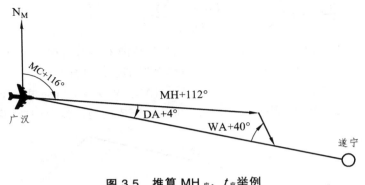

图 3.5 推算 $MH_应$、$t_应$举例

例 3.4 重庆飞成都的合流水至五凤溪航段，航线角 MC 283°、飞机保持真空速 TAS 640km/h 飞行，气象台预报风为 350°/50 km/h，航段距离为 232 km，MV − 2°， 计算飞机沿该航段的 $MH_应$和 $t_应$。

解： ① 将气象风换算为航行风：该地区 MV = − 2°，航行风向 WD_n = 172°、航行风速为 WS = 50 km/h；

② 计算 WA：WA = 172° − 283° = − 111°；

③ 计算 DA、GS：利用正弦定理，对尺求出 DA = − 4°、GS = 620 km/h；

④ 计算 $MH_应$：$MH_应$ = 103° − (− 4°) = 107°；

⑤ 计算 $t_应$：对尺求出 $t_应$ = 22 min。

例 3.5 已知 MC 320°，TAS 450 km/h，WD 141°，WS 45 km/h，求 DA、GS。

解： ① 计算 WA：WA = WD − MC = 141° − 320° = − 179°；

② 计算 DA、GS：WA 接近 180°，这时可按逆风计算，DA = 0°，GS = TAS − WS = 405km/h。

从上面的例子可知，按已知风尺算 DA、GS 时，为做到计算准确、快速，需要注意下列问题：

① 偏流的正负根据风角来确定，两者符号一致，要逐步掌握并熟悉根据航线与风的关系来判断侧风是左或右，即偏流的正负；

② 当风角的度数大于 90°时，尺算时应用补角进行计算，求地速时，偏流应加风角后再用补角进行对尺，切勿用尺上的补角直接加上偏流进行计算；

94

③ 当风角接近 0° 或 180° 时（一般 5° 以内），按顺风或逆风计算，这时 DA = 0°，顺风 GS = TSA + WS，逆风 GS = TAS − WS；

④ 当风角为小角度，计算地速时，"WA + DA"中偏流是多少就是多少，即要用多少分对尺，以防止对尺求出地速小于（TAS − WS）或大于（TAS + WS）的错误出现；

⑤ 计算时应将概念（线和角）、计算、图形三者结合，防止出现错误。

在具有 FMS 的飞机上，飞行管理计算机（FMC）根据三个向量构成的航行速度三角形的元素间的关系，利用正弦定理可进行精确的计算，从而得到偏流、地速。

3.1.3.2　心算偏流、地速

在飞行过程中，在不便于使用领航计算尺时，也可以心算求偏流、地速。心算公式应简便，心算步骤也不能过繁，心算结果还应遵循比较准确、可信的原则。

首先，应简化计算偏流、地速的公式。

由于 DA 一般比较小，所以 DA 可以用弧度来表示，并且 1 弧度 $= \dfrac{180°}{\pi} \approx 57.3° \approx 60°$，所以：

$$DA \approx \frac{WS}{TAS} \cdot \sin WA \cdot \frac{180°}{\pi} \approx \frac{60WS}{TAS} \cdot \sin WA \qquad （3.5）$$

当 WA = 90° 时，sinWA = 1，偏流（绝对值）达到最大，$DA_{max} \approx \dfrac{60WS}{TAS}$，式（3.5）可变为：

$$DA \approx DA_{max} \cdot \sin WA \qquad （3.6）$$

地速等于真空速和风速的顺逆风分量之和，即：

$$GS = TAS + WS \cdot \cos WA \qquad （3.7）$$

对式（3.7）通过三角函数的变换，心算地速的公式变换为：

$$GS = TAS + WS \cdot \sin(90° - WA) \qquad （3.8）$$

使用公式（3.5）、（3.6）、（3.8）进行心算时，如果熟记一些正弦函数值，就更为简便。其中正弦函数值简表为表 3.1。

表 3.1　正弦函数值简表

WA	6°	12°	18°	24°	30°	37°	44°	54°	64°
sinWA	0.1	0.2	0.3	0.4	0.5	0.6	0.7	0.8	0.9

例 3.6　已知 MC = 323°，TAS = 400 km/h，WD_n = 260°，WS = 50 km/h，心算 DA、GS。

解：① 计算 WA：WA = WD_n − MC = 260° − 323° = − 63°，判断为右顺侧风；

② 计算 DA：心算 $DA_{max} \approx \dfrac{60WS}{TAS} = 60 \times 50 \div 400 \approx 8°$，故 $DA_{max} \approx - 8°$；

心算 $DA \approx DA_{max} \cdot sinWA \approx -8° \times sin63° = -8° \times 0.9 \approx -7°$；

③ 心算 GS：$GS = TAS + WS \cdot sin(90° - WA) = 400 + 50 \times sin(90° - 63°)$

$$\approx 400 + 50 \times 0.3 = 415（km/h）$$

3.2　确定飞机位置

飞机位置是指某一时刻飞机在空间的位置。对于地理坐标系，是某一时刻飞机的经纬度和高度，即（λ, φ, H, T）。确定飞机位置是领航工作要解决的三大基本问题的首要问题，也是确定飞行航向和时间的前提和基础。

对于不同的领航方法，确定飞机位置的方法和精度也是不同的。传统的地标罗盘领航和无线电领航，只能确定飞机的相对位置，其确定的飞机位置是某一时刻飞机的空间位置在地面上的投影，即飞机的平面位置，常用的方法有地标定位、推测定位和无线电定位等。另外，采用惯性导航系统和全球卫星导航系统，可以确定飞机在空间的位置，即（λ, φ, H, T）。其中，地标和无线电定位都是通过直接观察地面或利用导航设备测出某一时刻的飞机位置，这些位置都是飞机当时的实际位置，称为实测位置；推测定位是根据飞机对地面的运动规律，通过推测计算所确定的任一时刻的飞机位置，称为推测位置。本节主要介绍地标定位和推测定位的基本程序和方法。

3.2.1　地标定位

地标定位就是用地图对照地面，依靠目视观察辨认地标来确定飞机位置。地标定位方法简单可靠，是地标罗盘领航中进行航迹检查、修正的重要依据，也是其他领航方法确定飞机位置的补充和完成通用航空飞行的基本条件之一。

3.2.1.1　地标种类及识别特征

地标是一些具有识别特征和领航使用价值的地形地物，如机场、居民点、道路、河流、湖泊、山峰等；根据飞行时空中观察地标的几何形状、大小，可分为线状地标、面状地标和点状地标。一些河流、道路、山谷、海岸线等在空中观察其形状细长，称为线状地标；城市、湖泊、机场、大水库等，在空中观察其具有一定的面积，称为面状地标；村镇、小岛、山峰、桥梁以及各种线状地标的交叉点或转折点等，在空中观察其面积很小，可以当作一个点，所以称为点状地标。

地标定位的基础就是要能辨认地标，地标在地图上用一定的符号表示，但实际地标由于受季节、地区、建筑等的影响，比地图上标识的符号更丰富多彩，形状各异，所以辨认地标必须从地标的大小、形状、颜色和其他特征着手。

各种类型的地标识别特征，在不同的飞行地区、飞行高度及不同的季节，昼夜和气象条件，还有不同的进入方向去观察，都有所不同，但也有其不变的一面。

3.2.1.2 辨认地标的基本程序

1）对正地图

对正地图的目的就是使地图上的方向同地面上的方向一致，便于用地图同地面对照，常用的方法有两种。

① 按航向对正地图。

飞行中，首先从罗盘上读出飞机的航向，然后，在地图上目测出相应的方向，使它对正机头，那么，地图上的方向就大体同地面上方向一致了，如图 3.6 所示。这种对正地图的方法常用在飞机机动飞行后，确定飞机位置。沿航线飞行时，航线角和航向一般相差不大，可以直接将航线去向对正机头，地图上的方向就和地面上的方向一致了。

② 按线状地标对正地图。

首先观察辨认出地面上有明显的线状地标如河流、铁路、公路等，并在地图上确认，然后使地图上该线状地标的走向同地面上的一致，这样，地图上方向就和地面上方向基本一致了，如图 3.7 所示。

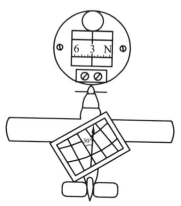

图 3.6　按航向对正地图

图 3.7　按线状地标对正地图

2）确定观察范围

地图所包括的地面范围很广，而飞行中飞行员目视所能观察到的地面范围却小得多，为了不失时机地有计划地辨认地标，辨认之前，应该确定地图和地面对照的范围，以便飞行员集中注意力去辨认地标。确定的对照范围，应该以推算位置为圆心，当时飞行高度上的能见距离为半径的圆所包括的区域。

地标的能见距离与地形特点、飞行高度、座舱玻璃透明度、座舱视界、季节、昼夜和气象条件有着直接的关系。根据经验，昼间目视飞行条件下，当能见度和座舱透明度比较好的时候，从不同高度上观察地标的能见距离如表 3.2 所示，可作为确定对照范围的参考。

表 3.2　不同高度时地标的能见距离（km）

飞行高度(m)	地标 大、中城市	小城镇	大河流	铁路	公路	湖泊	机场 （水泥道面）
500～1000	20～30	10～15	10～20	5～15	10～15	20～30	15～20
3000～5000	50～70	40～50	40～60	20～30	30～40	40～60	40～60

3）观察辨认

在观察地标时，应通过地图和地面对照，由飞机两侧向前、由近及远地进行观察辨认，按照由线到点、由明显到一般的顺序，先搜索易于辨认的明显地标，再辨认出比较小的地标。

在观察辨认地标时，为了准确地辨认出地标，必须依据四个要素即航迹、时间、地标特征和地标相关位置。

在飞行中应掌握飞机的航迹，其目的在于了解辨认的地标出现在飞机的哪一侧，使飞行员观察时有目的地观察，避免在空中左右盲目观察，防止将左右的相似地标认错；掌握预达时刻的目的在于飞行员了解远近不同地标出现的早晚，可以根据预达时刻，提前一定时间（一般为 3～5 min），对正地图进行观察辨认，使飞机员能够合理地安排工作，有效地分配注意力，同时也可避免将前后的相似地标认错。每个地标都有它本身的特征，如城镇、河流、铁路、公路和具有特殊外貌的地标，特征十分明显，一眼就能认出，飞行员应当仔细研究地标特征，认真观察辨认，防止记错地标特征而出现认错地标。有些特征不太明显或相似的地标则不易辨认，这时应根据地标与周围其他地标的相关位置即相互关系来观察辨认，才能避免认错地标。由于自然的变迁、建设的发展及其他影响，地标面貌将会发生较大变化，但地标间的相关位置却变化较慢，因此，辨认地标多以辨别地标相关位置为主。

3.2.1.3　地标定位的方法

地标定位时，根据飞机与地标的位置关系、地标与航线的位置关系，可以确定飞机相对于航线的偏离情况。飞机与地标的位置关系主要包括：

（1）飞机从地标上空通过：如果飞机从已辨认的地标上空通过，那么，该地标在地图上的位置就是飞机的实测位置。

（2）飞机从两地标间通过：如果飞机从已辨认的两个地标之间通过，那么，飞行员通过目测出飞机与两地标间的距离，即可在地图上依据目测出的距离标出相应地点，这一点即是飞机位置，如图 3.8 所示。

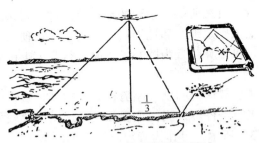
图 3.8　飞机从两地标间通过

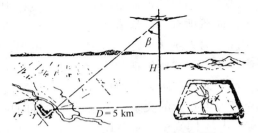
图 3.9　飞机从地标正侧方通过

（3）飞机从地标正侧方通过：如果飞机从已辨认地标的正侧方通过，这时，飞行员目测出飞机同该地标的水平距离，即可在地图上该地标的正侧方量出水平距离，该点即是飞机位置。如图 3.9 所示，飞行员目测飞机与地标的水平距离为 5 km。从图中可知，飞机同地标间的水平距离，也可根据飞机的真高 H 和垂直观测角 β 来确定：$D = H\tan\beta$。

3.2.2 推测定位

地标定位只能用在能见度很好的情况下，具有很大的局限性。在航线飞行中，经常采用推测定位来确定飞机的位置。推测定位是根据飞机飞离起始点上空后所测出的航迹角和地速，经过计算和地图作业，确定出任一时刻的飞机位置。推测定位的起始点一般都是实测位置。可见，推测定位需要知道推测起点、航迹和地速三个要素，管制员在得到飞机通报的三要素后，也可在航图上确定飞机在某时刻的位置。根据实际飞行中的情况和条件以及计算方法的不同，推测定位的方法有三种。

3.2.2.1 按两个实测位置求推测位置

由两个或两个以上的实测位置的连线可以确定飞机的平均航迹。在一般情况下，推测飞机位置的时间比较短暂，风速向量和空速向量不会发生较大变化，可以认为飞机仍将沿着平均航迹飞行，可推算出保持这一航向飞行任意时刻的飞机位置。其推测步骤是：
① 在航图上标出两实测位置并通过两实测位置画出航迹线和航迹延长线；
② 按两个实测位置间的距离和飞行时间计算地速；
③ 按地速和预计飞行时间计算计算出到预定时刻的飞行距离；
④ 自推测起点沿航迹量出到预定时刻的飞行距离，得到推测位置。

例 3.7 飞机于 14:15:00 飞越新津上空，飞机保持预定航向、高度、真空速飞行，14:37:00 飞机飞越简阳上空，飞机保持所有的航行元素不变，求 14:50:00 飞机的推测位置。

解： ① 在地图上标出两实测位置，通过两实测位置画出航迹线；
② 量出两实测位置间距离为 72 km，根据飞行时间 22 min，就可计算出地速 196 km/h；
③ 根据地速 196 km/h，可推算出 14:37:00 到 14:50:00（即 13 min）的飞行距离为 43 km；
④在地图上从简阳沿航迹延长线量取 43 km，得到的该点就是 14:50:00 飞机的推测位置，在乐至附近，如图 3.10 所示。

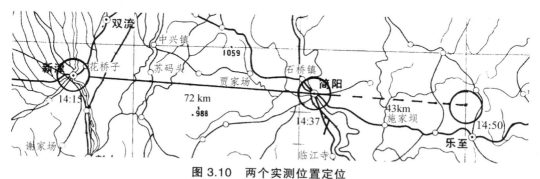

图 3.10 两个实测位置定位

3.2.2.2 按航迹角和地速推测飞机位置

按航迹角和地速推测位置，首先确定一个实测位置作为推算起点，然后推算出飞机的航迹角和某一时间飞过的距离，在地图上求出推测位置。其实施的步骤是：
① 在地图上标出推算起点，一般是机场、导航台、明显地标等；

② 根据测出的有关数据计算真航迹角 TTK，并在地图上从推算起点画出航迹线；

③ 根据地速 GS，计算出从飞离推算起点到预定时刻的飞行距离；

④ 在地图上的航迹线上量出飞行距离，该点即为预定时刻飞机的推测位置。

例 3.8 飞机于 10:10:00 飞离遂宁上空，保持平均磁航向 90°，测出偏流 + 4°、地速为 205 km/h，求 10:40:00 飞机的推测位置。

解： ① 在地图上标出推算起点遂宁，如图 3.11 所示；

② 计算 TTK 并标出航迹线：MTK = MH + DA = 94°，已知磁差−2°，所以 TTK = MTK + MV = 92°，在航图上自遂宁画出 92°的真航迹线；

③ 计算飞行距离：根据 GS 205 km/h，计算出从 10:10:00 到 10:40:00 即飞离推算起点的飞行距离为 103 km；

④ 在地图上从新津沿航迹线量取 103 km 距离，就是 10:40:00 飞机的推测位置，飞机在广安上空。

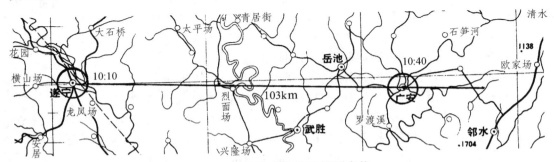

图 3.11　按航迹和地速推测定位

按航迹角和地速推测位置，只需要有一个实测位置，但要作一定的测量、计算和图上作业，因而是在有测量偏流、地速设备的飞机上常用的一种方法，管制员在知道飞机的航迹和地速的情况下，也可利用该方法推测飞机在某时刻的位置。

3.2.2.3　按无风航迹求推测位置

飞行中，有时为了绕飞雷雨、禁区，或由于其他航行上的原因等，需要改变航向作机动飞行，这时飞机的航向改变次数很多，这就需要飞行员在进行机动飞行的过程中，及时地确定飞机位置，防止位置不清导致迷航。按航迹角和地速来确定飞机位置，由于改航次数多，每一段直线飞行的时间短，因而需要飞行员进行大量的测量和计算工作，使空中工作过于繁忙，增加了飞行员的工作负荷，而且在暂时不知道风或偏流、地速的时候，甚至无法推测计算。在这种情况下，可以按无风航迹推测飞机位置的方法进行。

空中无风时，飞机的航迹线与航向线一致，即 MTK = MH、GS = TAS，因此，从地图上的推算起点开始，按航向画出航向线（称为无风航迹），按真空速和飞行时间计算出飞机无风时的飞行距离，便可以求出无风时的飞机位置，这一位置叫无风位置或无风点。根据航行速度三角形的原理可知：有风时的飞机位置，总是偏在无风位置的下风方向，与无风位置的距离等于飞行时间内随风飘移的距离。所以，从无风位置画出该飞行时间内的风速向量，即可求有风时的飞机推测位置。由此可见，按无风航迹求推测位置，实际上就是图解航行速度三角形，只是图解时，为了简化空中工作、减轻飞行人员负荷，并不是逐段画出航行速度三角形，而是从最后一个无风位置画出机动飞行时间内的风速向量，以求出与最后一个无风位置对应的推测位置，如图 3.12 所示。实施的程序和步骤如下：

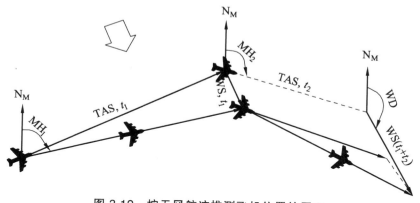

图 3.12　按无风航迹推测飞机位置的原理

① 确定一个实测位置作为推算起点，按第一段的 TAS、t_1，计算第一段的无风距离 D_1，根据 TH 和 D_1 画出第一段的空速向量，得到第一个无风点；

② 自第一段空速向量的末端按第二段的 TH、TAS，画出第二段的空速向量，得到第二个无风点；

③ 依次画出每一段的空速向量，得到各个无风点；

④ 在最后的一个空速向量末端，即最后一个无风点，按风向、风速，画出风速向量，该风速向量的末端即为推测的飞机位置点。

例 3.9　飞机以真速 180 km/h 由新津飞往遂宁，当飞临苏码头时，决定向航线右侧绕飞雷雨。12:10:00 改飞 MH_1 127°，12:19:00 改飞 MH_2 87°，12:29:00 改飞 MH_3 49°，12:40:00 绕飞结束，恢复原航向飞行；绕飞中已知风向为 100°，风速 30 km/h，求绕飞后的推测位置。

解：① 12:10:00 飞机通过苏码头上空开始绕航，保持 MH 127°、TAS 180 km/h 飞行。由于该地区 MV－2°，这时按 TH 125°在地图上从苏码头（即推算起点）画出第一段无风航迹。

② 12:19:00 飞机改航，保持 MH 87°、180 km/h 飞行。这时可计算出第一段无风距离为 27 km，在地图上推算出 12:19:00 的无风位置，然后从该无风位置按 TH 85°在地图上画出第二段无风航迹。

③ 12:29:00 飞机改航，保持 MH 49°、TAS 180 km/h 飞行。这时可计算出第二段无风距离为 30 km，在地图上推算出 12:29:00 的无风位置，然后从该无风位置按 TH 47°在地图上画出第三段无风航迹。

④ 飞机保持 MH 49°飞行一段时间后，判断飞机已绕过雷雨区，于 12:40:00 结束绕飞继续飞往遂宁。可计算出第三段无风距离为 33 km，在地图上推算出 12:40:00 飞机的无风位置，该位置为最后的无风位置。然后根据风向 98°（真方向）从最后的无风位置画出风向线，再根据风速 30 km/h 和绕飞总时间 30 min，计算出绕飞过程中受风影响总的飘移距离为 15 km，在风向线上从最后无风位置量出 15 km，即可推算出 12:40:00 飞机的推测位置，如图 3.13 所示。

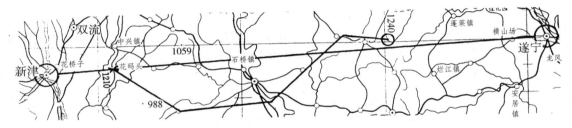

图 3.13　按无风航迹推测飞机位置举例

绕飞雷雨和禁区，为了计算简便，易于实施，也可以按预定的等腰三角形或梯形航线实施，如图 3.14 和图 3.15 所示。飞机按三角形航线绕飞时，第一次向航线的外侧改航 45°，飞行 t_1 时间后，得到第一个无风点；再向改航的反方向转回 2 倍的角度即 90°，飞行同样的 t_1 时间，绕飞结束那一点即为第二个无风点，从这一无风位置画出风向线，再根据风速和绕飞总时间计算受风影响总的飘移距离，即可得到绕飞后的飞机位置。按三角形绕航时，回到航线的无风位置同绕航起点的距离为：

$$\Delta D = 2\text{TAS} \times t_1 \times \cos 45° \approx 1.4\text{TAS} \times t_1 \tag{3.9}$$

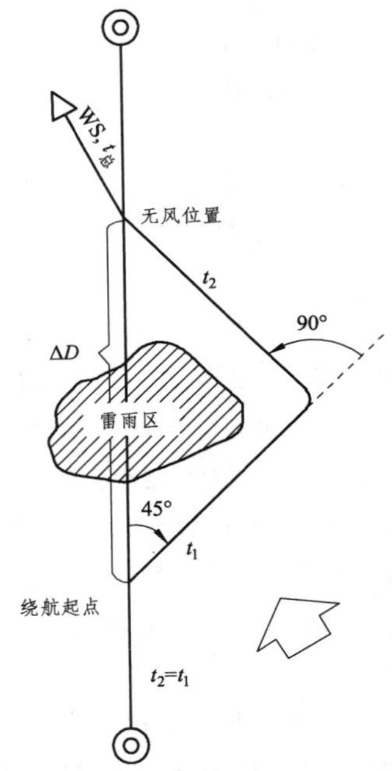

图 3.14　等腰三角形推测飞机位置 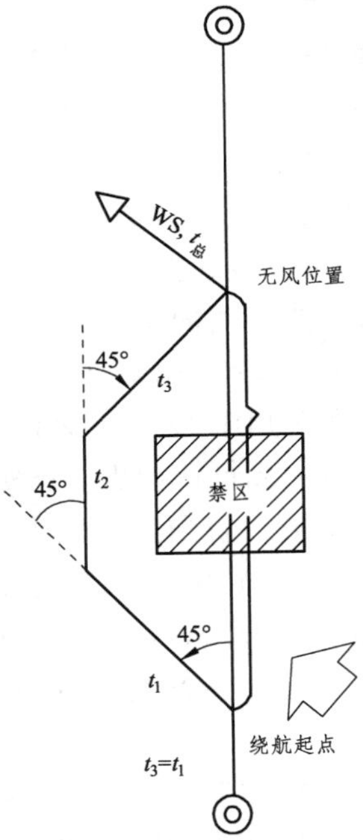　　**图 3.15　等腰梯形推测飞机位置**

按梯形绕飞，是在改航 45°飞行 t_1 时间后，向第一次改航的相反方向改航 45°，飞行一段时间 t_2，再向第一次改航的相反方向改航 45°，飞行一段时间 t_3，其中第三段的飞行时间（t_3）与第一段时间（t_1）相同，绕飞结束位置即为飞机最后的无风位置，从该点根据风速和绕飞总时间计算总的飘移距离，也可得到绕飞后的飞机位置。其中按梯形航线绕航时，回到航线的无风位置到绕航起点的距离为：

$$\Delta D = 2\text{TAS} \times \cos 45° + \text{TAS} \times t_2 \approx (1.4t_1 + t_2)\text{TAS} \tag{3.10}$$

为了保证推测精度，推测起点应为实测位置，推测距离不宜过长，每隔适当的时间应重新确定一个实测位置，作为新的推测起点，消除推测位置的积累误差。另外，由于各种误差的影响，推测出来的飞机位置是一个概略位置，飞行员应以该推测位置为参考，用地图对照地面，用辨认临时地标的方法，辨认出地标来确定飞机的精确位置。

3.3　检查航迹

飞行中，确定飞机位置后，我们发现飞机可能偏离预计航线，不能按照预定时间到达。因此，在沿航线飞行过程中，必须经常检查航迹，判定飞机位置，如果出现偏航则需要适时地进行修正，以保证飞机能准确地飞到预定点。

3.3.1　飞机偏航的表示

飞机偏离航线，可以用偏航距离和偏航角表示。

3.3.3.1　偏航距离

飞机偏离航线的垂直距离叫偏航距离，用 XTK（Cross Track）表示。飞机位置在航线右侧，偏航距离为正；飞机位置在航线左侧，偏航距离为负，如图 3.16 和图 3.17 所示。偏航距离可根据飞机到地标的水平距离与地标偏离航线的距离来确定。

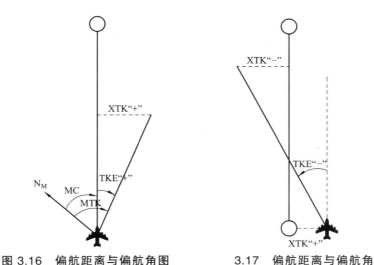

图 3.16　偏航距离与偏航角图　　　　3.17　偏航距离与偏航角

3.3.3.2　偏航角

飞机的航迹线与航线间的夹角，叫偏航角，用 TKE（Track Angle Error）表示。航迹线偏在航线右边，偏航角为正；航迹线偏在航线左边，偏航角为负，如图 3.16 和图 3.17 所示。从图 3.16 中可知，磁航迹角等于磁航线角与偏航角之和，即

$$MTK = MC + TKE \tag{3.11}$$

偏航角为正，航迹偏在航线右侧，磁航迹角大于磁航线角；偏航角为负，航迹偏在航线左侧，磁航迹角小于磁航线角。其中，在地标罗盘领航中，偏航距离(XTK)、已飞距离($D_已$)和偏航角（TKE）的关系是：

$$\tan TKE = XTK/D_已 \tag{3.12}$$

整理为 $$\tan TKE/XTK = \tan 45°/D_已 \tag{3.13}$$

在知道 XTK、$D_已$ 的情况下，根据计算尺的正切尺可计算 TKE。

例 3.10 飞机准确通过起点，飞行 61 km 判断飞机在航线右侧 3 km，求偏航角。

解：确定出 XTK = +3 km，根据正切尺对尺可求得：TKE = +3°，尺形如图 3.18 所示。

图 3.18 尺算 TKE

3.3.2 飞机偏航的原因

在飞行中，飞机偏离预计航线，其偏航原因归纳起来有以下三方面。

3.3.2.1 飞机没有正确通过航线（航段）起点

飞机通过起点加入航线（航段）时，如果对风的修正准确，在飞行过程中航行诸元不发生变化，但飞机没有从航线（航段）起点上空通过，偏离起点一定的偏航距离，那么，飞机的航迹线将与航线平行，到达检查点时飞机的偏航距离与通过起点时的偏航距离一样，如图 3.19 所示。这样飞机将不能准确飞到预定点上空。

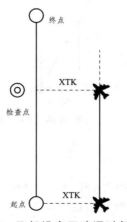

图 3.19 飞机没有正确通过起点

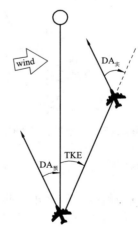

图 3.20 DA$_实$ > DA$_预$

3.3.2.2 空中风变化引起偏流变化

飞机在保持$MH_{应}$飞行中，航向保持准确，飞行仪表也没有误差，但由于空中风发生了变化，导致实际偏流发生变化，或者飞行员修正偏流不正确，将导致飞机的航迹线与航线不一致，产生偏航。

（1）实际偏流变大或修正偏流过小，即$DA_{实} > DA_{预}$，航迹线将偏在航线的下风面，如图3.20所示，即左侧风时飞机偏右，偏航角为正；右侧风时飞机偏左，偏航角为负。

（2）实际偏流变小或修正偏流过大，即$DA_{实} < DA_{预}$，航迹线将偏在航线的上风面，如图3.21所示，即左侧风时飞机偏左，偏航角为负；右侧风时飞机偏右，偏航角为正。

（3）偏流修正反，即$DA_{实} = - DA_{预}$，航迹线将向下风面偏得更大，如图3.22所示，即左侧风时飞机偏右，右侧风时飞机偏左。

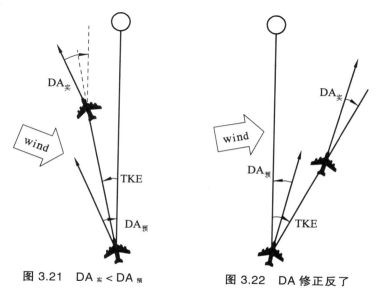

图3.21 $DA_{实} < DA_{预}$　　　　图3.22 DA修正反了

从上述图中可以看出：在飞行过程中，如果在保持航向不变的情况下，偏航角就等于偏流的变化量，即$TKE = \Delta DA$。偏流的变化，在接近顺（逆）风飞行时，主要是由风向变化引起的；而在接近正侧风飞行时，则主要是由风速变化引起的；在其他侧风情况下，风向、风速的变化将引起偏流不同程度的变化。

3.3.2.3 航向保持不准确

飞行中，飞机正确通过起点，由于一些因素的影响，飞机实际飞行的平均磁航向与预计的应飞磁航向不一致，即$MH_{平} \neq MH_{应}$，如果空中风没有发生变化，偏流将不变，这时航迹线也会偏离航线，产生偏航。其中：

（1）当航向增大时，航迹线将偏在航线右侧，航迹角比航线角大，偏航角为正，如图3.23所示；

（2）当航向减小时，航迹线将偏在航线左侧，航迹角比航线角小，偏航角为负，如图3.24所示。

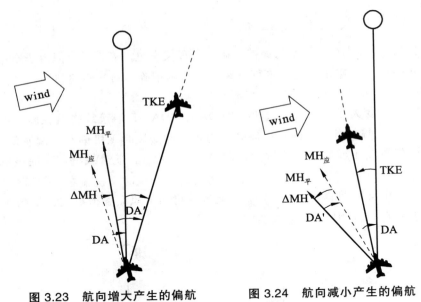

图 3.23　航向增大产生的偏航　　　　图 3.24　航向减小产生的偏航

从图中可以看出：偏航角的大小，在偏流不变的情况下，就等于航向改变的角度，即航向的变化量，可用数学式表示为：

$$TKE = \Delta MH = MH_平 - MH_应 \qquad (3.14)$$

虽然引起偏航的原因有上面几种，但在实际飞行中，引起偏航的原因可能是多方面的，并非完全由某一方面引起。所以，在分析飞机偏航的原因时，应当根据具体情况进行分析，以便迅速、准确地做出判断。

3.3.3　检查航迹

检查航迹就是检查飞机能否准确地沿预定航线、准时地到达预定点，即包括方向检查和距离检查。其中方向检查就是从方向上检查飞机的航迹是否偏离航线，偏航角多少；距离检查就是从距离上检查飞机已飞过的距离，以及到预定点的剩余距离，判断飞机能否按预达时刻准时到达。实际飞行中，根据实际情况和飞行需要，可以单独进行方向或距离的检查；也可以同时对方向和距离进行检查，这种检查叫做全面检查。

在地标罗盘领航中，可利用线状地标进行方向和距离检查，利用两个实测位置进行全面检查。

3.3.3.1　用线状地标进行方向检查

当航线附近有公路、铁路、河流等线状地标与航线近于平行时，可以用该线状地标来进行方向检查，即检查航迹线偏离航线的情况。其方法是量出该线状地标与航线间的距离，在目视确定飞机与该线状地标间的距离后，判明飞机的偏航距离。如图 3.25 所示，飞机于 14:20:00 飞越甲地上空，保持航向飞行 20 min 后，在 14:40:00，根据飞机偏离河流和在该区域河流偏离航线的情况，可判定飞机偏在航线左边约 4 km，即 XTK = − 4 km。

图 3.25　用线状地标进行方向检查

3.3.3.2　用线状地标进行距离检查

在适当距离如果有公路、铁路、河流等线状地标与航线近于垂直时，可以用该线状地标来进行距离检查。其方法是依据地图量取已飞距离和未飞距离，在目视飞达该线状地标上空时，记下到达时刻，根据已飞时间，计算飞机实际地速和预达下一航路点的时刻，判断飞机是否能准时到达预定点。如图 3.26 所示，甲、乙两地相距 140 km，飞机于 11:47:00 飞越甲地上空，预达乙地 12:12:00。12:02:00 从河流上空通过，即可从地图上查出已飞距离为 80 km、未飞距离为 60 公里，又根据飞行了 15 min，就可计算出地速为 320 km/h 和下一段的飞行时间为 11 min，即预达乙地的时刻是 12:13:00。所以如果飞机继续这样的速度飞行，飞机将晚到 1 min。

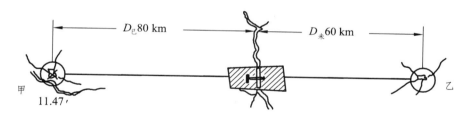

图 3.26　用线状地标进行距离检查

3.3.3.3　用两个实测位置进行全面检查

在飞行中，可用两个实测位置进行全面检查，来检查飞机的实际偏航情况和是否准时到达预定点，以便正确地修正偏差，保证飞机准确、准时到达目的地。其方法是在航线附近选择检查点，作为检查段的终点，根据飞机飞越或正切检查点时确定飞机位置，计算 XTK，并记录飞过检查段的时间，根据 MC、已飞距离（$D_已$）推算出偏航角、航迹角、偏流和地速。

例 3.11　飞机从绵阳飞往南充，MC122°，选择盐亭作为航线检查点，盐亭在航线左侧 7 km，选择绵阳、盐亭作为检查段，如图 3.27 所示。09:15:00 飞机飞越绵阳上空，保持平均磁向 114°、真空速 185 km/h 飞行，09:35:00 飞机从盐亭右侧 4 km 处通过，求偏航角、航迹角、偏流和地速。

解： ① 确定偏航距离：根据飞机的偏航情况可以判断出飞机的偏航距离 XTK = − 3 km。

② 计算偏航角：根据 $\tan TKE = XTK/D_已$，对尺计算得 TKE = − 3°。

③ 计算磁航迹角：MTK = MC + TKE = 122° + (− 3°) = 119°。

④ 计算偏流：DA = MTK − $MH_平$ = 119° − 114° = + 5°。

107

⑤ 计算地速：根据 $GS = D_已/t$，其中 $D_已 = 64$ km、$t_已 = 20$ min，计算出 $GS = 192$ km/h。同时根据未飞距离 $D_未 = 83$ km 可以推算出到达南充而飞行 26 min，即 10:01:00 到达南充，如果原来预计到达南充为 10:00:00，则可知道飞机将晚到 1 min。

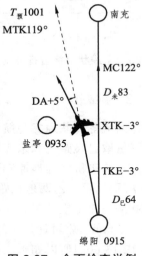

图 3.27 全面检查举例

3.4 修正航迹

飞行中，经全面检查判定飞机偏航后，如继续保持原航向和空速飞行，则飞机将不能准时、准确地飞到预定点上空，因此，飞行中应对航迹进行修正。由于地标罗盘领航可使用的导航设备较少，飞行员不能时时掌握飞机与航线的偏离情况，只能采用从偏出地点直飞预定航路点的方法进行航迹修正，使修正后的飞机能够准确、准时地飞到预定点。

飞机在检查点确定偏航后，自偏出地点直飞前方航路点，需要在方向偏差和时刻误差两个方面进行修正。修正方向偏差，可采用按新航线角修正和按航迹修正角修正的方法；修正时刻误差，按照实测地速和未飞距离重新预达前方航路点的时刻。

3.4.1 方向修正

3.4.1.1 按新航线角MC新修正方向偏差

1）新航线角和偏离角

飞机偏航后，从飞机偏出位置到预定航路点的连线，叫新航线，用新航线角（MC新）表示新航线的方向，如图 3.28 所示。新航线偏离原航线的角度，即新航线同原航线的夹角，叫偏离角，用 TKD（Deviation Of Track Angle）表示，飞机偏在原航线右侧，偏离角为正；飞机偏在原航线左侧，偏离角为负。从图中可知新航线角MC新等于原航线角 MC 减去一个偏离角 TKD，即：

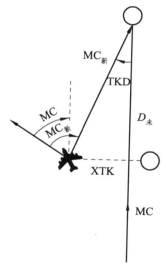

图 3.28　新航线角和偏离角

$$MC_新 = MC - TKD \tag{3.15}$$

从式（3.15）可知，在原航线角基础上向偏出反方向修正一个偏离角，就得新航线角，即飞机偏右，偏离角为正，新航线角比原航线角少一个偏离角度；飞机偏左，偏离角为负，新航线角比原航线角多一个偏离角度。在飞机从起点通过的前提下，TKE 与 TKD 符号相同。

其中，从图中可知，偏离角 TKD、偏航距离 XTK 和未飞距离 $D_未$ 可表示为：

$$\tan TKD = XTK / D_未 \tag{3.16}$$

整理为

$$\tan TKD / XTK = \tan 45° / D_未 \tag{3.17}$$

根据已知的 XTK 和 $D_未$，可利用领航计算尺正切尺算出 TKD，其计算尺形和计算 TKE 相同。

2）按新航线角修正的原理

按新航线角修正方向，就是在新航线角基础上迎风修正一个偏流，计算出飞机沿新航线飞到预定点的应飞航向，并保持这一航向飞行，即：

$$MH_应 = MC_新 - DA \tag{3.18}$$

沿直线航线飞行中，如果飞机偏航不大，改航时航向改变量较小，引起偏流的变化较小，可以认为改航前后偏流大小相同，因此，在推算应飞航向时，可以用检查段飞行中求出的实际偏流作为沿新航线飞行的预计偏流；但如果航向改变过大，如从偏出地点改航飞往新的航路点，就应该重新测量偏流或根据空中风计算出偏流。

3）按新航线角修正方向偏差的程序

① 确定飞机位置，根据偏航距离情况确定偏航距离；

② 根据已飞距离和未飞距离，计算出偏航角和偏离角；

③ 根据求出的偏航角计算出航迹角和偏流：MTK = MC + TKE，DA = MTK － $MH_平$；

④ 根据偏离角计算出新航线角：$MC_新 = MC - TKD$；

⑤ 在求出的新航线角基础上迎风修正 DA，求出沿新航线飞行的应飞航向：$MH_应 = MC_新 - DA$。

例 3.12 温江飞往罗江，如图 3.29 所示，MC 46°，温江到高坪铺 53 km，高坪铺到罗江 40 km。飞机通过温江上空后，保持平均磁航向 42°飞行，同时保持预定空速和指定飞行高度层，飞机到达检查点高坪铺时飞机从右侧 3 km 通过，计算改航直飞罗江的应飞航向。

解： ① 确定 XTK：高坪铺在航线上，飞机从高坪铺右侧 3 km 通过，可确定 $XTK = +3$ km。

② 计算 TKE、TKD：根据 $D_已$ 53 km，$D_未$ 40 km 对尺可求出 $TKE = +3°$，$TKD = +4°$。

③ 计算 MTK、DA：$MTK = MC + TKE = 49°$、$DA = MTK - MH_平 = +7°$。

④ 计算 $MC_新$：$MC_新 = MC - TKD = 42°$。

⑤ 计算 $MH_应$：$MH_应 = MC_新 - DA = 35°$，用图形表示出飞机的偏航、修正情况，如图 3.29 所示。

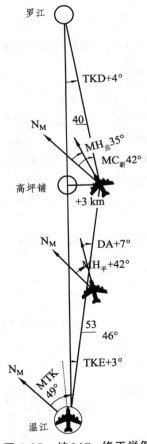

图 3.29　按 $MC_新$ 修正举例

3.4.1.2　按航迹修正角（ΔTK）修正方向偏差

1）航迹修正角（ΔTK）

飞机偏航后，飞机从偏出位置直飞预定航路点，其飞行航迹从原航迹线改变到新航线，

110

航迹改变量是航迹延长线与新航线的夹角,这个角度称为航迹修正角,用ΔTK表示,如图3.30所示。从图中可以看出,航迹修正角等于偏航角TKE和偏离角TKD之和,即:

$$\Delta TK = TKE + TKD$$

（3.19）

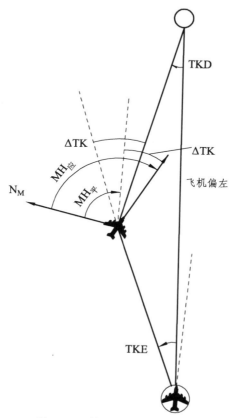

图3.30　按航迹修正角修正

2）按航迹修正角修正的原理

我们知道,航迹的改变是通过改变航向来实现的,在无侧风的情况下,$\Delta TK = \Delta MH$;在受到侧风的情况下,$\Delta TK = \Delta MH + \Delta DA$。当飞机在航向改变不大的情况下,$\Delta DA$很小,可以认为$\Delta TK \approx \Delta MH$,因此,当航迹需要改变$\Delta TK$时,可通过改变航向来实现,即在原来保持的平均航向上,向偏出的反方向修正一个ΔTK,就可得到沿新航线飞行的应飞航向:

$$MH_{应} = MH_{平} - \Delta TK$$

（3.20）

其中,飞机偏右,ΔTK为正,飞机应向左修正,飞机航向向左减少一个ΔTK;飞机偏左,ΔTK为负,飞机应向右修正,飞机航向向右增加一个ΔTK。

3）按航迹修正角修正的计算步骤

① 确定飞机位置,根据偏航距离情况确定偏航距离;

② 根据已飞距离和未飞距离,计算出偏航角和偏离角;

③ 计算航迹修正角ΔTK:$\Delta TK = TKE + TKD$;

④ 根据飞机的平均磁航向，向偏出的反方向修正一个航迹修正角 ΔTK：$MH_应 = MH_平 - \Delta TK$。

例 3.13 由绵阳飞往遂宁，如图 3.31 所示，10:05:00 通过绵阳上空，保持 $MH_平$ 143°，TAS190 km/h 飞行，10:20:00 飞机从三台右 7 km 通过，三台县城在航线左边 1 km，求改航直飞遂宁的应飞航向。

解：① 根据偏航距离情况确定偏航距离 XTK：XTK = + 6 km；

② 计算 TKE，TKD：已知 $D_已$ = 52 km、$D_未$ = 80 km，根据 XTK = + 6，分别对尺求出 TKE = + 7°，TKD = + 4°；

③ 计算 ΔTK：ΔTK = TKE + TKD = + 11°；

④ 计算应飞航向：已知 $MH_平$ 143°、根据 ΔTK = + 11° 可知飞机偏右应向左修正，即航向减小，因此可计算出 $MH_应$ = 143° - (+ 11°) = 132°。

沿航线飞行中，按航迹修正角改航和按新航线角改航本质上一样，虽然计算方法不同，但是飞机在偏出地点航向改变的角度相同。两种改航方法相比较，按航迹修正角改航的计算比较简便。

飞行中，有时为了航行的需要，需要修改飞行计划，飞往新的航路点。新航路点可以是飞行计划内一点，也可以是飞行计划外一点，常用在完成绕飞等机动飞行、飞向备降场的情况。在改航前，需要标画出从改航起点到新航路点的航线角，量出航线角和距离；按已知风（或实测风）计算沿新航线飞行的偏流、地速；推算沿新航线飞行的应飞航向和预达新航路点的飞行时间。

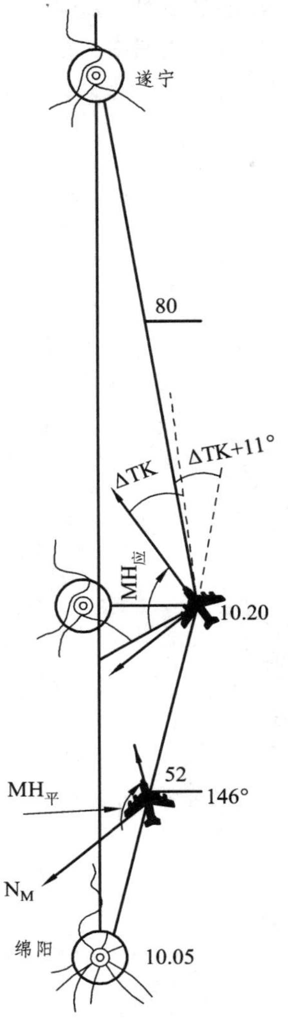

图 3.31　按 ΔTK 修正举例

3.4.1.3　方向修正的特殊问题

1）飞机在起点偏航的情况

当飞机没有正确通过起点，或一条比较长的航线有两个以上检查点、在第二个检查点偏航计算偏航角时，偏航距离不仅是飞机到航线的距离（XTK_2），还应考虑第一个检查点（或起点）处的偏航距离（XTK_1）。所以，计算偏航角时的偏航距离（XTK）应为：

$$XTK = XTK_2 - XTK_1 \tag{3.21}$$

例 3.14 航线由遂宁飞往夹江，如图 3.32 所示，在第一个检查点乐至测得 XTK_1 为 - 6 km，飞机保持航向 250°从偏出地点改航飞往夹江，当到达第二个检查点仁寿时，测得偏航距离 XTK_2 为 + 5 km，计算自仁寿飞往夹江的应飞航向。

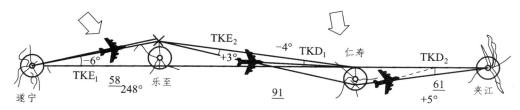

图 3.32 两个检查点的偏航

解： ① 计算偏航距离为 $XTK = XTK_2 - XTK_1 = +5 - (-6) = +11 \ km$，按 $D_{已}$ 91 km 和偏航距离 $+ 11 \ km$，计算得 $TKE = +7°$；

② 因为偏离角只和在检查点仁寿测得的偏航距离 $(XTK_2) +5 \ km$（飞机当时的位置）有关，所以按 $D_{未}$ 61 km 和偏航距离 $+5 \ km$ 计算得 $TKD = +5°$；

③ 计算航迹修正角为 $\Delta TK = 7° + (+5°) = +12°$；

④ 计算应飞磁航向为 $MH_{应} = MH_{平} - \Delta TK = 250° - (+12°) = 238°$。

2）心算偏航角和偏离角

在进行航迹修正时，计算 TKE 和 TKD 时，往往需要拉尺计算，这在飞行中增加了飞行员的工作量。为了使工作简化，迅速、准确地求出应飞航向 $MH_{应}$，常常采用系数法心算偏航角和偏离角。

其方法是：飞行前准备时，根据检查点前后两个航段的距离，用计算尺算出偏航距离 1 km 时的偏航角（称为 $TKE_{系数}$）和偏离角（称为 $TKD_{系数}$），两者之和即为偏航距离 1 km 时的航迹修正角（称为 $\Delta TK_{系数}$），将这一系数标记在检查点旁；飞机到达检查点时，迅速判定偏航距离后，将偏航距离乘以航迹修正角系数，即可心算出航迹修正角，从而准确、快速地心算出修正方向直飞预定点的应飞航向，即：$TKE = XTK \times TKE_{系数}$，$TKD = XTK \times TKD_{系数}$，$\Delta TK = XTK \times \Delta TK_{系数}$。

在飞行中，也可采用心算 TKE、TKD 的方法。通常偏航角和偏离角都比较小，其正切函数值和弧度值可以认为近似相等，为了便于心算，再按照 1 弧度 $= 180° / \pi \approx 57.3°$，有：

$$TKE \approx \frac{57.3°}{D_{已}} \times XTK \qquad (3.22)$$

$$TKD \approx \frac{57.3°}{D_{未}} \times XTK \qquad (3.23)$$

例 3.15 已知 $D_{已} = 56 \ km$，$D_{未} = 80 \ km$，$XTK = +4 \ km$，那么直接心算 ΔTK 是多少？

解：

$$TKE \approx \frac{57.3°}{D_{已}} \times XTK = \frac{57.3°}{56} \times (+4) \approx +4°$$

$$TKD \approx \frac{57.3°}{D_{未}} \times XTK = \frac{57.3°}{80} \times (+4) \approx +3°$$

$$\Delta TK \approx +4° + (+3°) = +7°$$

所以 ΔTK 是 $+7°$。

3.4.2　时间修正

在检查点根据已飞距离 $D_\text{已}$ 和检查段的飞行时间 $t_\text{已}$，即可计算出检查段的平均地速。根据该地速可以推算出飞机到预定点的飞行时间（$t_\text{未}$），从而确定出预达预定点的时刻（$T_\text{预达}$）：

$$T_\text{预达} = T_\text{检} + t_\text{未} \qquad\qquad （3.24）$$

其中 $T_\text{检}$ 是飞机到检查点的时刻，飞行员根据 $T_\text{预达}$ 修正飞机预达预定点的时刻。

例 3.16　08:32:00 飞机飞越合川上空，保持 $MH_\text{平} = 288°$ 按预定高度、真速飞往五凤溪，安居坝作为检查点，$D_\text{已}$ 86 km，$D_\text{未}$ 99 km。08:57:00 正切安居坝，判明飞机偏航距离 – 4 km，求改航直飞五凤溪的预达时刻。

解：① 计算地速：$D_\text{已} = 86$ km，$t_\text{已} = 08:57:00 - 08:32:00 = 25'$，$GS = D_\text{已} / t_\text{已} = 206$ km/h；

② 计算未飞时间：$D_\text{未} = 99$ km，$t_\text{已} = D_\text{未} / GS = 29'$；

③ 计算预达时刻：$T_\text{预达} = T_\text{检} + t_\text{未} = 08:57:00 + 29' = 09:26:00$。

所以直飞五凤溪的预达时刻是 09:26:00。

3.5　空中风的计算

从飞机的偏航原因可知，如果飞机的空速、航向保持正确，飞机正确通过起点飞行一段时间后，飞机偏航是因为空中的风发生了变化。空中风发生变化，将引起偏流、地速的改变，为了准确地推算应飞航向、预达时刻和飞机位置，必须求出空中的实际风向风速，以便飞行员及时、准确地修正风的影响。

空中风向风速，可以通过图解法、计算尺计算和心算目测法得到。

3.5.1　图解法求风向风速

在航行速度三角形中，如果知道了空速向量和地速向量，就可以通过图解的方法计算出空中的风向、风速。

例 3.17　已知绵阳到南充的 MC 122°，飞机保持的 $MH_\text{平}$ 124°，TAS 185 km/h，在检查点盐亭实测 DA – 5°，GS 192 km/h，按比例画航行速度三角形图解风向、风速。

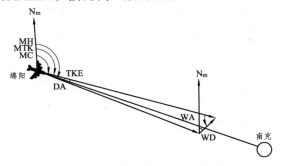

图 3.33　图解法求 WD、WS

解：① 按照比例尺 1：200 万画出空速向量 TAS 185 km/h（图上长 9.25 cm）、$MH_平$ 124°、地速向量 GS 192 km/h（图上长 9.6 cm）、$MTK = MH_平 + DA = 119°$；

② 连接空速向量和地速向量，画出航行速度三角形，如图 3.33 所示，然后用向量尺分别量出航行风向 $WD_n = 52°$、风速 WS = 18 km/h（图上为 0.9 cm）。

图解法计算风向、风速，需要进行图上作业，工作负荷较大，而且麻烦，准确性也比较低，一般只在不能用其他方法计算风向、风速时使用。

3.5.2 用领航计算尺计算风向、风速

3.5.2.1 计算原理

根据图 3.34 中航行速度三角形各元素的相互关系，计算风向、风速的关系是：

$$WD_n = MTK + WA \tag{3.25}$$

$$\frac{\sin DA}{WS} = \frac{\sin WA}{TAS} \tag{3.26}$$

其中，MTK、DA 通过检查航迹可计算得到，TAS 可通过飞行仪表得到。因此，只要知道了 WA，就可以计算出风向和风速。对风进行分解，可得顺逆风分量 WS_1 和侧风风量 WS_2，如图 3.34 所示。

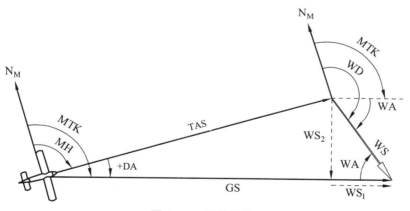

图 3.34 风的计算

从图中可知：

$$\tan WA = WS_2/WS_1 \tag{3.27}$$

其中：

$$WS_1 = GS - TAS \cdot \cos DA \tag{3.28}$$

DA 一般较小，所以 $\cos DA \approx 1$，于是式（3.28）变换为：

$$WS_1 \approx GS - TAS = \Delta GS \tag{3.29}$$

$$WS_2 = TAS \times \sin DA \qquad (3.30)$$

式（3.29）中 ΔGS 称为空地速差，把式（3.29）和（3.30）代入式（3.27），整理为：

$$\frac{\sin DA}{\Delta GS} = \frac{\tan WA}{TAS} \qquad (3.31)$$

根据 DA、TAS 和 ΔGS，可通过式（3.31）计算 WA。

3.5.2.2 计算步骤和举例

利用领航计算尺计算风向风速的步骤是：

① 根据测量或计算的地速和记录的真空速计算空地速差 $\Delta GS = GS - TAS$；

② 根据 $\dfrac{\sin DA}{\Delta GS} = \dfrac{\tan WA}{TAS}$ 对尺计算出风角；

③ 根据 $\dfrac{\sin DA}{WS} = \dfrac{\sin WA}{TAS}$，对尺即可计算出风速；

④ 根据已知的 $MH_\text{平}$、DA、WA 可计算 WD_n：$MTK = MH_\text{平} + DA$，$WD_n = MTK + WA$。

例 3.18 已知 $MH_\text{平}$ 80°、TAS 300 km/h、DA + 10°、GS 330 km/h，计算风向、风速。

解： ① 求 ΔGS：已知 GS = 330 km/h，TAS = 300 km/h，计算出 ΔGS = + 30 km/h，所以 GS > TAS 为顺侧风；

② 求 WA：已知 TAS = 300 km/h、ΔGS = + 30 km/h，DA = + 10°，根据式（3.31）利用计算尺可求出 WA = + 60°，计算尺形如图 3.35 所示；

③ 求 WS：已知 TAS = 300 km/h、DA = + 10°和 WA = + 60°，根据根据式（3.26）可求出 WS = 60 km/h，计算尺形如图 3.36 所示；

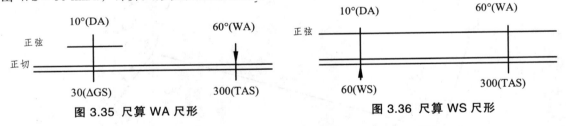

图 3.35 尺算 WA 尺形   图 3.36 尺算 WS 尺形

④ 计算 WD_n：已知 $MH_\text{平}$ = 80°、DA = + 10°，可求 $MTK = MH_\text{平} + DA = 90°$，$WD_n = MTK + WA = 150°$。根据计算的 WD、WS 画出的航行速度三角形如图 3.37。

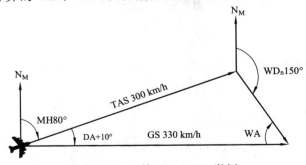

图 3.37 尺算 WD、WS 举例

例 3.19 已知 MH$_\mp$50°、TAS 330 km/h、DA + 8°、GS 300 km/h，计算风向、风速。

解： ① 求 ΔGS：ΔGS = GS − TAS = − 30 km/h，GS < TAS 为逆侧风，可知 WA 的范围是 90° ～ 180°；

② 对尺求 WA：已知 TAS = 330 km/h、DA = + 8°和求出的 ΔGS = − 30 km/h，根据式（3.31）利用计算尺对尺求出角度是 57°，但由于是逆侧风，所以 WA 应是该角度的补角，即 WA = 180° − 57° = + 123°；

③ 求 WS：已知 TAS = 330 km/h、DA = + 8°和 WA = + 123°，根据式（3.26）可求出 WS = 54 km/h；

④ 计算 WD$_n$：已知 MH$_\mp$ = 50°、DA = + 8°和求出的 WA = 123°，可求出 MTK = MH$_\mp$ + DA = 58°，WD$_n$ = MTK + WA = 181°。

所以风向是 181°，风速是 54 km/h。

例 3.20 已知 MH$_\mp$ = 88°，TAS = 400 km/h，DA = − 9°，GS = 398 km/h，计算 WD$_n$、WS。

解： ① 求 ΔGS：ΔGS = GS − TAS = − 2 km/h ≈ 0；

② 求 WA：由于 DA = − 9°，ΔGS ≈ 0，可知 WA = − 90°；

③ 计算 WS：根据 TAS = 400 km/h，DA = − 9°，WA = − 90°，可计算出 WS = 62 km/h；

④ 计算 WD$_n$：WD$_n$ = MTK + WA = 88° + (− 9°) + (− 90°) + 360° = 349°，其航行速度三角形如图 3.38 所示。

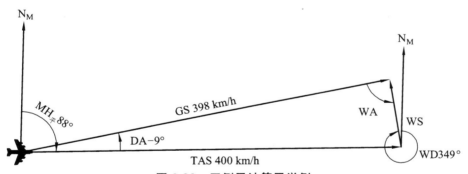

图 3.38 正侧风计算风举例

例 3.21 已知飞机从成都飞重庆，正在飞五凤溪至合流水航段，MC103°，飞机 MH$_\mp$ = 103°、TAS = 600 km/h、DA = 0°、GS = 540 km/h，计算风向风速。

解： ① 求 ΔGS：已知 TAS = 600 km/h，GS = 540 km/h，可求得 ΔGS = − 60 km/h；

② 求 WA：由于 DA = 0°，根据 ΔGS = − 60 km/h，可知 WA = 180°，为逆风；

③ 计算 WS：由于是逆风，所以 WS = 60 km/h；

④ 计算 WD$_n$：已知 MH$_\mp$ = 103°、DA = 0°和 WA = 180°，则 WD$_n$ = 103° + 180° = 283°。

3.5.2.3 尺算风向风速的注意事项

从上面的举例和分析我们可知道，在尺算风向风速时，需要注意下面几点：

（1）用计算尺求 WA 时，应从正切尺读刻度；求 WS 时，应将正弦尺上的 WA 值与真空速对齐；

（2）WA 的正、负号根据 DA 的符号决定，即两者同号；

（3）风角的大小范围根据空地速之差确定（这时 DA≠0°）：即 $\Delta GS > 0$ 时，GS > TAS，为顺侧风，风角 $|WA| < 90°$，WA 等于正切尺读数；$\Delta GS < 0$ 时，GS < TAS，为逆侧风，风角 $|WA| > 90°$，WA 等于正切尺读数的补角，即 $WA = 180° - \alpha$；$\Delta GS \approx 0$ 时，GS≈TAS，为正侧风，按 $WA = +90°$ 计算 WS 时用正弦尺上 $WA = 90°$；

（4）当计算出的 WD 不在 0°～360°范围内时，如果计算的 $WD_n > 360°$，则应"－360°"；如果计算的 $WD_n < 0°$，则应"＋360°"；

（5）当 DA = 0° 时，说明没有侧风分量：如果 GS > TAS，按顺风计算，WA = 0°，WD_n = MTK；如果 GS < TAS，按逆风计算，WA = 180°，WD_n = MTK±180°；WS 为空地速之差，即 WS = ΔGS；如果 GS = TAS，说明空中无风。

在飞行中，也可对风进行分解，根据 GS、TAS、DA 心算侧风分量和顺逆风分量，心算 WS 和在罗盘上目测 WD_n。对于具有现代导航系统的飞机，如飞行管理系统，可利用导航计算机来计算 WD_n/WS。

复习思考题

1. 为什么要计算应飞航向和应飞时间？如何计算？

2. 备用油量是如何规定的？如何计算最少携带的油量？

3. 按已知风预计偏流、地速的条件是什么，如何获得这些条件？

4. 画图说明按已知风预计偏流、地速的步骤方法。

5. 按照已知风和航线数据计算偏流、地速、应飞磁航向和应飞时间（假定真速、风速、地速的单位相同，距离与速度单位相对应）：

MC	TAS	WD	WS	WA	DA	MH 应	GS	D	t 应
65°	180	110°	30					72	
258°	190	200°	35					87	
293°	330	160°	45					98	
255°	527	200°	60					685	
337°	345	10°	50					120	
265°	392	265°	55					450	
0°	685	180°	80					1200	
280°	320	281°	40					109	
310°	430	40°	55					210	

6. B737 – 300 从成都飞重庆，其中五凤溪到合流水的 MC103°，D232 km，飞机 TAS 738 km/h，气象台预报风向 133°，风速 20 m/s，求 $t_应$ 和 MH$_应$。

7. 确定飞机位置的方法有哪些？如何利用地标来进行地标定位？

8. 飞机保持恒定空速沿航线飞行，飞机在 13:05:00 通过广汉上空，于 13:17:00 飞达中江上空，推测飞机 13:30:00 的位置。

9. 飞机 08:25:00 通过遂宁上空，保持恒定空速向量飞行，于 08:44:00 飞达乐至上空，推测飞机到达资阳的时刻。

10. 飞机于 08:00:00 通过广汉上空，保持磁航向 76°飞行，测得偏流 + 6°，地速 370 km/h，推测飞机 08:15:00 的大概位置。

11. 飞机于 16:47:00 通过彭山上空，保持磁航向 110°飞行，测得偏流 + 8°，地速 345 km/h，推测 17:05:00 的飞机位置。

12. 偏航距离和偏航角的正负是如何规定的？

13. 比较偏流和偏航角的正负规定，画图表示偏流和偏航角的关系。

14. 飞机偏航的原因有哪些？试画图分析未修正偏流、偏流修正准确、修正过大、修正过小时，航线、航向线和航迹线之间的关系。

15. 哪些情况下飞机的航迹线会偏到航线的上风面，哪些情况下会偏到下风面？

16. 飞行中测出 TKE 和 DA 分别是：① TKE + 5°，DA – 3°；② TKE – 3°，DA + 4°；③ TKE – 3°，DA – 5°；④ TKE0°，DA – 3°；画出航线、航向线和航迹线的关系图。

17. 飞机通过起点后保持预计的 MH 和 TAS 飞行，在检查点测出 XTK、$D_已$ 和 $t_已$ 如下表，进行航迹检查，计算 TKE、MTK、DA 和 GS。

MC	116°	104°	355°	1°	310°	272°	358°	120°
MH	118°	104°	352°	358°	310°	275°	0°	118°
XTK（km）	+ 3	– 4	+ 5	– 3	0	0	+ 4	– 4
TKE								
MTK								
DA								
$t_已$（min）	20	16	46	11	18	15	24	13
$D_已$（km）	67	120	160	60	67	80	146	63
GS（km/h）								

18. 什么是偏航角、新航线角、航迹修正角？

19. 按照新航线角和航迹修正角计算应飞磁航向，有没有什么本质的差别，为什么？

20. 如果是改航直飞新的航路点，或者飞行中偏航过大，应如何计算应飞磁航向？

21. 按照新航线角预计修正偏航后的应飞磁航向，并画出示意图。

MC	MH$_{平}$	$D_{已}$	$D_{未}$	XTK	TKE	MTK	DA	TKD	MC$_{新}$	MH$_{应}$
176°	176°	67	72	+3						
103°	105°	113	120	−4						
356°	350°	87	76	−4						
76°	78°	70	43	+5						
5°	359°	83	90	−3						
267°	269°	118	98	0						

22. 按照航迹修正角预计修正偏航后的应飞磁航向，并画出示意图。

MC	MH$_{平}$	$D_{已}$	$D_{未}$	XTK	TKE	TKD	ΔTK	MH$_{应}$
276°	276°	72	64	−4				
301°	303°	113	120	+4				
356°	350°	87	76	−6				
76°	78°	70	43	+5				
358°	3°	83	90	+3				
267°	269°	118	98	0				

23. 飞行中计算空中风需要知道哪些条件？这些条件是如何得到的？

24. 根据下面的空速向量和风速向量按照比较画出航向速度三角形：MH$_{平}$ = 80°，TAS = 180 km/h，DA = +6°，GS = 200 km/h，并求出风向和风速。

25. 按实测偏流、地速计算风向、风速（假定真速、地速和风速的单位相同）：

MH	TAS	GS	DA	ΔGS	WA	MTK	WD	WS
55°	220	245	+4°					
116°	298	320	−5°					
24°	320	295	+4°					
65°	275	255	−3°					
175°	450	456	+5°					
289°	470	500	0°					
357°	840	790	0°					

4　无线电领航

第 3 章讨论的地标罗盘领航是一种简单有效的领航方法，但当飞机在云中、云上飞行时，或者在缺乏显著地标地区飞行时，或者在夜间、低能见度等情况下，由于难以实现地标定位，使得地标罗盘领航方法的使用受到很大限制。随着无线电导航技术的发展而发展起来的无线电领航可以克服这些缺点，因而得到了广泛应用，并已成为现代航空最重要、最基本的领航方法。无线电领航是利用飞机上的机载无线电导航设备接收和处理导航台发射的无线电波，从而获得导航参量，完成领航任务。无线电领航有很多优点：不受时间、天气限制；精度高；定位时间短，甚至可以连续、实时定位；设备简单、可靠。目前常用的无线电领航设备包括甚高频全向信标（VOR – VHF Omnidirectional Range）、测距仪（机）（DME – Distance Measuring Equipment）、仪表着陆系统（ILS—Instrument Landing System）等。从广义上说，现在技术最先进的卫星导航系统，如我国的北斗卫星导航系统，美国的全球定位系统（GPS – Global Positioning System）和俄罗斯的全球轨道导航卫星系统（GLONASS – Global Orbit Navigation Satellite System），也可以划入无线电领航范畴。

4.1　无线电方位

4.1.1　飞机与电台的方位关系

4.1.1.1　无线电方位线

机载导航设备和地面的导航台站之间的连线，即无线电波的传播路线叫无线电方位线（radio bearing line），如图 4.1 所示，无线电方位线简称方位线。随着飞机位置的变化，飞机与电台的连线（方位线）将发生相应的变化。

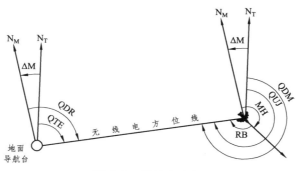

图 4.1　无线电方位

地面甚高频全向信标台（VOR）所发射的无线电波具有方向性，因此从全向信标台发出的方位线称为径向线。无线电方位线和径向线都可以看作大圆圈线。

4.1.1.2 电台方位角、飞机方位角和相对方位角

为了准确说明飞机与电台的准确位置，对无线电方位线引入了无线电方位角。无线电方位角包括电台方位角、飞机方位角和相对方位角。

1）电台方位角

从飞机所在位置的经线北端顺时针量到无线电方位线的角度，叫电台方位角，范围是0°～360°。以真经线北端为基准的电台方位角叫电台真方位角（QUJ – True Bearing）；以磁经线北端为基准的电台方位角叫电台磁方位角（QDM – Magnetic Bearing to Facility），如图 4.1 所示。通常仪表指示的是电台磁方位角。对 VOR 台，QDM 也称为 VOR 方位。

2）飞机方位角

从电台所在位置的经线北端顺时针量到无线电方位线的角度，叫飞机方位角，范围是0°～360°。以真经线北端为基准的飞机方位角叫飞机真方位（QTE – True Radial of the Station）；以磁经线北端为基准的飞机方位角叫飞机磁方位角（QDR – Magnetic Bearing from Facility），如图 4.1 所示。

VOR 台的基准线为磁经线，其径向方位即飞机磁方位角。

3）相对方位角

从飞机的航向线顺时针量到无线电方位线的角度叫相对方位角（RB – Relative Bearing），如图 4.1 所示。相对方位角的范围亦为 0°～360°。

电台方位角是从飞机上看电台，表示从飞机所在位置飞往电台的方位；飞机方位角是从电台看飞机，表示飞机背离电台飞行的方位；相对方位角表示电台位于飞机纵轴（航向线）的前、后方或左、右侧。

4.1.1.3 三个方位角间的换算公式

从图 4.1 中可以看出：飞机在当时所保持磁航向 MH 所测得的电台相对方位角 RB、电台磁方位角 QDM、飞机磁方位角 QDR 之间的关系是：

$$QDM = MH + RB \tag{4.1}$$

$$QDR = QDM \pm 180° \tag{4.2}$$

代入公式计算时，电台方位角、飞机方位角和航向角选取的经线要一致，即全部统一为真方位或磁方位；公式中角度的计算结果应符合 0°～360°的角度范围，即套用公式计算时如果出现超界的情况，应该通过 ±360°将其换算到有效范围内。

4.1.2　飞行中方位关系的变化

飞行中，飞机与电台间的方位关系将发生变化。因为飞机位置的改变，飞机与电台间的方位线就改变，建立在方位线上的三个方位角将相应变化。

4.1.2.1　在同一条方位线上无线电方位的变化

在同一条方位线上，飞机瞬间航向发生变化（增大或减小），由于方位线没有变化，所以电台方位角和飞机方位角不变；相对方位角将发生等量反变化（变化量相等，变化方向相反）。如图 4.2 所示。

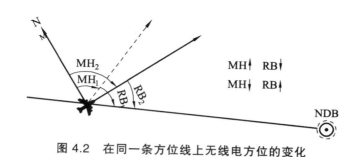

图 4.2　在同一条方位线上无线电方位的变化

4.1.2.2　飞机保持航向沿预定航线飞行无线电方位的变化

飞机保持航向沿预定航线飞行中，随着飞机位置的不断变化，飞机的无线电方位随之连续变化。导航台在航线的左侧，飞机保持航向不变沿航线飞行中，无线电方位线以导航台为圆心逆时针旋转，三个方位角都将逐渐减小；同理，导航台在航线的右侧，飞机保持航向不变沿航线飞行中，无线电方位线以导航台为圆心顺时针旋转，三个方位角都将逐渐增大。如图 4.3 所示。

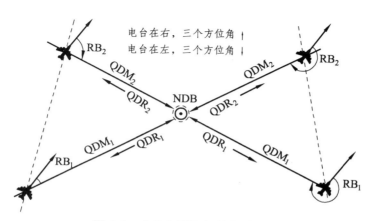

图 4.3　方位角随飞机位置的变化

4.1.3 无线电方位角的测量

无线电领航的关键是无线电方位角的测量，无线电方位角的测量是地面导航台和机载无线电领航设备配合完成的。测角系统包括无方向信标/自动定向仪（NDB/ADF）系统，甚高频全向信标（VOR）系统等。

NDB/ADF 系统由地面的 NDB 台和机载的 ADF 组成，是利用 ADF 环形天线的方向性工作的。NDB/ADF 系统的知识我们不作详细介绍，这里介绍常用的甚高频全向信标（VOR）系统。

4.1.3.1 甚高频全向信标系统简介

甚高频全向信标（VOR）系统，属于近程无线电测角系统，由地面发射台和机载接收装置组成，提供装有相应设备的航空器相对于地面台的磁方位信息。利用 VOR 台，可以保证飞机沿航路飞行，实现飞机定位；VOR 台作为 ILS 的辅助设备，还可以保障飞机安全着陆。

VOR 系统的工作频率范围在 108 ~ 118 MHz，频道间隔 50 kHz。根据地面 VOR 台的工作原理，可以分为普通 VOR（CVOR）和多普勒 VOR（DVOR），现在国内使用的 VOR 台基本为 DVOR，对于机载接收机而言，CVOR 和 DVOR 是兼容的。根据用途可以分为 A 类和 B 类，A 类 VOR 用于航线导航，使用频率 112 ~ 118 MHz，作用距离 > 100 n mile；B 类 VOR 用于引导飞机进近着陆，使用频率 108 ~ 112 MHz、第一位小数为偶数，作用距离 > 25 n mile。识别信号的调制频率为 1020 Hz，用三个英文字符的莫尔斯电码表示 VOR 台的地名。

4.1.3.2 VOR 系统测方位的原理

1）VOR 地面台发射的无线电波

在空间任何一点上观察，射频载波必须由下列两个信号调幅：

一个等幅的 9960 Hz 副载波，该副载波由 30 Hz 调频。对于 CVOR，对副载波调频的 30 Hz 调制信号的相位是固定的，与方位无关，称为"基准相位信号"；对于 DVOR，30 Hz 调制信号的相位是随方位同步变化的，称为"可变相位信号"。

另一个为 30 Hz 调幅成分。对于 CVOR，该成分是由一个"8"字形旋转场形成的，其相位随方位同步改变，称为"可变相位信号"；对于 DVOR，该成分在所有方位上相位均相同，全方向辐射，称为"基准相位信号"。

也就是说，无论对 CVOR 还是 DVOR，其甚高频载波上都调制有两个 30 Hz 的低频信号：一个是相位固定的基准相位信号，一个是相位随方位同步改变的可变相位信号。发射时，在磁北方向上，基准相位信号和可变相位信号的相位是一致的；在其他方向上，每一个周期（1/30 s）里，基准相位信号的相位相同，而可变相位信号的相位不同，同一接收点的两种信号的相位差，等于飞机磁方位（见图 4.4）。

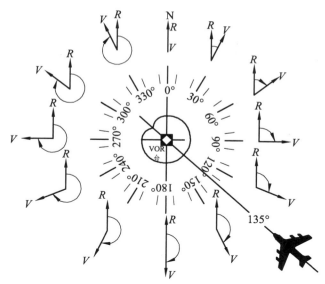

图 4.4 基准相位信号和可变相位信号的相位关系

2）导航接收机的原理

机载 VOR 系统采用比相的方法，比较接收点解调得到的两个低频信号的相位，测定飞机方位角。如图 4.5 所示（以接收 CVOR 信号为例），机载 VOR 接收机接收地面 VOR 台发射的信号，经过处理，输出导航信号和供听辨电台信号的音频信号；导航信号加到导航组件上，分别检出 30 Hz 的基准相位信号和可变相位信号，两种信号在比相器中进行比较，其相位差就是接收点的飞机磁方位。该信号可以输出到相关仪表，使指示器的指针指示出相应角度。

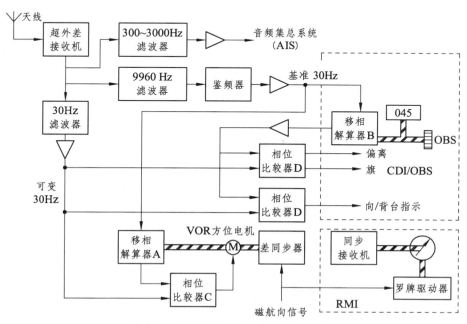

图 4.5 机载 VOR 接收机原理示意图

导航接收机所测定的信号还可以输入到自动驾驶仪和飞行指引仪，供自动驾驶使用。

4.1.3.3 机载 VOR 系统显示仪表

用机载 VOR 设备测量地面 VOR 台的方位时，必须首先在甚高频导航控制盒上调谐好所需 VOR 台的频率，机载 VOR 接收机才能接收所需 VOR 台的全向信号，进行测定及显示方位。利用甚高频全向信标 VOR 测定方位，其方位指示器有多种形式，主要有无线电磁指示器（RMI）、航道偏离指示器（CDI）、水平状态指示器（HSI）等。

1）RMI 的显示

RMI 表面上的方位刻度盘从 0~360°，方位刻度盘的正上方有一个固定航向指标，用来读取飞机当时的磁航向。RMI 上有两根指针，可以指示两套不同的VOR/ADF 接收机输出的方位信息，即指示飞机相当于两个导航台（NDB/VOR）的无线电方位信息，图 4.6 为典型的 RMI 表面。

图 4.6　RMI 的指示

在 RMI 表面上，航向指标（固定标线）指示飞机的磁航向 MH，指针针尖指示电台磁方位 QDM，航向指标和指针针尖的顺时针夹角为相对方位角 RB，指针尾部指示飞机磁方位（VOR 径向方位）。如图 4.6 所示，以细指针为例：针尖所指的角度是电台磁方位为 76°，飞机航向为 347°，相对方位角为 89°，飞机磁方位为256°，即飞机在 VOR 台 256°径向方位上。

2）HSI 的显示

水平状态指示器（HSI）也称为航道罗盘，是现代飞机普遍安装的一种仪表，它指示飞机在水平面内的状态，它是航向系统、甚高频全向信标系统和仪表着陆系统的综合指示器。典型 HSI 表面如图 4.7 所示。

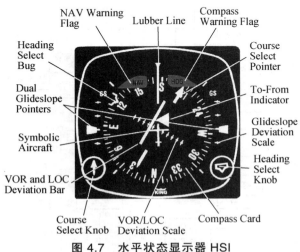

图 4.7　水平状态显示器 HSI

HSI 表面提供的信息很丰富，主要包括飞机的 MH、预选航道、航道偏离指示，在 ILS

进近时还可以指示下滑偏离信息。

表面上的方位刻度盘从 0～360°，仪表表面正上方有一个固定航向指标，用来读取飞机的磁航向。表盘上方的警告旗，在系统工作正常时，隐而不见；系统故障时，遮盖在方位刻度盘上。

仪表表面的左下角有一个预选航道旋钮，转动时，刻度盘不动，预选航道指针转动，直至指示预选航道度数为止。表面右下角的预选航向旋钮与方位刻度盘上的航向游标连动，可以预先选择下一边航线的航向，当飞机到达航路点后将自动转向下一边飞行。

下滑指标在表盘左、右两侧的下滑偏离刻度上，指示飞机与正常下滑线的关系。

（1）航道偏离指示。

水平状态指示器 HSI 上的航道偏离杆可以显示出飞机偏离预选航道的情况：如果航道偏离杆偏在刻度盘中心右侧，表示飞机偏在预选航道的左边；如航道偏离杆偏左，表示飞机偏在预选航道的右边；如航道偏离杆在中央，表示飞机不偏。偏离角度大小由偏离杆偏离中心的点数读出，当导航源为航线 VOR 台时，每个点为 2°（若为 2 个点，每个点为 5°），满偏10°；当导航源为仪表着陆系统的航向信标台时，每个点为 0.5°（若为 2 个点，每个点为 1.25°），满偏 2.5°。具体如表 4.1 所示。

表 4.1　HSI 偏离角度读法

航道偏离刻度	航线飞行	仪表进近
5 个点	每个点 2°，满偏 10°	每个点 0.5°，满偏 2.5°
2 个点	每个点偏 5°，满偏 10°	每个点 1.25°，满偏 2.5°

如图 4.7 所示的 HSI，表面刻度有 5 个点，航线飞行表示飞机偏在预选航道右侧 3°，仪表进近时表示飞机偏在预选航道右侧 0.75°。

（2）向背台指标。

HSI 表面设有一个三角形符号，表示飞机和预选航道之间的向、背关系；三角形符号与预选航道指针的指向一致，表明飞机在向台区域飞行；三角形符号与预选航道指针的指向相反，表明飞机在背台区域飞行。

向/背台指标的说明：向/背台指标是用来说明飞机在预选航道的哪一侧飞行。当测出的电台磁方位 QDM 与预选航道之差小于±90°时，指向台；当测出的电台磁方位 QDM 与预选航道之差大于±90°时，指背台。由此可见，向/背台指示与飞机的航向无关，与飞机做向电台飞行还是背电台飞行无关，只决定于预选航道和所测量的电台磁方位的差角。

我们以图 4.8 进行说明。图中，通过 VOR 台作一条与预选航道（30°或 210°）垂直的分界线 AB，AB 为向/背台指示的分界线。如果预选航道是 30°，则飞机在 AB 的上方，无论飞机的航向如何，由于其电台磁方位 QDM 与预选航道的差值大于 90°，向/背台均指示背台（FROM）；相反，飞机在 AB 的下方，无论飞机的航向如何，由于其电台磁方位 QDM 与预选航道的差值小于 90°，向/背台均指示向台（TO）。如果预选航道是 210°，则飞机在 AB 的上方，向/背台均指示向台（TO）；而在 AB 的下方，向/背台均指示背台（FROM）。飞机 1、2 的预选航道为 30°，飞机 3、4 的预选航道为 210°，飞机 1、3 在 AB 下方，飞机 2、4 在 AB 上方；因此，飞机 1、4 指示向台（TO），飞机 2、3 指示背台（FROM）。

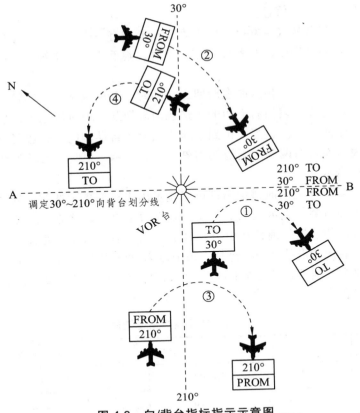

图 4.8　向/背台指标指示示意图

4.1.3.4　VOR 系统的误差

整个 VOR 系统的误差，由传播误差和设备误差两大类组成。

（1）传播误差。主要误差因素有垂直方向性图效应、场地影响和地形影响。

垂直方向性图效应：由于地面反射波和直达波的相互干涉，会使垂直面的方向性图分裂成多瓣状，也就是说，在某些仰角范围内，VOR 信号强度很弱；另外，为了使得 VOR 有足够的作用距离，希望 VOR 天线架高一些，而天线架得越高，波瓣分裂现象也越严重，即造成垂直方向性图效应。为了减小这种效应所造成的误差，一般在天线下面一点附加一个圆的金属反射网。

场地误差是指那些靠近 VOR 台周围的地形、地物的影响所产生的误差，地形误差是指那些远离 VOR 台的地形特点（如山丘、森林等）引起的误差。这些误差导致在测定方位时，好像 VOR 台址发生了位移，影响最小的也会使得 VOR 台的方位射线产生不均匀的间隔。所以，对 VOR 台的架设场地和周围的地形提出了严格要求：首先要尽可能使 VOR 台对远处山峰高出地面的角度不超过 3°；在靠近 VOR 台周围地区，100 m 范围内，地面上灌木丛和树木应清除干净，地面的凹凸不平不应超过 ±15 m；在 100 m 处，不应有 1.5 m 高的铁桩、围栏，更不允许有金属网；在 200 m 处不应有高 10 m 以上的铁塔；在 500 m 范围内不应有较高的障碍物。

（2）设备误差：是设备本身引起的误差，包括地面台的天线间隔误差、接收指示设备误差和极化误差。

地面台的天线间隔误差：主要是由于 VOR 天线系统中形成"8"字形的一对天线之间的间隔与其波长相比不是小得很多而使"8"字形失真引起的，它会使天线系统方向性图的旋转不稳定。

接收指示设备误差：主要来源于接收机和全方位选择器 OBS 的影响。

极化误差：主要是接收垂直极化波引起的，当飞机姿态或 VOR 天线倾斜时，就会产生这种极化误差，飞机相对于 VOR 的仰角越大，即飞行高度越高，极化误差也越大。

由于上述误差的存在，特别是传播误差的影响，普通 VOR 的精度一般在 $\pm2° \sim \pm4°$ 范围内，多普勒 VOR 的精度一般在 $\pm1°$ 以内。

4.2 背电台飞行

背电台飞行是飞机飞越电台（NDB 或 VOR）后，利用后方电台测定的航行元素来保持飞机沿预定航线飞行或切入航线的飞行方法。背电台飞行是离场程序、航线飞行中一种常用的飞行方法。

4.2.1 背台检查航迹（方向检查）

背台检查航迹，主要是利用无线电领航仪表测定的无线电方位，计算出背台飞行过程中的偏流及偏航，确定飞机能否飞到预定点上空。

4.2.1.1 准确通过电台上空背台检查航迹

飞机准确通过电台上空后，保持航向不变飞行一定时间，那么飞机飞行的平均航迹线可以认为是一条直线，即飞机所在的无线电方位线同飞机的平均航迹线重合，这时测出的飞机磁方位 QDR 就是飞机的平均磁航迹 MTK，常将飞机磁方位 QDR 称为背台航迹，如图 4.9 所示，即 MTK = QDR。

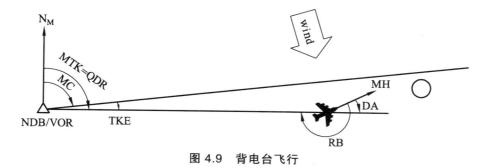

图 4.9 背电台飞行

从图可以看出：

$$DA = MTK - MH = QDR - MH = RB - 180° \tag{4.3}$$

$$TKE = MTK - MC = QDR - MC \tag{4.4}$$

此时，由于平均航迹线和无线电方位线重合，通过比较飞机磁方位角（QDR）和磁航线角（MC）就可以判断飞机偏离航线情况，如图4.10所示。

QDR < MC，飞机偏在航线左侧；

QDR = MC，飞机在航线上；

QDR > MC，飞机偏在航线右侧。

即背电台飞行，大偏右，小偏左，等不偏。

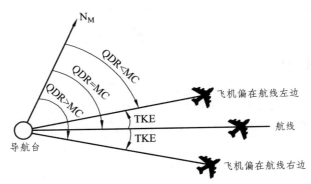

图 4.10 背台检查航迹

4.2.1.2 不通过电台上空背台检查航迹

在实际飞行中，由于种种原因，飞机没有通过导航台，如果此时把背电台飞行的无线电方位线当作平均航迹线，计算出的结果就有误差。

1）飞机从电台一侧通过

VOR 台和 NDB 台都存在顶空盲区，根据仪表指示判断飞机过台不可能绝对准确，加上飞行员的操纵技术水平，飞机过台时往往从电台的一侧通过，即过台时飞机通过电台时有一个偏出距离 d，这样就使得背台飞行测出的方位线与飞机的航迹线不一致，存在一个误差角 θ，如图4.11所示，则：

$$\tan(\Delta DA) = \tan\theta \approx \frac{d}{D_已} \tag{4.5}$$

飞机过台时从电台右侧通过，θ、ΔDA 为正；飞机过台时从电台左侧通过，θ、ΔDA 为负。

实际偏流（DA）、实际磁航迹角（MTK）和实际偏航角（TKE）和测量偏流的关系为：

$$DA = DA_测 - \Delta DA = DA_测 - \theta \tag{4.6}$$

$$MTK = MH_平 + DA = MTK_测 - \theta \tag{4.7}$$

$$TKE = MTK - MC = TKE_测 - \theta \tag{4.8}$$

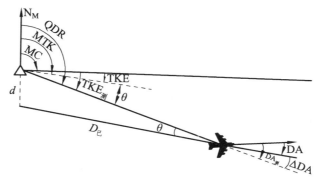

图 4.11　从电台一侧通过检查航迹

2）切入航线

在飞机起飞离场、通过转弯点时，往往没有通过导航台，而是采用切入法，如图 4.12 所示，此时实际偏航角（TKE）不等于测算的偏航角。

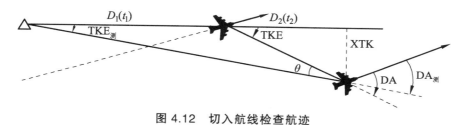

图 4.12　切入航线检查航迹

从图中可以看出：

$$\text{TKE} \approx \arctan\frac{\text{XTK}}{D_2} \tag{4.9}$$

$$\text{TKE}_{测} \approx \arctan\frac{\text{XTK}}{D_1 + D_2} \tag{4.10}$$

$$\theta = \text{TKE} - \text{TKE}_{测} \tag{4.11}$$

$$\text{DA} = \text{DA}_{测} + \theta \tag{4.12}$$

4.2.2　背电台预定点修正航迹

背电台飞行检查完航迹后，如果发现偏航，可以立即改航切回原航线（背台切入）；或到预定时刻（或预定点）改航，直飞到下一预定点，即背电台预定点修正航迹。背电台预定点修正航迹有按新航线角修正和按航迹修正角修正两种方法。

4.2.2.1　按新航线角修正航迹

按新航线角背修正航迹是在背电台测定无线电方位的基础上，求出偏航角和已飞航段的实际偏流，在改航角度不大的条件下，可以认为改航前后偏流不变，然后在新航线角基础上迎风修正偏流（该偏流即为求出的已飞航段的实际偏流），确定应飞航向使飞机沿新航线直飞预定点，如图 4.13 所示。

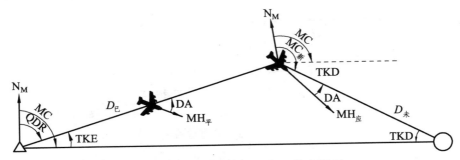

图 4.13　按新航线角背台修正航迹原理

背台按新航线角修正航迹的方法和步骤是：

（1）根据背台检查航迹的方法，求出飞机磁方位和偏航角、偏流；

$$MTK = QDR$$

$$DA = MTK - MH_{平} = QDR - MH_{平} = RB - 180°$$

$$TKE = MTK - MC = QDR - MC$$

（2）计算偏离角 TKD，用尺算和心算进行。在原航线、飞机实际航迹线、新航线三条线组成的三角形中，运用正弦定理求 TKD。飞机的已飞时间（$t_{已}$）、已飞距离（$D_{已}$），未飞时间（$t_{总}$）、未飞距离（$D_{总}$）已知，则尺算公式为：

$$\frac{\sin TKE}{t_{未}} = \frac{\sin TKD}{t_{已}} \tag{4.13}$$

或

$$\frac{\sin TKE}{D_{未}} = \frac{\sin TKD}{D_{已}} \tag{4.14}$$

尺算尺型如图 4.14 所示。

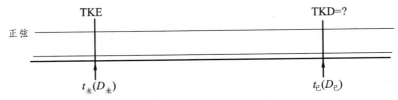

图 4.14　尺算 TKD 尺型

心算的公式为：

$$TKE \times D_{已} = TKD \times D_{未} \tag{4.15}$$

或

$$TKE \times t_{已} = TKD \times t_{未} \tag{4.16}$$

（3）计算新航线角 $MC_{新}$：

$$MC_{新} = MC - TKD \tag{4.17}$$

132

（4）计算应飞磁航向 $MH_{应}$：

$$MH_{应} = MC_{新} - DA \qquad (4.18)$$

这里的偏流角，用的是第一步求出的改航前的实际偏流角，利用对航行速度三角形的分析，可以发现在改航角度不大的条件下，偏流变化很小，可以认为改航前后偏流不变。

例 4.1 某航线磁航线角 72°，航线预计飞行时间 60 min，当飞机保持平均磁航向 74° 飞行 15 min 后，测得飞机磁方位角 78°，预计再飞行 14 min 到达预定点改航，按新航线角计算从偏出地点飞往前方航路点的应飞磁航向。

解： ① 判断偏航：

$QDR = 78°$，$MC = 72°$，$QDR > MC$，飞机偏在航线右侧。

计算偏航角为：$TKE = QDR - MC = +6°$

计算偏流为：$DA = MTK - MH_{平} = QDR - MH_{平} = +4°$

② 计算偏离角：

$$TKD = \frac{t_{已}}{t_{未}} \times TKE = \frac{29}{31} \times (+6°) = +6°$$

③ 计算新航线角：

$$MC_{新} = MC - TKD = 72° - (+6°) = 66°$$

④ 计算改航后应飞磁航向：

$$MH_{应} = MC_{新} - DA = 66° - (+4°) = 62°$$

用图形表示出飞机的偏航、修正情况，如图 4.15 所示。

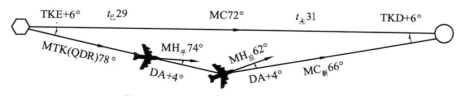

图 4.15 按新航线角背台修正航迹举例

4.2.2.2 按航迹修正角修正航迹

按航迹修正角背台修正航迹是在背台测定无线电方位并判断偏航的基础上，求出航迹修正角，根据在改航不大的前提下航向改变几度航迹就改变几度的原理，在原来保持的平均磁航向 $MH_{平}$ 基础上，修正一个航迹修正角，使飞机沿新航线直飞预定点，如图 4.16 所示。

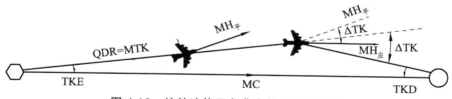

图 4.16 按航迹修正角背台修正航迹原理

背台按航迹修正角修正航迹的方法和步骤如下：

（1）根据背台检查航迹的方法，求出飞机磁方位和偏航角：

$$MTK = QDR$$

$$TKE = MTK - MC = QDR - MC$$

（2）计算航迹修正 ΔTK：可用尺算和心算进行。

方法 1，先计算偏离角 TKD，再利用公式 $\Delta TK = TKE + TKD$ 计算。计算 TKD 的尺算公式和心算公式见背电台飞行按新航线角修正航迹。

方法 2，直接计算 ΔTK。尺算的尺型如图 4.17 所示，尺算的公式是：

$$\frac{\sin TKE}{t_{未}} = \frac{\sin \Delta TK}{t_{总}}，\quad 或 \quad \frac{\sin TKE}{D_{未}} = \frac{\sin \Delta TK}{D_{总}}$$

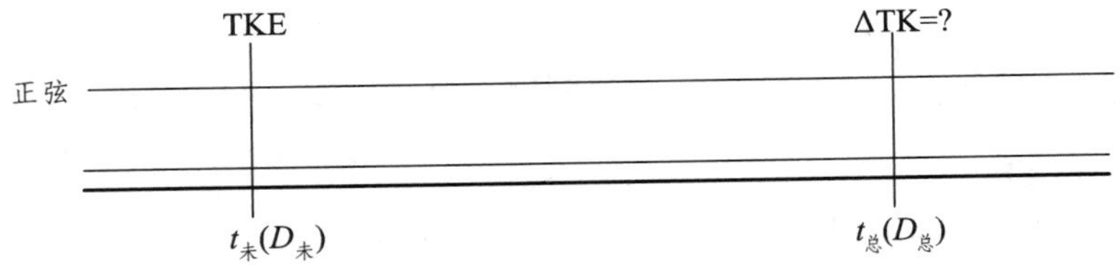

图 4.17　尺算 ΔTK

如果采用心算的方法计算航迹修正角，上式可以简化为：

$$\Delta TK \approx \frac{t_{总}}{t_{未}} \times TKE \tag{4.19}$$

或

$$\Delta TK \approx \frac{D_{总}}{D_{未}} \times TKE \tag{4.20}$$

（3）计算应飞航向 $MH_{应}$：

$$MH_{应} = MH_{平} - \Delta TK \tag{4.21}$$

例 4.2　某航线磁航线角 223°，航线预计飞行时间 55 min，11:00:00 通过起点，保持航向飞行一段时间后，11:37:00 背台检查航迹，测得飞机磁航向 218°，飞机磁方位角 220°，管制员指挥飞机立即改航直飞下一航路点，按航迹修正角进行修正。

解：　① 判断偏航：

$QDR = 220°$，$MC = 223°$，$QDR < MC$，飞机偏在航线左侧。

计算偏航角：$TKE = QDR - MC = -3°$

② 计算航迹修正角：

$$TKD = \frac{t_{已}}{t_{未}} \times TKE = \frac{37}{18} \times (-3°) = -6°$$

$$\Delta TK = TKE + TKD = -9°$$

134

③ 计算改航后应飞磁航向：

$$MH_{应} = MH_{平} - \Delta TK = 218° - (-9°) = 227°$$

用图形表示出飞机的偏航、修正情况，如图 4.18 所示。

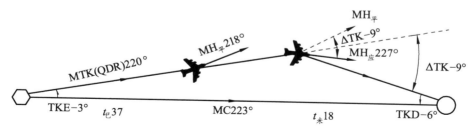

图 4.18　按航迹修正角修正航迹举例

4.2.3　背电台切入

航线飞行中，如果发现飞机背台飞行偏离航线较远，飞机有可能偏出航路以及影响飞行安全时，可引导飞机切回到航线，然后修正偏流沿航线背电台飞行；此外，在仪表离场、进场和仪表进近中，有时为了避开空中冲突以及航行需要，需要飞机从当时所在位置切入某一方位线，背台飞至要求位置。背电台切入有切入预定航线和切入指定方位线两种。

背电台切入预定航线/指定方位线的实施步骤是：

1）判断飞机偏离预定航线/指定方位线的情况

判断飞机是否偏离航线的方法和检查修正航迹中的判断方法完全一样，即通过飞机所在无线电方位线的飞机磁方位 QDR 和磁航线角 MC 进行判断。判断飞机与指定方位线的关系，是通过当时飞机所测定的飞机磁方位 QDR 与指定方位线的飞机磁方位 $QDR_{指}$ 相比较，即：

$QDR > QDR_{指}$，飞机在指定方位线的右边；

$QDR < QDR_{指}$，飞机在指定方位线的左边。

此时：

$$TKE = QDR - QDR_{指}（切入指定方位线）\tag{4.22}$$

2）确定切入航向 $MH_{切}$

当判定飞机偏离预定航线情况后，操纵飞机向偏出的反方向修正航向，即飞机偏在航线/指定方位线左侧，飞机向右切；飞机偏在航线/指定方位线右侧，飞机向左切。飞机保持 $MH_{切}$ 切入航线/指定方位线，切入航向 $MH_{切}$ 可通过所选切入角 α 计算：

$$MH_{切} = MC \pm \alpha（切入航线）\tag{4.23}$$

或

$$MH_{切} = QDR_{指} \pm \alpha（切入指定方位线）\tag{4.24}$$

飞机偏左，向右切取"＋"；飞机偏右，向左切取"－"。

其中 α 为切入角，即切入磁航向与原航线/指定方位线所夹的锐角。切入角的大小选择依据离导航台远近、偏离航线/指定方位线情况、航路情况、飞机处于上下风面等情况决定，一般取 30° ~ 60° 的整数，最常用的是选择 45° 切入角，如图 4.19 所示。

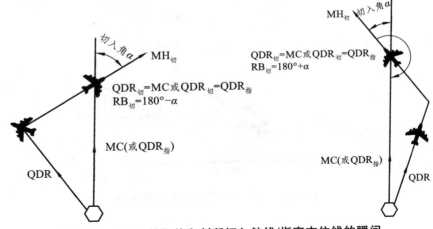

图 4.19 MH$_切$ 的取值和判断切入航线/指定方位线的瞬间

3）判断切入航线/指定方位线的瞬间

飞机保持切入航向 MH$_切$ 飞行，飞机向右切入时，无线电方位线顺时针旋转，无线电方位都逐渐增大，当指示的 RB 或 QDR 等于切入航线/指定方位线瞬间的方位时，飞机切入预定航线/指定方位线；飞机向左切入时，无线电方位线逆时针旋转，无线电方位都逐渐减小，当指示的 RB 或 QDM 等于切入航线/指定方位线瞬间的方位时，飞机切入预定航线/指定方位线。如图 4.19 所示。

飞机切入航线/指定方位线瞬间的无线电方位可通过公式计算：

$$RB_切 = 180° \pm \alpha (飞机偏左向右切取 " - "，飞机偏右向左切取 " + ") \quad (4.25)$$

$$QDR_切 = MC \quad (切入航线) \quad (4.26)$$

$$或 QDR_切 = QDR_指 (切入指定方位线) \quad (4.27)$$

RB$_切$、QDR$_切$ 为飞机切入到航线、指定无线电方位线上时的电台相对方位和电台磁方位角。在实际飞行中，应适当提前改出，使飞机改出后恰好在预定航线/指定方位线上。

4）修正偏流沿航线/指定方位线背台飞行

飞机切到航线/指定方位线后，迎风修正偏流使飞机沿航线/指定方位线背台飞至预定位置。偏流可通过空中实测风计算或估计得到，并在飞行过程中不断检查背台飞行的航迹，发现偏航，立即修正，使飞机沿航线/指定方位线背台飞行准确到达预定位置。

例 4.3 已知 MC = 130°，飞机航线起点 VOR 台上空准确通过，保持航向飞行一段时间后，背台测得：MH$_平$123°、QDR125°，判断偏航并用 30° 切入角切回航线飞向目的地。

解： ① 判断飞机偏航：已知 MC = 130°，MH$_平$123°、QDR125°，QDR < MC，可以确定飞机偏左，TKE = - 5°，DA = + 2°；

② 确定切入航向：飞机偏左向右切，已知 MC = 130°，α = 30°，计算得到 MH$_切$ = 130° + 30° = 160°，这时飞机右转至切入航向 160° 保持，向预定航线切入；

③ 确定切回航线的瞬间：飞机向右切入航线时回到航线瞬间的 QDR$_切$ = MC = 130°，所

以飞机向右切入过程中，飞机磁方位逐渐增大，当指示增大至QDR130°时，飞机切回航线，飞行员应当适当提前改出使飞机沿航线飞行；

④ 修正偏流沿航线背台飞行：已知 MC130°和已计算出的 DA＋2°，可以计算出沿航线背台飞行的 $MH_{应}$ ＝ 130° － （＋2°）＝ 128°，因此，保持飞机航向128°飞行。

用图形表示出飞机的偏航、修正情况，如图 4.20 所示。

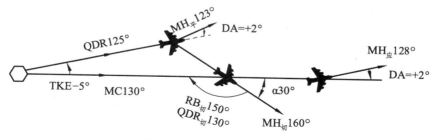

图 4.20　背台切入航线举例

例 4.4　飞机保持 MH50°，测出到 VOR 台的飞机磁方位为 60°，现管制员指挥飞机背台切入并沿背台航迹 20°的方位线飞行（切入角取 40°），进行切入指定方位线的工作。

解：① 判断飞机与指定方位线的关系，测出的 QDR60°与指定方位线的 $QDR_{指}$ 20°比较，QDR > $QDR_{指}$，可知飞机在指定方位线的右侧；

② 确定切入航向 $MH_{切}$：飞机在右应向左切，取 α ＝ 40°，切入磁航向 $MH_{切}$ ＝ $QDR_{指}$ － 40° ＝ 340°，操纵飞机左转至航向 340°并保持，向方位线切入。

③ 判断切入方位线瞬间：飞机在向左切入过程中，无线电方位不断减小，与预选航道的角度差越来越小，当飞机磁方位等于 20°时，切入指定方位线。飞行员适当提前改出，使飞机沿方位线背台飞行。

用图形表示出飞机的偏航、修正情况，如图 4.21 所示。

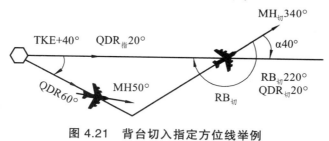

图 4.21　背台切入指定方位线举例

4.3　进入预定方位线

从航线侧方的电台到预定地点的连线叫预定无线电方位线，简称预定方位线。引导飞机到达预定方位线的瞬间叫进入预定方位线。

飞机沿航线飞行中，可以利用侧方电台进入预定方位线，根据通过电台（起点）到进入预定方位线的飞行距离和飞行时间，测算飞机飞行的实际地速；还可以利用进入预定方位线的瞬间掌握转弯时机，切入指定方位线，绕飞避开禁区，进出走廊，进场及仪表进近等。

由于每一条方位线对应唯一一个电台方位角（或飞机方位角），飞机保持一定航向沿航线飞行中，电台方位角（或飞机方位角）将随着飞机位置的变化而发生变化，只有指示的电台方位角（或飞机方位角）等于预定的电台方位角（或飞机方位角）时，飞机才是进入了预定方位线。

4.3.1 进入预定方位线的判断方法

如图 4.22 所示，当电台在右侧时，飞机保持一定航向沿预定航线飞行中，无线电方位线以导航台为中心顺时针旋转，电台磁方位角 QDM（或飞机磁方位角 QDR）将不断增大。飞机到达预定方位线之前，仪表指示的电台磁方位角 QDM 小于预定的电台方位角 $QDM_{预}$，即 $QDM < QDM_{预}$；当飞机飞至预定方位线即飞机所在方位线与预定方位线重合时，这时 $QDM = QDM_{预}$，这一时刻就是进入预定方位线的瞬间；当飞机继续飞行，飞机将离开预定方位线，仪表指示的电台磁方位角 QDM 将大于预定的电台方位角 $QDM_{预}$，即 $QDM > QDM_{预}$。

当电台在左侧时，飞机保持一定航向沿预定航线飞行中，无线电方位线以导航台为中心逆时针旋转，电台磁方位角 QDM（或飞机磁方位角 QDR）将不断减小，判断进入预定方位线的时机与电台在右侧刚好相反。

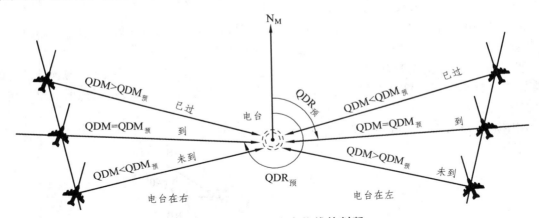

图 4.22 进入预定方位线的判断

判断飞机进入预定方位线时，按照仪表指示的电台磁方位角（QDM）与预定的电台磁方位角（$QDM_{预}$）相比较，其判断规律为：

（1）电台在左：

$QDM > QDM_{预}$，飞机未到预定方位线；

$QDM = QDM_{预}$，飞机进入预定方位线；

$QDM < QDM_{预}$，飞机已过预定方位线。

（2）电台在右：

$QDM < QDM_{预}$，飞机未到预定方位线；

$QDM = QDM_{预}$，飞机进入预定方位线；

$QDM > QDM_{预}$，飞机已过预定方位线。

4.3.2 预定方位线的作图方法

连接航线上的预定点（预定进入方位线的位置）到电台的一条直线为预定方位线；以真经线为基准，用航行向量尺量出预定方位线的电台真方位角，转换为电台磁方位角（QDM $_{预}$），按规定的方法标在预定方位线上。预定方位线的作图方法包括选、画、量、标、算、填。

（1）选：选择航线侧方一个合适的导航台，用经纬度或以机场为准画出导航台位置，以该位置为中心用红色"△"符号标记出来。为了提高进入预定方位线的准确性，通常在航线侧方选择距离较近、功率较大、方位线与航线交角接近垂直的电台。

（2）画：通过选择并标画出的侧方台中心，用与航线相同的颜色（黑色或蓝色），画出到航线上选定地点的无线电方位线（注意电台离航线选定地点较远时，方位线只画航线附近的一段），在预定方位线末端标画箭头。

（3）量：用向量尺量出进入预定方位线时的电台真方位和相对方位。量的方法如下：

① 量取电台真方位（QUJ）：将向量尺的底边压住预定方位线，移动向量尺使量角器中心压在经线（或纬线）上，从经线（或纬线）所对刻度处读取电台真方位。读取电台真方位时应防止读反180°，读取时以预定点为准，电台在预定点以东，量取的电台真方位为0°～180°；电台在预定点以西，量取的电台真方位为180°～360°。

实际上，如果把预定方位线当作航线，量预定电台方位角的方法就是量航线角的方法。

② 量取电台相对方位（RB）：将向量尺的底边压住预定方位线，移动向量尺使量角器中心压在预定点上，从航线去向所对的半圆刻度处读取电台相对方位。读取时防止读反180°：读取时以预定点所在的航线去向为准，电台在航线右侧时应读取外圈刻度，电台在航线左侧时应读取内圈刻度。

在地图作业中，量取完真航线角后，如果量取了电台真方位或电台相对方位其中一个方位，可以用计算的方法计算出另一个方位。因为量取的相对方位角是无风飞行时飞机进入预定方位线的相对方位角，此时 TH = TC， QUJ$_{预}$ = TH + RB$_{预}$ = TC + RB$_{预}$。

（4）标：将预定电台方位角用与航线相同的颜色（黑色或蓝色），标注在沿航线方向预定方位线右侧的上方，数字的大小为 4～6 mm。

标注时应将量取的电台真方位修正飞行地区的磁差，换算为电台磁方位 QDM，进行标注。

（5）算：就是根据气象台预报的空中风，计算出飞机保持应飞航向飞行进入预定方位线时的无线电方位。实际上，进入同一方位线电台磁方位不变，而电台相对方位随航向改变而变化，所以这一计算就是计算电台相对方位。

（6）填：就是将前五个步骤中的数据按规定格式填入领航计算表格内。关于如何填写领航记录表，我们这里不做介绍。

例 4.5 航线为遂宁导航台－绵阳导航台，检查点为三台，准备用五凤溪导航台来控制飞机到检查点的时机，气象台预报的空中风为 280°、10 m/s，飞机保持 TAS185 km/h 飞行，完成进入预定方位线的地面准备。

解： 首先完成画航线、标航线数据的作业，然后进行进入预定方位线的地面准备：

① 选定侧方台：所选的侧方台为五凤溪导航台，台址在城镇中心，然后用红色"△"以台址为中心标出侧方台位置；

② 画出方位线：用五凤溪导航台控制飞机到检查点的时机，预定点就是三台正切航线的垂足位置，连接五凤溪台中心到预定点，取航线左右一小段用铅笔或兰色笔画出预定方位线。

③ 量取电台真方位和电台相对方位：按量取无线电方位的方法量取，得到电台真方位 QUJ 为 227°，电台相对方位 RB 为 83°；

④ 标注数据：首先计算出电台磁方位为 QDM = 229°（磁差按 – 2°计算），按规定将无线电方位标注在预定方位线一侧；

⑤ 计算修正预报风后的无线电方位：将预报风 280°、10 m/s 换算为航行风为 100°、36 km/h，已知 TAS = 185 km/h，用计算尺计算出 DA = – 7°、$MH_{应}$ = 153°，所以可求出飞机保持应飞航向飞行进入预定方位线时的电台相对方位 RB = 76°。

具体如图 4.23 所示。

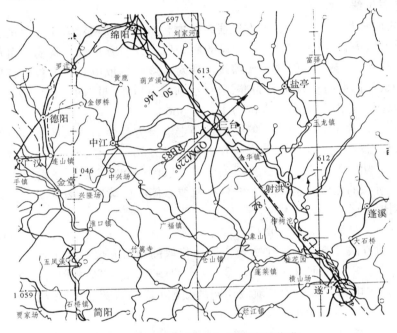

图 4.23　进入预定方位线地图作业

4.3.3　进入预定方位线的实施程序

沿航线飞行时，在飞机进入预定方位线的前后，应采取如下步骤：

第一步，预达时刻：根据飞机到达预定方位线的距离和地速，计算应飞时间和预计进入预定方位线的时刻；

第二步，提前调台：根据预计进入预定方位线时刻，提前几分钟，提前调谐侧方台，向侧方台定向；

第三步，判断进入：根据侧方台在航线的左、右，按照指示的电台方位角与预定电台方位角相比较，判断飞机进入预定方位线的时机；

第四步，图上标记：在航图上标记进入预定方位线的时刻。

4.4 DME 系 统

测距机（DME – Distance Measuring Equipment）系统是一种能够测量由询问器到某个固定应答器（地面台）距离的二次雷达系统。测距机是目前民用飞机普遍装备的一种无线电导航系统，它常与 VOR 台安装在一起，构成了标准的国际民航组织审定，使用广泛的测角测距近程导航系统，它可用于飞机定位、测高、等待飞行、进场着陆、航路间隔、避开保护空域及计算地速等。

4.4.1 测距机的功用

测距机测量的是飞机到地面测距台的斜距，如图 4.24 所示。现代民航大中型飞机的航线飞行高度在 30 000 ft 左右，当飞机与测距台的距离在 35 n mile 以上时，所测得的斜距与实际水平距离的误差小于 1%；当飞机在起飞离场阶段、着陆进近阶段离测距台的距离小于 30 n mile 时，其飞行高度通常也已降低，因而所测得的斜距与水平距离的误差仍然为 1% 左右。所以一般情况下认为飞机到 DME 台的斜距约等于飞机到 DME 台的水平距离。

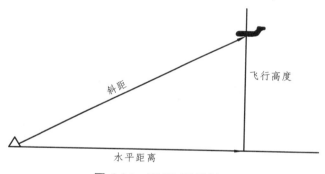

图 4.24 DME 测量斜距

利用测距机所提供的距离信息，可以实现无线电定位；结合全向信标系统所提供的方位信息，可以实现测角测距定位；利用所测得的飞机到两个或三个测距台的距离，可以实现测距定位；利用测距机所提供的距离信息，还可以实现对飞机的进近引导和机动飞行。

目前民用飞机使用 DME 组成的测角测距系统有两类：一类是 VOR 与 DME 相配合，这是民用飞机使用最广泛的形式；另一类就是将 VOR 与 TACAN 台（战术空中导航系统）安装在一起的伏塔克（VORTAC）系统，可以同时为军用和民用飞机提供方位和距离信息。

4.4.2 测距机系统

4.4.2.1 DME 系统的组成

DME 系统是询问—回答式脉冲测距系统，由机载设备和地面信标设备组成。

1）地面信标设备

地面信标设备由应答器、监视器、控制单元、机内测试设备、天线和电键器组成。应答器是 DME 系统地面信标设备的主要组成部分，它由接收机、视频信号处理电路和发射机组成，接收机的作用是接收、放大和译码所接收的询问信号；发射机的作用是产生、放大和发送回答脉冲对。

2）机载 DME 设备

主要由询问器、控制盒、距离指示器和天线部分组成。

① 询问器：由收发信机组成。发射机的作用是产生、放大和发射编码的询问脉冲对；接收机的作用是接收、放大和译码所接收的回答脉冲对。询问器还包含有距离计算电路，其作用是确定回答脉冲对的有效性，并计算距离，这一距离为飞机到地面信标台斜距。

② 天线：是具有垂直极化全向辐射图形的单个 L 波段天线，其作用是发射询问信号和接收回答信号。

③ 控制盒：对询问器收发信机提供需要的控制和转换电路；控制盒还提供频率选择。

④ 距离指示器：指示飞机到地面信标台的斜距，以海里为单位；在某些距离指示器上，还显示有计算的地速和到达地面信标台的时间，必须注意：这两个参数只有在飞机沿径向线飞行时才是准确的，如果电台在飞机一侧，则显示的只是 DME 距离变化率。距离指示器可以是单独的显示器，也可以与其他电子设备的显示器共用，如图 4.25 所示。

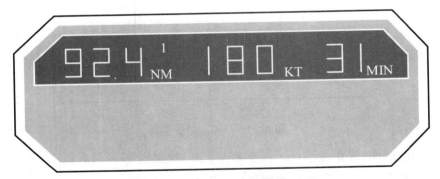

图 4.25　典型的 DME 距离指示器

4.4.2.2　DME 系统的测距原理

测距机系统是通过询问应答方式来测量距离的，如图 4.26 所示。机载测距机内的发射电路产生射频脉冲对信号，通过无方向性天线辐射出去，这就是"询问"信号；测距信标台的接收机收到这一询问信号后，经过 50 μs 的延迟，由其发射机产生相应的"应答"信号发射；机载测距机在接收到地面射频脉冲对应答信号后，即可由距离计算电路根据询问脉冲与应答脉冲之间的时间延迟，计算出飞机到测距信标台之间的视线距离。因此，也可以把机载测距机称为询问器，而把地面测距信标台称为应答器，或简称为信标台；通常所说的测距机是指机载询问器。由上可知，地面测距台和机载询问器都包含有发射电路和接收电路。

142

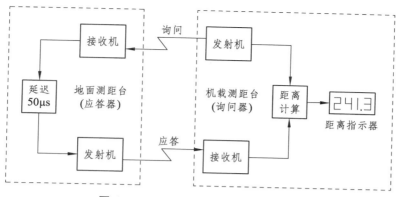

图 4.26 DME 系统简化原理方框图

4.4.2.3 DME 系统的主要性能数据

1）工作频率

DME 系统的工作频率为 962 ~ 1213MHz 之间的 252 个波道，相邻波道间隔为 1MHz，机上设备与地面设备的收发频率是对应的，测距信标台的发射频率比询问频率高或低 63MHz。询问频率安排在 1025 ~ 1150MHz 范围，其安排 126 个询问频率，采用 X、Y 的波道安排，则共有 252 个应答波道，分别为 1X ~ 126X 和 1Y ~ 126Y 波道。对于民用 DME 来说，有 52 个波道不用，不用的波道是 1X ~ 16X、1Y ~ 16Y 和 60X ~ 69X、60Y ~ 69Y，这是因为：一是 DME 通常与 VOR 和 ILS 联用的，而 VOR 和 ILS 一共只有 200 个波道，所以 DME 也只需要 200 个波道；二是测距机与空中交通管制应答机工作在同一频段，尽管采用不同的时间编码，但为了避免可能产生的相互干扰，测距机系统中禁止使用这 252 个波道。

2）工作容量

DME 系统的地面 DME 台通常设计为能同时为 100 架飞机提供服务，如果询问的飞机多于 100 架，地面 DME 台通过降低灵敏度来限制回答，保持对最近的 100 架飞机询问的回答。

3）测距范围和测距精度

正常的测距范围为 0 ~ 200 n mile，最大可达 390 n mile，测距精度一般为 0.3 n mile。

4）地面 DME 台识别信号

DME 系统地面信标的识别信号是三个国际莫尔斯电码。

DME 系统机载 DME 设备连续地对地面信标台进行询问，直到它选择其他波道或者飞机飞出 DME 系统的作用距离为止。

4.4.2.4 机载 DME 的调谐和显示

地面 DME 台通常与 VOR 或 ILS 地面台安装在一起，因此，他们的工作频率是配套使用的，即在 "VHF NAV" 控制盒上调谐好 VOR 或 ILS 的频率，则 DME 的频率也就自动地调定了；而有的 DME 台是单独安装的或控制盒是单独的，则需对地面 DME 进行调谐。

4.4.2.5　DME 的测距误差

测距误差包括三种：时间间隔测量本身的误差、地面 DME 台延迟的不稳定和不精确引起的误差、电波传播速度误差。这三种误差都具有随机的特征，而且是互不相关的，要减少时间间隔测量误差，一定要有足够陡直的波形前沿并设法获得尽可能大的信噪比；要减少地面 DME 台延迟的不稳定和不精确引起的误差，可采用测试单元的测量设备测量固定延迟时间，提高发射机的频率稳定度及选用分米波段工作。

4.4.3　DME 台应用

DME 台一般与 VOR 台安装在一起，利用前方或后方的 VOR/DME 台实施向、背台飞行，进入预定方位线，沿 DME 弧飞行。

4.4.3.1　向 VOR/DME 台飞行

利用前方的 VOR/DME 台，可以进行向 VOR/DME 台飞行。利用 VOR 台进行偏航判断及修正航迹或切入航线，其方法同前面向台飞行完全一样；在 DME 显示器上可以读出飞机到台的距离即未飞距离，以及地速和到台飞行时间 $t_{未}$，飞行员可以根据这一时间确定出预达 VOR/DME 的时刻，看飞机是否准时预达，也可以用来修正到达时刻。

4.4.3.2　背 VOR/DME 台飞行

利用后方的 VOR/DME 台，可以进行背 VOR/DME 台飞行的方法。利用 VOR 台进行偏航判断及修正航迹或切入航线，其方法同前面背台飞行完全一样；在 DME 显示器上可以读出飞机离台的距离即已飞距离，以及地速和离台飞行时间 $t_{已}$，飞行员可根据已飞距离计算出未飞距离，然后用显示地速计算出未飞时间，即可确定预达下一点的时刻并判断出飞机能否准时到达。

4.4.3.3　用 VOR/DME 进入预定方位线

用侧方 VOR/DME 进入预定方位线时，其方法同前面讲述的用侧方 VOR 进入预定方位线一样，只是判断起来更方便，更准确。利用侧方 VOR 台，按进入预定方位线的原理判断飞机进入预定方位线的时机；用空中测定的 DME 距离与地面准备时预定地点到 DME 台的距离相比较，再通过计算得到进入预定方位线时的飞机偏航距离和距离误差值。

4.4.3.4　沿 DME 弧飞行

在飞行中，经常会沿 DME 弧飞行切入某一径向线或跑道延长线。沿 DME 弧飞行显示出越来越多的优点，现已被国际上多数国家所采用，我国已有部分机场采用 DME 弧进近，如北京、贵阳等。沿 DME 弧飞行，就是利用 VOR/DME 台作为圆心，保持规定的 DME 距离做圆周飞行。

4.5　无线电定位

利用机载无线电领航设备测得的无线电方位，在航图上画出方位线来确定飞机位置，称为无线电定位，这种方法确定的飞机位置是实测位置。

4.5.1　位置线交点定位法

无线电定位的基础是位置线交点定位法。该方法是利用装在飞机（或地面）上的无线电接收测量设备，接收由地面固定导航台发射的信号（或由飞机上发射的信号），测出相对于这些导航台的几何参数（即导航参数），得出相应的位置线，两条位置线的交点就确定了目标所在的位置。

4.5.1.1　导航参数和位置线

导航参数：表示飞机位置同基准点之间关系的数值，如方位角、距离、距离差等。

位置线：就是一个导航系统所测量的某一导航参量为定值时，该参量值所对应的接收点位置的轨迹。每一导航参数值对应着一条位置线，不同参数值就可以得到一族同类型的位置线。

常见的位置线有以下几种：

（1）直线位置线。飞机的某个方位角为定值时，位置线为直线。例如，飞机的电台磁方位为定值时，相应的位置线为从电台出发的射线，如图 4.27 所示。

（2）圆位置线。飞机与固定电台之间的距离不变时，位置线是以电台为圆心，飞机与电台间距离为半径的圆，如图 4.28 所示。

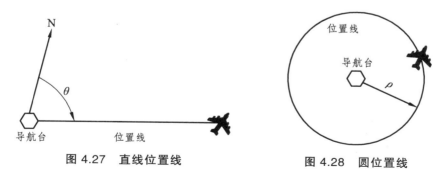

图 4.27　直线位置线　　　　图 4.28　圆位置线

（3）双曲线位置线。飞机到两个固定电台距离的差值不变时，位置线是以两个电台为焦点并通过飞机的双曲线，如图 4.29 所示。

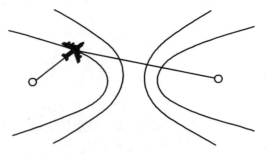

图 4.29　双曲线位置线

4.5.1.2　导航系统的分类

按其测定的位置线不同，无线电导航系统可分为：

（1）测向（或测角）系统：位置线为直线，该系统是通过无线电波测量飞机和地面导航台之间的方位角，如目前使用的自动定向系统、全向信标系统和仪表着陆系统。

（2）测距系统：位置线为平面上的圆，该系统是通过无线电波测量飞机和地面导航台之间的斜距，如测距仪。

（3）测距差系统：位置线为双曲线，该系统是通过无线电波测量飞机与两个或两个以上地面导航台之间的距离差，如奥米伽导航系统。这类系统也叫做双曲线导航系统。

4.5.1.3　位置线交点定位法分类

如果飞行员做维持导航参数不变的飞行，就可以得到直线、圆、双曲线等飞行轨迹，但这时飞机的瞬时位置并不能确定。只有同时能测定对地面两个或两个以上固定电台的方位角、距离或距离差，得到两条相交的位置线时，才能确定飞机的瞬时位置，此时飞机位置处于两条位置线的交点上。这种利用两条位置线交点来确定飞机位置的方法，称为位置线交点定位法。按照所利用的位置线的形状，可以分为 θ-θ 定位、ρ-θ 定位、ρ-ρ 定位和双曲线定位，ρ 表示距离，θ 表示角度或方位。

1）θ-θ 定位（测向－测向定位）

通过测定两个导航台的方位，可以获得两条方位线，从而通过这两条直线的交点，确定出飞机的位置，如图 4.30（a）所示。可实现 θ-θ 定位的有双 NDB 台、双 VOR 台、NDB/VOR 台和 ILS 中的航向信标（LOC）等。在 θ-θ 定位中，当两个导航台的两条位置线相交成直角时，几何定位精度最高；交角不等于直角时，精度将降低；交角为 0° 或 180° 时，两位置线重合，不能实现 θ-θ 定位。

2）ρ-θ 定位（测距-测向定位）

通过测定飞机到测距系统的距离和测角系统的方位，获得一条圆位置线和一条直线（方位线），两条位置线的交点就是飞机的位置，如图 4.30（b）所示。在应用中可实现 ρ-θ 定位的有 NDB/DME、VOR/DME、ILS/DME 等，这种定位也称为极坐标定位。ρ-θ 定位时两条位置线总是正交成直角的，因而具有很高的精确度。

3）ρ-ρ 定位（测距-测距定位）

通过测定到两个导航台的距离，从而获得两个圆位置线，通过两个圆的交点即可确定飞机的位置，如图 4.30（c）所示。在应用中可实现 ρ-ρ 定位的有 DME/DME 等。ρ-ρ 定位的优点是具有很高的精度，缺点是存在双值性，有位置模糊问题，即两个圆位置线可以有两个交点，因此在实际使用时增加一个分离的导航台获得第三条圆位置线，从而消除位置的模糊性，称为 ρ-ρ-ρ 定位。

4）双曲线定位（测距差定位）

通过测量到两组导航台的距离差，获得两组双曲线，利用这两组双曲线的交点，即可确定出飞机的位置。可实现双曲线定位的有 ONS（奥米伽导航系统），如图 4.30（d）所示。

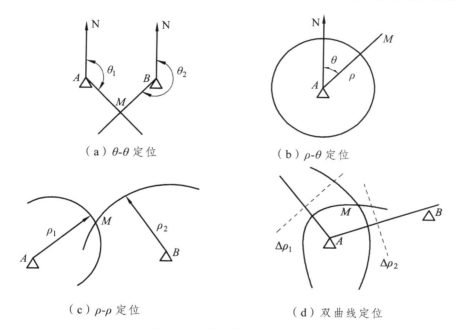

（a）θ-θ 定位　　　　　　　　（b）ρ-θ 定位

（c）ρ-ρ 定位　　　　　　　　（d）双曲线定位

图 4.30　位置线交点定位法

4.5.1.4　无线电定位方法

无线电定位方位有两种：预定点定位和即时定位。

1）预定点定位

利用机载无线领航设备，飞机在预先确定的位置点定位的方法称为预定点定位，其目的是通过定位判断飞机位置与预定点的关系，确定飞机的航迹，以便确定飞机飞往下一航路点的航向和地速。预定点定位的方法广泛应用于飞机离场、沿航路飞行、进场进近着陆等方面。

2）即时定位

利用机载无线电领航设备，在当时时刻进行定位的方法称为即时定位，其目的是通过定位让飞行员明确飞机和电台的关系，确定出飞机当时位置，以便计算确定飞往某航路点的航向和预达时刻。即时定位的方法广泛用于飞机离场、进场着陆过程中的机动飞行、航路飞机中的绕飞、返航及备降等方面。

4.5.2　无线电定位的实施

利用机载的测角、测距设备进行无线电定位，有双台定位和单台定位两种。在实施无线电定位时，应根据飞机所处的区域以及周围电台的分布情况，选择最佳的电台和定位方式。

4.5.2.1　双台定位

飞行中，如果地面有两个电台时，对于有两部测角无线电设备的飞机，可以实现同时刻双台定位；对于一部测角无线电设备的飞机，则只能先后测出两个电台的方位，然后通过计算确定飞机位置，实施 $\theta\text{-}\theta$ 定位；如果地面有一个用于测角的电台（VOR 或 NDB）和 DME 台，可以实现 $\rho\text{-}\theta$ 定位。

1）双台同时刻定位

同时测定飞机相对于两个电台的飞机磁方位，换算为飞机真方位，并在地图上从该两电台处画出两条方位线，两条方位线相交的交点就是测方位时的飞机位置。

例 4.6　16:00:00 测出飞机相对于 A 导航台 $QDR_A = 260°$，相当于 B 导航台 $QDR_B = 190°$，MV = −2°，MH 100°，确定飞机 16:00:00 的位置。

解：① 进行磁差的修正，计算 QTE：MV = −2°，经换算 $QTE_A = 258°$，$QTE_B = 188°$；

② 在航图上，从 A 台画出 $QTE_A 258°$ 的方位线，从 B 台画出 $QTE_B 188°$ 的方位线，其交点即是 16:00:00 飞机位置；

③ 标出飞机位置，注明时刻"16:00:00"，如图 4.31 所示。

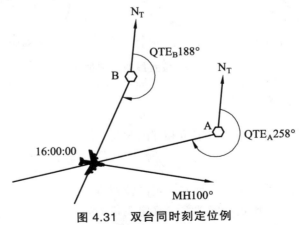

图 4.31　双台同时刻定位例

2）双台不同时刻定位

如果不能同时测定两个电台的方位角，就可以采用双台不同时刻定位。例如，飞行中在

148

利用侧方台进入预定方位线前，通过使用后方台或前方台判断偏航，确定飞机进入预定方位线的偏航距离，从而确定飞机进入预定方位线时的位置。

例 4.7　航线数据如下：MC120°，起点到检查点距离 100 km，QDM $_预$10°，飞机 13:00:00 起飞，保持航向飞行一段时间，13:18:00 背台测得 QDR128°，即 TKE = + 8°，飞机 13:30:00 进入预定方位线，在航图上两条方位线的交点就是飞机 13:30:00 的位置，如图 4.32 所示。

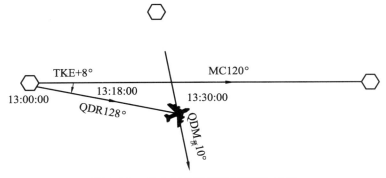

图 4.32　双台计算法预定点定位举例

3）测角测距定位

利用 VOR/NDB 台结合 DME 可以实施 $\rho - \theta$ 定位。实施 VOR/NDB 结合 DME 的定位，其定位精度比 $\theta - \theta$ 定位要精确得多，因此是仪表离场、进场进近中常用的定位方式。利用 NDB 台、VOR 台确定飞机当时的飞机磁方位 QDR，换算为飞机真方位 QTE，从而确定飞机相对于 VOR、NDB 台的无线电方位线；利用测出的飞机到 DME 台的距离，确定飞机相对于 DME 台的圆位置线；无线电方位线和圆位置线的交点就是飞机的位置。

在进行 VOR/NDB 结合 DME 台的定位时，应尽量选择与 DME 台安装在同一处的 VOR 或 NDB 台，这样既能提高定位的精度，又可以减轻飞行员工作负担，实施起来更加容易。

4.5.2.2　单台定位

利用航线侧方的一个电台也可确定飞机位置，称为单台定位。单台定位的特点是：在不同时刻连续对一个电台测量两次方位，取得两条方位线，然后通过作图或计算即可确定飞机位置。单台定位常采用正切电台心算法，包括正切电台前 45°（27°）法和正切电台前后 α 角法。

1）正切电台前 45°（27°）法

为了确定正切电台时（RB = 90°或 270°）飞机位置，飞机在正切电台前 45°（27°）开始计时，正切电台时停止计时。由于在不同时刻取得的两条无线电方位线交角为特殊角，根据测量出的飞行时间和地速心算出正切电台时飞机到电台的距离 d，在地图上从电台开始在正切电台的方位线截取距离 d，即可确定飞机位置，如图 4.33 所示。飞行中根据电台的远近选取 45°或 27°法：电台较近时选择 45°，$d = GS \cdot t$；电台较远时选择 27°，$d = 2GS \cdot t$。

正切电台前 45°（27°）法的实施步骤是：

① 在预先准备时，选好侧方电台，画出垂直于航线的方位线，量出电台离航线的距离，并将无线电方位量出并标注在地图上。

② 根据电台离航线的远近，选择 45° 或 27°，并画出方位线，确定出进入该方位线的无线电方位。

③ 飞行中计算出预达两条方位线的时刻，提前调好侧方台频率，并听清呼号。

④ 飞机进入第一条方位线开始计时，并保持航向飞行，飞机进入第二条方位线（正切）停止计时得出飞行时间，用地速心算出飞行距离及正切电台时飞机离电台的距离 d。

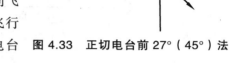

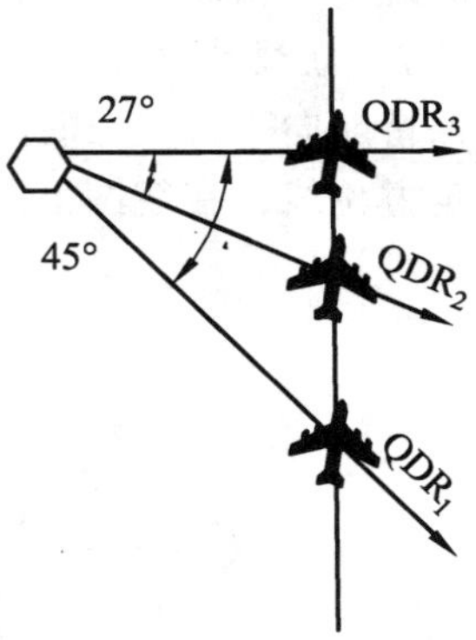

图 4.33　正切电台前 27°（45°）法

⑤ 在地图上从电台中心沿正切电台方位线量取距离 d，得到飞机位置，用"×"标注，并注明时刻。

例 4.8　已知航线数据，MC = 200°，QDM$_切$290°，侧方台到航线距离 $d_预$ 20 km，选取 45° 法，QDM$_1$ = 245°，飞机通过起点后，保持 MH205° 沿航线飞行，16:15:00 飞机进入第一条方位线计时，飞机进入第二条方位线（正切）的时刻是 16:20:00，已知 GS = 300 km/h，确定飞机 16:20:00 的位置。

解： 已知 t = 16:20:00 − 16:15:00 = 5′，计算出 d = GS × t = 300 km/h × 5′ = 25 km。

MC = 200°，QDM$_切$290°，则无风飞行时 RB$_切$ 为 90°，说明侧方台在航线右侧；飞机实际到侧方台距离 d 比 $d_预$ 多 5 km，说明飞机偏在航线的左侧 5 km 处。

2）正切电台前后 α 角法定位

正切电台前后 α 角法就是在正切电台前 α 角的方位线开始计时，正切电台时记下时刻，当飞机进入正切电台后 α 角的方位线时停止计时，测量出飞行时间 $t_已$，有侧风时，正切电台前后的时间 t_1、t_2 将不相等，应取其平均值 $t_平$ = $t_已$/2 来计算正切电台时飞机到电台的距离 d，d = GS × $t_平$(min)/α 如图 4.34 所示。

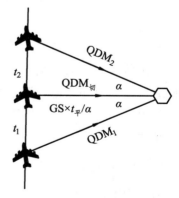

图 4.34　正切电台前后 α 角法

正切电台前后 α 角法定位的步骤是：

① 根据地图作业或实际航迹角确定出飞机正切电台及正切前后 α 角的无线电方位；

② 当飞机进入第一条方位线时开始计时；飞机正切电台时记下时刻；进入第二条方位线时停止计时；

③ 根据地速和飞行时间，即可按心算公式计算出飞机正切电台时的离台距离；

④ 按计算的离台距离，在正切电台的方位线上量取该距离，就确定出了飞机的位置。

例 4.9 飞机用 $\alpha = 10°$ 法进行定位，当 $QDM_1 = 196°$ 时开始计时，$QDM_切 = 206°$ 正切电台，当 $QDM_2 = 216°$ 时停止计时，$t_已$ 70 s，GS = 240 km/h，确定正切电台时飞机位置。

解： ① 根据 $t_已 = 70$ s，可得 $t_平 = 35$ s；

② 计算飞机离台的距离：$d = GS \cdot t(\text{min})/\alpha = 240 \times 35/10 \times 1/60 = 14$（km）

③ 以侧方台为准，在正切方位线上量取 14 km，确定出飞机位置，用标注 "×" 及时刻。

应用这种定位方法，在空中即时定位时十分方便，当电台在左、右翼尖基准参考点前后时，飞行员根据方位的变化及平飞时间，可以用心算得出飞机到电台的飞行时间和到电台的飞行距离，即：$t = 60 \times t_平(\text{min})/\alpha$，$d = GS \times t_平(\text{min})/\alpha$。

心算时：如果无线电方位角变化为 5°、10° 和 20°，这时飞机到电台的距离分别是平飞距离的 12 倍、6 倍和 3 倍。例如：ADF 指示器的电台相对方位角在 2 分钟内从 265° 变为 260°，地速为 148 kn，则可计算出飞机到电台的飞行时间为 $t = 60 \times 2 \text{ min}/5 = 24$（min）。飞机离 NDB 台的距离为 $d = 145 \text{ kn} \times 2 \text{ min}/5 = 58$ n mile。利用这种方法还可以快速的计算出飞机如飞往该电台所需燃油量。

4.6 向电台飞行

利用无线电领航设备引领飞机飞向电台的过程，叫向电台飞行。其目的是准确通过电台上空确定飞机的精确位置，或沿预定航线、指定方位线飞至预定点。向电台飞行是沿航线飞行、执行进近/进场程序中常用的飞行方法。

4.6.1 向电台飞行的两种方法

向电台飞行的方法有两种：不修正偏流向台飞行和修正偏流向台飞行；不修正偏流向台飞行也叫被动向台，修正偏流向台飞行也叫主动向台。

4.6.1.1 不修正偏流向台飞行

不修正偏流向台飞行，就是飞行中使飞机纵轴对正电台，即相对方位角为 0° 或航向等于电台方位角，最后飞机将飞到电台上空。常用的方法有连续修正法和间断修正法两种。

1）连续修正法

连续修正法指向电台飞行过程随时使飞机纵轴对正电台。没有侧风时，如果保持机头对正电台飞行，飞机可以沿大圆线进入电台上空，航迹可以认为是一条直线；有侧风时，飞机将向下风方向偏出，飞行员为了使飞机纵轴对正电台，就必须不断地向迎风方向转动飞机修正航向，航迹是一条偏向下风方向的曲线。如图 4.35 所示。

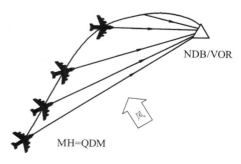

图 4.35 连续修正法被动向台飞行

2）间断修正法

连续修正法很简单，但需要不断修正航向，使飞机纵轴对正电台，飞行员难以操作，为此，引入了间断修正法。间断修正法指开始使飞机纵轴对正电台后，保持航向飞行，经过一定时间后，如果发现飞机纵轴已经不对正电台，则进行修正使飞机纵轴重新对正电台，保持修正后的航向飞行，一段时间后再判断、修正；如此不断修正，飞机将沿着折线飞到电台上空，如图 4.36 所示。修正的间隔时间，决定于方位角变化的快慢，一般是 3～5 min；飞机接近电台时，方位角变化加快，修正的间隔时间应该相应地缩短。间断修正法的飞机的航迹是一条折线，由于不需要随时改变航向，是被动向台的常用飞行方法。

由于被动向台有侧风时，飞机的航迹线为偏向下风方向的曲线或折线，飞行时间的增长并产生偏航，将使得飞机航迹不易掌握、进入电台的准确性低，还会影响航班的经济性，并且空中交通从安全角度上也不允许飞机偏航过大，所以飞机沿航线飞行时，正常情况下，都不采用不修正偏流向台飞行，只有在飞机发生迷航等特殊情况才采用。

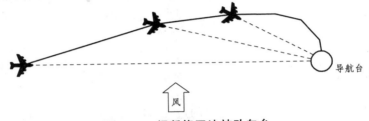

图 4.36　间断修正法被动向台

4.6.1.2　修正偏流向电台飞行

在有侧风时，如果已知偏流，作向电台飞行时，迎风修正一个偏流，使航向线偏在航线（方位线）迎风方向的一侧，根据航行速度三角形的知识，飞机的航迹线将与航线（方位线）重合，飞机将沿着航线（方位线）进入电台上空，这种方法就是修正偏流向电台飞行，如图 4.37 所示。飞行过程中：

$$MH_{应} = QDM - DA \tag{4.28}$$

$$RB_{应} = 360° + DA \tag{4.29}$$

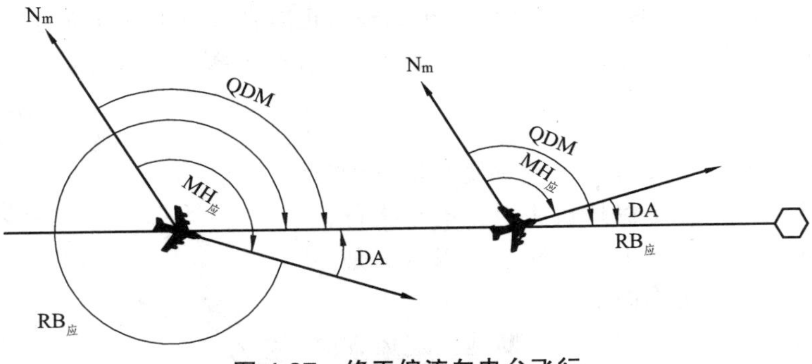

图 4.37　修正偏流向电台飞行

修正偏流向电台飞行时所用的偏流，可用已知风计算出，也可以在向电台飞行过程中估

152

算或利用前后台求出。

4.6.2　向电台检查和修正航迹

向电台飞行过程中，由于航向计算错误、航向保持不好、空中风向/风速变化或其他因素的影响，可能造成飞机偏航，因此向电台飞行必须及时地发现并进行修正，使飞机能够准确地飞至电台上空。

4.6.2.1　偏航的判断

向电台飞行中，发生偏航时，飞机与前方导航台的连线，即无线电方位线，与飞机到达该导航台的新航线重合，也就是飞机当时测出的电台方位角就是飞机飞向电台的新航线角，因此 QDM 也称为向台航迹。根据无线电方位线与无线电方位角一一对应的关系，利用测出的电台磁方位角与磁航线角比较，即可判断飞机的偏航情况，如图 4.38 所示。

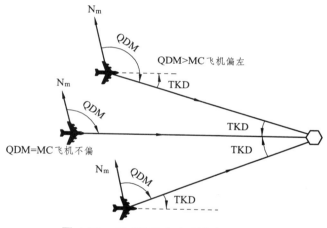

图 4.38　用 QDM 向台判断偏航判断

从图中得出判断偏航的规律是：

QDM > MC，飞机偏左；

QDM = MC，飞机不偏；

QDM < MC，飞机偏右。

以上方法可归纳为：向电台飞行，大偏左，小偏右。

从图中可以看出，用电台磁方位判断偏航时：

$$TKD = MC - QDM$$

（4.30）

4.6.2.2　预定点改航修正航迹

向电台飞行检查完航迹后，如果发现偏航，可以立即改航切回原航线（向台切入）；或到预定时刻（或预定点）改航，直飞到下一预定点，即向电台飞行预定点修正航迹。我们先介绍预定点改航，向电台飞行预定点改航有按新航线角修正和按航迹修正角修正两种方法。

1）按新航线角修正航迹

向电台飞行时，测出的电台方位角就是当时改航飞向电台的新航线角，如果求出改航后的偏流角，即可按新航线角修正偏流飞向预定电台；在改航不大的条件下，可以认为，改航前后偏流改变不大，因此，可以认为改航后的偏流角就是改航前的偏流角。原理如图4.39 所示。

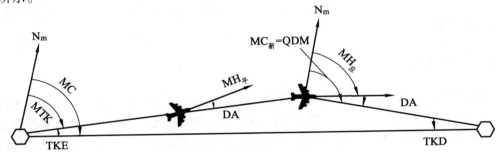

图 4.39　按新航线角向电台飞行向台修正航迹原理

按新航线角向电台修正航迹的方法和步骤是：

① 根据判断偏航的方法求出新航线角（即当时的电台磁方位角）和偏离角：

$$MC_{新} = QDM \tag{4.31}$$

$$TKD = MC - MC_{新} = MC - QDM \tag{4.32}$$

② 计算偏航角 TKE：可用尺算和心算进行。

在已飞航迹、新航线和原航线所围成的三角形中，已飞距离 $D_{已}$（或已飞时间 $t_{已}$）、未飞距离 $D_{未}$（或未飞时间 $t_{未}$）已知，按照正弦定理有：

$$\frac{\sin TKD}{D_{已}} = \frac{\sin TKE}{D_{未}} \tag{4.33}$$

或

$$\frac{\sin TKD}{t_{已}} = \frac{\sin TKE}{t_{未}} \tag{4.34}$$

用领航计算尺的正弦尺，计算的尺型如图 4.40 所示。

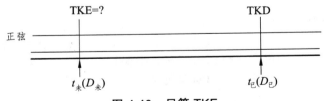

图 4.40　尺算 TKE

也可以采用心算法，心算的公式是：$TKE = \dfrac{D_{未}}{D_{已}} TKD = \dfrac{t_{未}}{t_{已}} TKD$。

③ 计算航迹角 MTK：

$$MTK = MC + TKE \tag{4.35}$$

④ 计算偏流角 DA：

$$DA = MTK - MH_{平} \tag{4.36}$$

⑤ 计算应飞磁航向 MH_应：

$$MH_{应} = QDM - DA \tag{4.37}$$

例 4.10 已知 MC = 80°，飞机 MH_平 76°，向台测得电台磁方位 QDM = 78°，飞机已飞行 18 min，还有 20 min 未飞，进行向电台按新航线角修正航迹直飞电台的计算并作图。

解：① 向台测出的电台磁方位 QDM = 78°，就是新航线角，用这一角度与原航线角比较，即可判定飞机偏右，TKD = + 2°；

② 计算 TKE：心算出 TKE = + 2°；

③ 计算 MTK：已知 MC = 80°，计算出 MTK = MC + TKE = 82°；

④ 计算 DA：已知 MH_平 = 76°，计算出 DA = MTK - MH_平 = + 6°；

⑤ 计算 MH_应，由上述求出的 DA 和已知的 QDM 即可求出 MH_应 = QDM - DA = 72°；

⑥ 计算 QDM_应：飞机沿新航线飞向电台的 QDM_应就等于所测出的 QDM，即 QDM_应 = 78°。如图 4.41 所示。

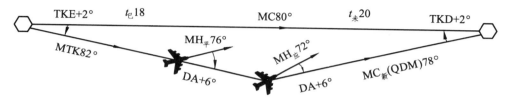

图 4.41 按新航线角向电台飞行修正航迹例

2）按航迹修正角修正航迹

根据在改航不大的前提下航向改变几度航迹就改变几度的原理，利用向电台飞行测出的偏离角，计算出航迹修正角，然后在平均航向的基础上修正一个航迹修正角，飞机将飞向预定电台上空。因此，只需求出航迹修正角，即可按航迹修正角修正航迹，完成飞向电台的工作，如图 4.42 所示。

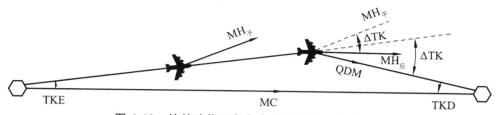

图 4.42 按航迹修正角向电台飞行修正航迹原理

按航迹修正角修正航迹的方法和步骤是：

① 根据判断偏航的方法求出偏离角：

$$MC_{新} = QDM，TKD = MC - MC_{新} = MC - QDM$$

② 计算航迹修正角 ΔTK：可用尺算和心算进行。

方法 1，先计算偏离角 TKE，再利用公式 ΔTK = TKE + TKD 计算。计算 TKE 的尺算公式

155

和心算公式见向电台飞行按新航线角修正航迹。

方法 2，直接计算 ΔTK。尺算的尺型如图 4.43 所示，尺算的公式是：

$$\frac{\sin TKD}{t_{已}} = \frac{\sin \Delta TK}{t_{总}} \qquad (4.38)$$

或

$$\frac{\sin TKD}{D_{已}} = \frac{\sin \Delta TK}{D_{总}} \qquad (4.39)$$

如果采用心算的方法计算航迹修正角，上式可以简化为：

$$\Delta TK \approx \frac{t_{总}}{t_{已}} \times TKD \qquad (4.40)$$

或

$$\Delta TK \approx \frac{D_{总}}{D_{已}} \times TKD \qquad (4.41)$$

③ 计算应飞航向 $MH_{应}$：

$$MH_{应} = MH_{平} - \Delta TK \qquad (4.42)$$

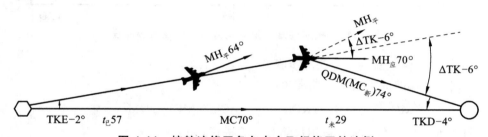

图 4.43　尺算 ΔTK

例 4.11　已知 $MC = 70°$，航向仪表指示 $MH_{平} 64°$，向台测得 $QDM = 74°$，飞机已飞行 57 min，还有 29 min 未飞，进行按航迹修正角向电台修正航迹直飞电台的计算并作图。

解：① 电台磁方位 $QDM = 74°$，这一角度也是飞机直飞电台的新航线角，判明飞机偏左，$TKD = -4°$；

② 计算 TKE：心算出 $TKE = -2°$；

③ 计算 ΔTK：$\Delta TK = TKE + TKD = -6°$；

④ 计算 $MH_{应}$：已知 $MH_{平} 64°$，$MH_{应} = MH_{平} - \Delta TK = 64° - (-6°) = 70°$。

如图 4.44 所示。

图 4.44　按航迹修正角向电台飞行修正航迹例

4.6.3　向电台切入

航线飞行中，如果发现飞机向台飞行偏离航线较远，飞机有可能偏出航路以及影响飞行安全时，可应用进入预定方位线的原理，首先引导飞机切回到航线，然后修正偏流沿航线向电台飞行。此外，在仪表离场、进场和仪表进近中，有时为了避开空中冲突以及航行需要，需要飞机从当时所在位置切入某一方位线，飞至要求位置。向电台切入有切入预定航线和切入指定方位线两种。

向电台切入预定航线/指定方位线的实施步骤是：

1）判断飞机偏离预定航线/指定方位线的情况

判断飞机是否偏离航线的方法和向台检查修正航迹中的判断方法完全一样，即通过飞机所在无线电方位线的电台磁方位 QDM 和磁航线角 MC 进行判断。判断飞机与指定方位线的关系，是通过当时飞机所测定的电台磁方位 QDM 与指定方位线的电台磁方位 $QDM_{指}$ 相比较，即：$QDM > QDM_{指}$，飞机在指定方位线的左边；$QDM < QDM_{指}$，飞机在指定方位线的右边。此时：

$$TKD = MC - QDM（切入航线） \tag{4.43}$$

或
$$TKD = QDM_{指} - QDM \quad （切入指定方位线） \tag{4.44}$$

2）确定切入航向 $MH_{切}$

当判定飞机偏离预定航线情况后，操纵飞机向偏出的反方向修正航向，即飞机偏在航线/指定方位线左侧，飞机向右切；飞机偏在航线/指定方位线右侧，飞机向左切。飞机保持 $MH_{切}$ 切入航线/指定方位线，切入航向 $MH_{切}$ 可通过所选切入角 α 计算：

$$MH_{切} = MC \pm \alpha（切入航线） \tag{4.45}$$

或
$$MH_{切} = QDM_{指} \pm \alpha（切入指定方位线） \tag{4.46}$$

飞机偏左，向右切取"+"；飞机偏右，向左切取"−"。

其中 α 为切入角，即切入磁航向与原航线/指定方位线所夹的锐角。切入角的大小选择依据离导航台偏流、偏离航线/指定方位线情况、航路情况、飞机处于上下风面等情况决定，一般取 30°~60°间的整数，最常用的是选择 45°切入角。

3）判断切入航线/指定方位线的瞬间

飞机保持切入航向 $MH_{切}$ 飞行，飞机向右切入时，无线电方位线逆时针旋转，无线电方位都逐渐减小，当指示的 RB 或 QDM 等于切入航线/指定方位线瞬间的方位时，飞机切入预定航线/指定方位线；飞机向左切入时，无线电方位线顺时针旋转，无线电方位都逐渐增大，当指示的 RB 或 QDM 等于切入航线/指定方位线瞬间的方位时，飞机切入预定航线/指定方位线。

飞机切入航线/指定方位线瞬间的无线电方位可通过公式计算：

$$RB_{切} = 360° \pm \alpha（飞机偏左向右切取"−"，飞机偏右向左切取"+"） \tag{4.47}$$

$$QDM_{切} = MC（切入航线） \tag{4.48}$$

或 $$QDM_{切} = QDM_{指}（切入指定方位线） \tag{4.49}$$

$RB_{切}$、$QDM_{切}$ 为飞机切入到航线、指定无线电方位线上时的相对方位角和飞机磁方位角。具体见图 4.45。

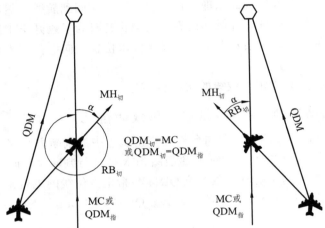

图 4.45　向台切入中 $MH_{切}$ 的取值及切回时机的判断

在实际飞行中，应适当提前改出，使飞机改出后恰好在预定航线或指定方位线上。

4）修正偏流沿航线/指定方位线向台飞行

飞机切到航线/指定方位线后，迎风修正偏流使飞机沿航线/指定方位线向台飞至预定位置。偏流可通过空中实测风计算或估计得到，飞行中要用无线电领航设备不断地检查飞机向台飞行的航迹，如发现偏出则应立即修正，使飞机沿航线/指定方位线飞向电台。

例 4.12　已知 $MC = 111°$，向台测得：$MH_{平} = 115°$，$QDM = 120°$，如图 4.46 所示，判断偏航并用 40° 切入角切回预定航线。

解：① 判断偏航：已知判断偏航时的 $QDM = 120°$，$QDM > MC$，飞机偏左，$TKD = -9°$；

② 确定切入航向 $MH_{切}$：飞机偏左应向右切，$MH_{切} = MC + \alpha = 111° + 40° = 151°$，这时操纵飞机右转至切入航向 $MH_{切}$ 151° 向预定航线切入；

③ 确定切回航线瞬间：飞机向右切回航线瞬间的 $QDM_{切} = MC = 111°$，所以飞机在向右切入过程中电台磁方位不断减小，当电台磁方位减小为 QDM 111° 时，飞机切回航线，飞行员应当适当提前改出使飞机沿航线飞行。

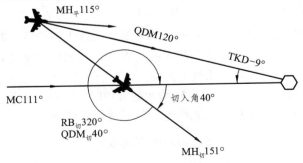

图 4.46　向台切入航线例

例 4.13 飞机正向某 VOR 台飞行，QDM 为 290°，航向仪表读出航向为 MH300°，ATC 指挥飞机切入向台航迹即 QDM$_指$310°的方位线向台飞行，切入角为 2TKD，判断并作切入的计算。

解: ① 判断飞机与指定方位线的关系: 飞机当时的 QDM 为 290°，与 QDM$_指$ 比较，因 QDM < QDM$_指$，所以飞机在指定方位线的右侧，TKD = +20°;

② 确定切入航向 MH$_切$: 飞机偏右应向左切，取切入角 α = 2 TKD = 40°，所以切入航向 MH$_切$ 就等于 270°，操纵飞机左转至切入航向 270°向指定方位线切入;

③ 确定切入指定方位线的瞬间: 飞机向左切入指定方位线的瞬间的 RB$_切$ = 360° + α = 360° + 40° = 40°，QDM$_切$ = QDM$_指$ = 310°。所以飞机在向左切入过程中，其 RB、QDM 逐渐增大，当 QDM 增大至指示为 310°(RB 增大至指示为 80°)时，飞机切入指定方位线。飞行员应适当提前改出，使改出结束飞机刚好在指定方位线上。

具体如图 4.47 所示。

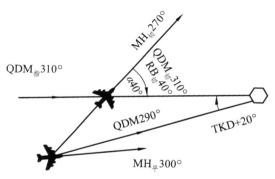

图 4.47   向台切入指定方位线举例

复习思考题

1. 画图说明电台相对方位角、飞机方位角和电台方位角的定义和换算关系。

2. 在同一条方位线上，MH 增大或减小，RB、QDM、QDR 是如何变化的?

3. 飞机保持同一航向沿航线飞行，如果电台在飞机右边，RB、QDM、QDR 是如何变化的?如果在左边，三者是如何变化的?

4. 进行 RB、QDM、QDR 之间的换算，并画出示意图。

MH	116°	87°	210°		350°		126°	90°
RB	45°	270°		60°		75°		
QDM			70°	135°	170°	75°		
QDR							150°	210°

5. ADF 接收机测量什么角度，VOR 接收机测量什么方位?

6. 无线电磁指示器和水平状态指示器分别能指示哪些信息?

7. 飞机准确飞越电台上空后，保持一定的航向背电台飞行，测出的无线电方位线和飞机方位角可表示什么？如何提高背台测量偏流的准确性？

8. 画图说明背台按新航线角修正航迹的方法，并与地标罗盘领航按新航线角修正航迹比较异同点。

9. 画图说明背台按航迹修正角修正航迹的方法，并与地标罗盘领航按航迹修正角修正航迹比较异同点。

10. 切入角是哪两条线的夹角？如何选择切入角？如何求切入航向？

11. 背台飞行按新航线角修正航迹计算（飞机准确过台保持航向飞行），并画出示意图。

（1）MC118°，MH120°，RB182°，$D_已$80 km，$D_未$76 km，判断飞机偏航并修正；

（2）MC228°，MH230°，RB175°，$D_已$70 km，$D_未$86 km，判断飞机偏航并修正；

（3）MC8°，MH12°，QDR11°，$D_已$57 km，$D_未$60 km，判断飞机偏航并修正；

（4）MC1°，MH359°，QDR4°，$D_已$120 km，$D_未$65 km，判断飞机偏航并修正；

12. 背台飞行按航迹修正角修正航迹计算（飞机准确过台保持航向飞行），并画出示意图。

MC	138°	231°	7°	136°	78°	80°	218°	136°	5°
MH	135°	235°	359°	141°	74°	72°	218°	140°	357°
RB	185°	173°	176°	175°	180°				
QDR						83°	214°	136°	359°
TKE									
$D_已$	80	120	47	76	89	90	60	67	78
$D_未$	76	130	85	68	76	100	121	67	102
TKD									
ΔTK									
$MH_应$									

13. 背台切入航线的计算，并画出示意图。

MC	215°	31°	5°	136°	278°	280°	138°	36°	3°
MH	213°	31°	359°	141°	274°	272°	138°	40°	357°
RB	179°	185°	190°	181°	180°				
QDR						285°	133°	42°	359°
TKE									
切入角	30°	40°	30°	45°	40°	30°	40°	45°	30°
$MH_切$									
$RB_切$									
DA									
$MH_应$									

14. 从无锡飞往邳县的MC328°，飞机保持$MH_平$320°背无锡VOR台飞行40 min，预计到达邳县的时间需要67 min，如果测得飞机磁方位角为325°，判断偏航并：（1）按照新航线

角修正航迹；（2）按照航迹修正角修正航迹；（3）从偏出点以 40°切入角背台切入航线。分别画出示意图。

15. 什么叫进入预定方位线？在实际飞行中有何用处？画图说明进入预定方位线的原理。

16. 如何才能提高进入预定方位线的准确性？

17. 判断飞机是否进入预定方位线。

MC	116°	130°	56°	90°	85°	340°	212°	39°
MH$_{平}$	120°	132°	56°	85°	89°	345°	208°	45°
RB	80°	75°				75°	270°	
ODM$_{指}$			330°	330°	236°			340°
ODM$_{预}$	206°	210°	321°	340°	236°	60°	122°	345°
判 断								

18. DME 系统测量的距离是什么距离？其工作容量是多少？

19. 无线电定位按照位置线交点定位，可以分为哪几种定位？

20. B737 飞机在飞行中，10:00:00 测出飞机位于广汉台 QDR87°，绵阳台 QDR145°方位线上飞机航向 MH320°，确定飞机 10:00:00 的位置。

21. 飞机在飞行中，15:00:00 利用五凤溪 VOR 导航台和广汉远台确定飞机位置，飞机 MH120°，ADF 指示器指示 174°，无线电磁指示器指示五凤溪台，QDM255°，确定飞机 15:00:00 的位置。

22. 如何实施不修正偏流向台飞行？怎样根据航向的变化判断偏航和侧风的情况？

23. 不修正偏流和修正偏流向台飞行各有什么优缺点？

24. 向台飞行切入航线与背台飞行切入航线有何异同点？

25. 如何判断飞机从电台上空飞越？

26. 向台飞行按新航线角修正航迹计算，并画出示意图。

MC	138°	109°	7°	136°	78°	180°	118°	36°	357°
MH	135°	112°	359°	136°	76°	172°	118°	40°	0°
RB	7°	2°	4°	355°	358°				
QDM						184°	114°	40°	354°
TKD									
$D_{已}$	80	120	47	76	89	67	121	87	78
$D_{未}$	76	130	85	68	76	87	60	67	92
TKE									
DA									
MH$_{应}$									

27. 向台飞行按航迹修正角修正航迹计算，并画出示意图。

MC	129°	303°	339°	103°	357°	200°	118°	336°	57°
MH	125°	310°	345°	103°	359°	195°	118°	340°	60°
RB	7°	350°	354°	0°					
QDM					0°	204°	114°	340°	57°
TKD									
$D_已$	57	120	85	110	89	67	60	187	78
$D_未$	60	130	47	122	76	87	121	177	92
TKE									
ΔTK									
$MH_应$									

28. 向台切入航线的计算，并画出示意图。

MC	110°	31°	5°	123°	278°	280°	138°	36°	3°
MH	108°	31°	359°	118°	274°	272°	138°	40°	359°
RB	10°	5°	10°	355°	180°				
QDR						285°	133°	42°	359°
TKE									
切入角	30°	40°	30°	45°	40°	30°	40°	45°	30°
$MH_切$									
$RB_切$									
DA	−5°	−5°	+4°	+8°	0°	+5°	+6°	−7°	+5°
$MH_应$									

29. 航线由合肥/骆岗飞往周口，磁航线角 313°，检查点阜阳，已飞距离 97 n mile，未飞距离 72 n mile，若飞机保持磁航向 317°飞行，测得前方周口台的电台磁方位角 318°，判断偏航并：（1）按照新航线角修正航迹，（2）按照航迹修正角修正航迹，（3）从偏出点以 40°切入角向台切入航线。分别画出示意图。

5 仪表进近着陆

在地标罗盘领航和无线电领航中,我们侧重阐述飞机沿航线飞行的领航方法。飞机沿航线飞行到达目的地机场后,要按照规定的进场航线进场,并加入相应的进近程序进近着陆。在飞机进场、进近和着陆等情况下,因为飞机飞行高度较低,飞行时间较短,将直接关系仪表飞行条件下的飞行间隔、空域使用、飞行流量,特别是飞行安全等问题,飞行、空管必须注意空地之间的配合,严密组织,明晰飞行方法,明确指挥、放行的责任,以便实施正确的管制指挥,确保飞行安全。

5.1 仪表进近程序概述

仪表进近程序(Instrument Approach Procedure – IAP)是航空器根据飞行仪表提供的方位、距离和下滑信息,对障碍物保持规定的超障余度所进行的一系列预定的机动飞行程序。这种飞行程序是从规定的进场航路或起始进近定位点开始,到能够完成目视着陆的一点为止,并且如果飞机不能完成着陆而中断进近,则应飞至等待或航路飞行的一个位置,即仪表进近程序包括进场程序、进近程序和复飞程序。

5.1.1 仪表进近程序的构成

在每一条仪表跑道上,依据导航设施的使用情况,公布一个或一个以上仪表进近程序,每个程序通常由以下五个航段组成,如图 5.1 所示。

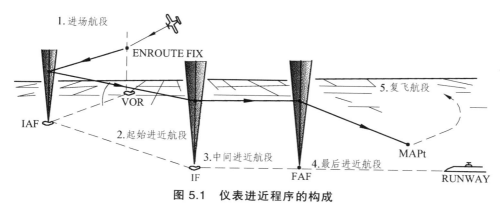

图 5.1 仪表进近程序的构成

5.1.1.1　进场航段（Arrival Segment）

进场航段是航空器从航路飞行阶段下降过渡到起始进近定位点（Initial Approach Fix – IAF）的航段，主要用于理顺航路与机场运行路线之间的关系，提高运行效益，维护空中交通秩序，保证空中交通流畅。一般在空中交通流量较大的机场设置这一航段，制定出标准仪表进场程序。

5.1.1.2　起始进近航段（Initial Approach Segment）

从起始进近定位点（IAF）开始，到中间进近定位点（IF – Intermediate Approach Fix）或者完成反向航线程序、直角航线程序后，切入到中间航段的一点为止的航段叫起始进近航段（Initial Approach Segment）。如图 5.2 所示为广汉机场 VOR/DME RWY13 仪表进近程序，其起始进近航段是 IAF（R15°/D11.9GHN）到 IF（五边航迹上 D7.0GHN）或 IAF（VOR 台上空）到 IF（五边航迹上 D7.0GHN）。主要用于航空器消失高度，并通过一定的机动飞行完成对准中间或最后进近航迹。在仪表进近程序中，起始进近航段具有很大的机动性，一个仪表进近程序可以建立一个以上的起始进近。

5.1.1.3　中间进近航段（Intermediate Approach Segment）

中间进近航段是从中间进近定位点（IF）到最后进近定位点/最后进近点（FAF/FAP）间的航段，图 5.2 中中间进近航段是从 IF（五边航迹上 D7.0GHN）到 FAF（D4.6GHN）。它是起始进近到最后进近的过渡航段。主要用于调整飞机外形、速度和位置，并稳定在航迹上，完成对准最后进近航迹，进入最后进近。中间进近航段最好是平飞姿态，一般不下降，如果确实需要下降高度，下降也应平缓，以消失少量高度。

5.1.1.4　最后进近航段（Final Approach Segmeat）

最后进近航段是完成航迹对正和下降着陆的航段，这一航段是整个仪表进近程序中最关键的阶段，包括仪表飞行和目视着陆两部分，仪表飞行部分是从 FAF/FAP 开始至复飞点（MAPt – Missed Approach Point）或下降到决断高度的一点为止，图 5.2 中是从 FAF（D4.6GHN）到 MAPT（D1.0GHN）；目视着陆部分是从飞行员由仪表飞行转入目视进近开始直到进入跑道着陆为止。根据实际飞行情况，目视着陆可以对正跑道直接进入着陆，也可以作目视盘旋进近着陆。其中飞机完成起始进近切入入航航迹后的进近过程，也称为五边进近，常包括中间进近和最后进近航段。

5.1.1.5　复飞航段（Missed Segment）

复飞航段是从复飞点或决断高度中断进近开始，到航空器爬升到可以作另一次进近或回到指定等待航线、重新开始航线飞行的高度为止。当飞机进近时飞行员判明不能确保飞机安全着陆时，应当果断地中断进近进行复飞，因此每一个仪表进近程序都制定有一个复飞程序，这是保证飞行安全的必备条件。在复飞的起始阶段不允许转弯，飞机直线上升到复飞程序公布的转弯高度或转弯点上空时，方可转向指定的航向或位置。图 5.2 中的复飞程序是直线拉升至 750/2461′右转飞至 GHN 台，高度 1500/4921′联系 ATC。

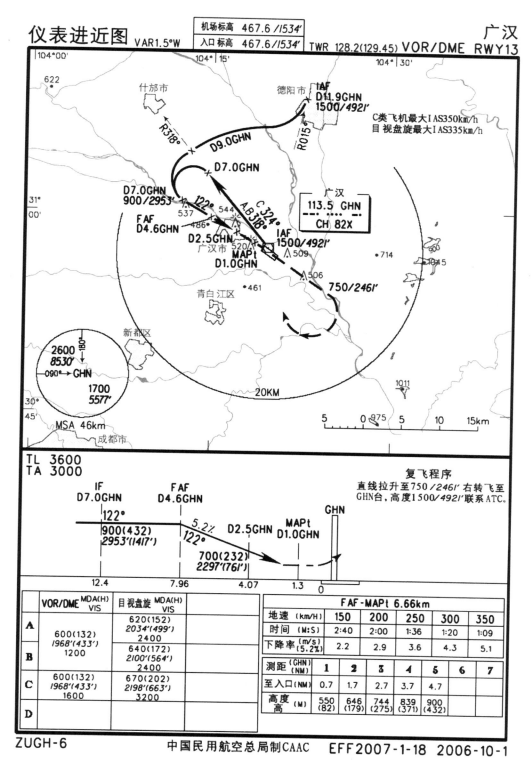

图 5.2 广汉机场 VOR/DME RWY13 仪表进近图

5.1.2　仪表进近程序的分类

根据仪表进近程序最后进近航段所使用的导航设备及其精度，可将仪表进近程序分为精密进近和非精密进近两大类。

5.1.2.1　精密进近程序（Precision Approach Procedure）

在仪表进近的最后进近航段，能够为飞机提供航向道和下滑道信息，引导飞机沿预定的下滑线进入着陆的仪表进近程序，精确度比较高，称为精密进近程序（Precision Approach Procedure）。在当前的导航设备中，能够实施精密进近程序的系统有仪表着陆系统（ILS—Instrument Landing System）、精密进近雷达（PAR–Precision Approach Radar）、微波着陆系统（MLS）和使用卫星进行精密进近的系统（GLS）等。

仪表着陆系统 ILS 是目前国际上广泛使用的一种着陆引导系统，我国大多数的机场都安装有这一设备，飞行中可主动地控制飞机沿预定的下滑线下滑进入着陆。实际飞行中，机场如安装有 DME 台，则用 ILS 结合 DME 实施精密进近，精度更高，飞行起来更加灵活、方便。精密进近雷达（PAR）是被动的着陆引导系统，飞行中飞行员无法判断飞机相对于航向道、下滑道的位置，必须按照雷达管制员的指令来操纵飞机的航向和高度，使飞机沿下滑线下滑着陆，但随着地空数据链的广泛应用，可以把飞机相对于航向道、下滑道的位置上传到飞机上，通过飞行管理系统（FMS）显示到飞行仪表上，从而提高飞行员的主动性。目前，我国没有将 PAR 进近作为一种独立的程序使用，只是作为一种辅助手段，对在复杂气象条件下实施仪表进近的飞机进行监控，并给予必要的帮助。

5.1.2.2　非精密进近程序（Non-Precision Approach Procedure）

在仪表进近的最后进近航段，只能够为飞机提供航迹引导的程序，叫非精密进近（Non-Precision Approach Procedure）。与精密进近提供的航向道和下滑道相比，飞机在非精密进近时，精确度比较低，受云高、能见度等天气条件的限制要大得多。

当前现有导航设备中能够实施非精密进近程序的有 NDB、VOR；如安装有 DME 台，则用 DME 台与之配合实施，还可采用全球定位系统（GPS）实施非精密进近程序。

NDB 进近：利用地面 NDB 台和自动定向机（ADF）实施航向道引导的非精密进近程序。这种程序在我国使用广泛，但精度较低，在大多数机场作为备用程序使用，在一些中小型民航机场仍以 NDB 进近为主要的仪表进近程序。

VOR 进近：利用地面 VOR 台和机载 VOR 设备实施航向道引导的非精密进近程序。它比 NDB 进近精度高，在我国民用机场使用广泛。

VOR、NDB 结合 DME 进近：通过 VOR、NDB 提供航向道引导，DME 提供距离信息，比仅提供航迹引导的 NDB、VOR 进近多了间断性的下滑线修正，在非精密进近程序中精确度有所提高。

仪表着陆系统当下滑台不工作或机载设备收不到下滑信号时，只能用其航向道引导的飞机沿最后进近航段进近，也是一个非精密进近程序。

利用 GPS 提供飞机的位置信息，也可实施非精密进近。

5.1.3 仪表进近程序的基本形式

根据各机场导航设施布局和起始进近所采用的航线,仪表进近程序可分为四种基本形式:直线航线程序、反向航线程序、直角航线程序和推测航迹程序。

5.1.3.1 直线航线程序

起始进近采用直线航线(NDB 方位线或 VOR 径向线)或 DME 弧的进近程序。飞机从 IAF 沿规定的航迹直接下降到中间进近的起始高度。这种程序具有良好的经济性和安全性,飞行操作简便,在机场具备必要的导航设施和不受地形限制的情况下使用。

5.1.3.2 反向航线程序(Reversal Procedure)

当进场方向与着陆方向接近相反时,为使飞机转至着陆方向,在起始进近航段所进行的一种机动飞行,使飞机在规定高度进入中间或最后进近航段。这种程序是仪表进近程序的重要形式,它包括基线转弯和程序转弯,我国民航目前仅设计、公布基线转弯的反向程序。

(1)基线转弯:也称修正角航线,基线转弯的起点必须是一个导航台,包括规定的出航航迹和出航时间或 DME 距离,接着转弯切入入航航迹,如图 5.3(a)所示。

(2)45°/180°程序转弯:程序转弯的起点必须是一个导航台或一个定位点,包括一条有航迹引导的直线航段,然后进行 45°角的转弯,接着进行一条无航迹引导的直线航段,飞行规定时间向反方向 180°转弯切入入航航迹,如图 5.3(b)所示。

(3)80°/260°程序转弯:程序转弯的起点必须是一个导航台或一个定位点,包括一条有航迹引导的直线航段,然后进行 80°角的转弯,接着进行反方向 260°转弯切入入航航迹,如图 5.3(c)所示。

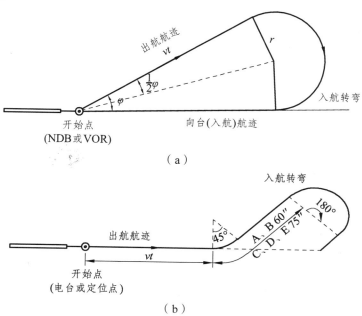

(a)

(b)

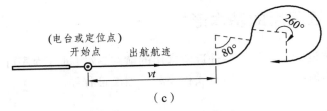

图 5.3　反向程序的类型

5.1.3.3　直角航线程序（Racetrack Procedure）

在有些机场，直线程序没有足够的距离来降低高度和不便于采用反向程序时，可采用直角航线程序；为了增加运行的机动可以用直角航线程序作为反向程序的备份，在导航设施不完善的机场也可以建立此程序。直角航线程序常用作等待航线程序。根据出航转弯方向，直角航线程序分为左航线和右航线；用作等待航线时，左航线为非标准等待航线，右航线为标准等待航线，如图 5.4 所示。

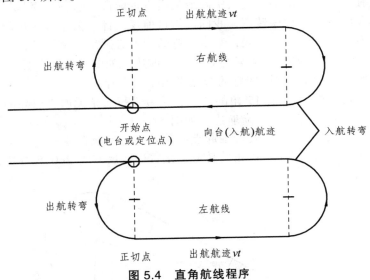

图 5.4　直角航线程序

5.1.3.4　推测航迹程序

推测航迹程序在起始进近切入中间进近航段前，采用一段推测航迹的程序。推测航迹程序可以缩减飞机在机场上空飞行的时间和空域，减少飞机间进近时的冲突，实施简便，特别有利于通过雷达引导对航空器实施合理的调配，增加空中交通流量，对于空中交通流量大的机场，应采用推测航迹程序。

推测航迹程序结构分为 U 形和 S 形两种，如图 5.5 所示。使用 S 形的推测航迹程序，可以避免作大量机动飞行，节省时间和空域，并且飞行操纵简便。使用 U 形的推测航迹程序，不仅具有 S 形程序的优点，而且可以减小由起始进近切入中间进近的切入角度，大大减少飞机偏离或穿越中间进近的可能性。

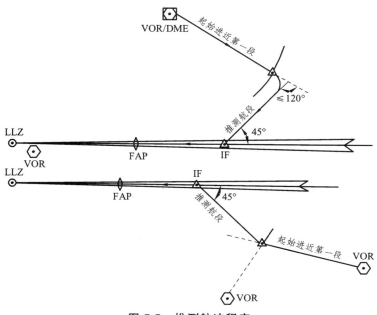

图 5.5　推测航迹程序

5.1.4　仪表进近程序的相关标准

仪表进近飞行的基本要求是安全和准确。在仪表跑道的一定范围内，设置必要的安全保护区，规定飞机和障碍物之间的最小超越障碍物的余度；按照超障区的大小规定飞机进近的速度和坡度。

5.1.4.1　飞机的分类

在仪表进近的过程中，往往要做一些机动飞行，如等待、基线转弯或程序转弯、复飞转弯以及目视盘旋等。飞机性能上的差异，将直接决定实施机动飞行所需要的空域和超障高度，因而设计仪表进近程序时，根据各型飞机的着陆入口速度 V_{at} 将目前使用的飞机划分为 A、B、C、D、E 五类（见表 5.1），分别制定出不同类飞机的仪表进近程序予以公布。

着陆入口速度 V_{at} 是该型飞机在着陆形态下以最大允许着陆重量进近着陆时失速速度的 1.3 倍，即 $V_{at} = 1.3V_s$。

表 5.1　飞机仪表进近分类

类别	V_{at}（kn）	机　　型
A	≤90	双水獭、TB20、运 5、运 12、TB200
B	91～120	安 24、安 26、安 30、BAE146—100、冲 8、空中国王、萨伯 340B、肖　特 360、夏延Ⅲ A、运七、雅克 42
C	121～140	A300—600、A310—200、A310—300、安 12、BAE146—300、福克 100、B707—320、B737—200,300,400,500,700,800、B747SP、B757—200、B767—200、C—130、奖状Ⅵ、运八、里尔喷气 55、MD82、伊尔 76

类别	V_{at}（kn）	机　　　型
D	141～165	B747—200，400、B767—300、DC10、MD11 、图154M、伊尔62、伊尔86
E	166～210	暂无

5.1.4.2　进近各航段所用的速度限制

在设计仪表进近程序时，各类飞机进近机动飞行所需安全保护区的大小，是按照各航段所规定的速度范围中最大速度设计的，各航段所使用的速度范围如表 5.2 所示，表中速度为指示空速（IAS）。飞行中所飞机型的进近速度不能超过所属飞机分类各航段的最大速度限制，以保证飞机在规定的安全保护区内飞行。

表 5.2　程序设计各航段所用速度　　　　　　　单位：（kn）

飞机分类	起始进近速度范围	最后进近速度范围	目视盘旋最大速度	复飞最大速度	
				中间	最后
A	90～150（110*）	70～100	100	100	110
B	120～180（140*）	85～130	135	135	150
C	160～240	115～160	180	180	240
D	185～250	130～185	205	205	265
E	185～250	155～230	240	240	275

*为反向和直角程序的最大速度。

5.1.4.3　仪表进近转弯坡度或转弯率

为了保证飞机在仪表进近的机动飞行中有足够的安全保护区，程序设计时，还规定了转弯坡度或转弯率。

程序设计规定，等待和起始进近使用的坡度平均为 25°，目视盘旋为 20°，复飞转弯为 15°。

使用上述坡度时，相应转弯率不得超过 3°/s；如果转弯率超过 3°/s 时，则应采用 3°/s 转弯率所对应的坡度。

计算表明，转弯坡度 25°、真速 170 kn（315 km/h），其转弯率为 3°/s；真速小于 170 kn 时，25°坡度对应的转弯率将大于 3°/s。因此，实际应用中按照：TAS > 170 kn（315 km/h），采用 25°；TAS ≤ 170 kn（315 km/h），采用 3°/s 转弯率对应的坡度。

5.1.4.4　最小超障余度

在仪表进近中，必须严格按程序规定的航迹飞行。为了保证飞机不致与地面障碍物相撞，各航段都规定有最小超障余度。

最小超障余度（MOC – Minimum Obstacle Clearance）是指飞机飞越划定的超障区时，对障碍物应具有的最小真高，就是保证飞机不致与障碍物相撞的垂直间隔。程序设计所规定的最小超障余度，考虑了许多变化因素如地形、气象条件、设备精度、飞机性能及驾驶员的能力等，由于各种变化因素的存在，规定的超障余度认为是最小的，从安全的角度考虑，是不能再降低的。

起始进近主区内的最小超障余度是 300 m，中间进近主区内的最小超障余度是 150 m。非精密进近程序最后进近的最小超障余度是：有最后进近定位点 FAF 的最小超障余度为 75 m；没有最后进近定位点 FAF 的最小超障余度为 90 m。各进近航段副区的最小超障余度是从各主区的标准逐渐降低为 0 m。精密进近程序的精密进近航段不规定最小超障余度，而是用高度表余度或高度损失（HL—Height Loss）来代替。

5.1.4.5　下降梯度或下降率

下降梯度（Gr）是飞机在单位水平距离内所下降的高度，等于飞机下降的高度与所飞过的水平距离之比，采用百分数表示，表示下降轨迹的平均倾斜度。单位时间内飞机所下降的高度叫下降率（RD – Rate of Descent），表示高度的平均变化率。

为了保持适当的下滑轨迹，防止下滑角过大（轨迹过陡），各航段规定最佳下降梯度和允许的最大下降梯度：起始进近的最佳下降梯度为 4%，为了避开障碍物需要一个较大的下降梯度时，则允许的最大下降梯度为 8.0%；中间进近的最佳下降梯度为 0，如果需要下降，则允许的最大下降梯度为 5%；最后进近的最佳下降梯度为 5%，允许的最大下降梯度为 6.5%。

直角或反向程序，由于航迹的实际长度不同，不可能为直角或反向程序规定一个下降梯度，用程序的出航和入航航迹规定的最大下降高度代替，如表 5.3 所示。

表 5.3　规定的最大下降率

分类	出　航		入　航	
飞机分类	A/B 类	C/D/E 类	A/B 类	C/D/E 类
下降率	245 m/min（804FPM）	356 m/min（1197FPM）	150 m/min（492FPM）	230 m/min（755FPM）

5.1.4.6　最低下降高度和决断高度

在仪表进近中，飞机在最后进近的最后阶段中，飞机下降到规定的高度和位置，需要判断能否建立目视参考，如能建立目视参考，应该转为目视着陆，否则应遵照复飞程序复飞。其中非精密进近以最低下降高度、精密进近以决断高度作为是否中断着陆的标志。

1）最低下降高度/高（MDA/H）

最低下降高度（MDA – Minimum Descent Altitude）是以平均海平面（MSL）为基准；最低下降高（MDH – Minimum Descent Height）是以机场标高或入口标高为基准。

最低下降高度/高（MDA/H）是非精密进近程序中规定的一个高度，飞机在最后进近中下降到这一高度时，如果不能建立目视参考，或者处于不能进入正常着陆位置时，不能再继续下降高度，而应保持这一高度到复飞点复飞。

2）决断高度/高（DA/H）

决断高度（DA – Decision Altitude）是以平均海平面（MSL）为基准；决断高（DH – Decision Height）是以入口标高为基准。

决断高度是飞机在精密进近可以下降的最低高度，飞机在精密进近中下降到这一高度时，如果不能建立目视参考，或者处于不能进入正常着陆位置时，应立即复飞。

如果在气压式高度表的气压窗上，调定修正海平面气压（QNH），为飞机掌握最低下降高度和决断高度用；如果在气压式高度表的气压窗上，调定场面气压（QFE），为飞机掌握最低下降高和决断高用。飞机进场和进近之前，向管制员索取进场着陆条件，修正海压（或场压）是管制员通报的进场着陆条件之一。

5.1.5 仪表进近的实施程序

飞机在进近过程中，实施的程序通常包括四个阶段：脱离航路进场、机动飞行过渡到五边、沿五边进近下降着陆和中断进近复飞。

5.1.5.1 脱离航路进场

在取得进场许可和进场条件后，机组应调谐、收听并识别所需的导航台，计算沿航线下降的开始时刻和位置。

按照标准仪表进场图上的进场航线，飞向起始进近定位点，选放起始襟翼，以规定的高度通过起始进近定位点，并调整速度和飞机外形。

5.1.5.2 机动飞行过渡到五边

飞机按规定高度通过 IAF 后，即加入起始进近，作机动飞行过渡到五边。其中，采用的程序有直线程序、直角航线程序、反向程序和推测航迹程序过渡到五边。在这一阶段应注意检查和修正，使飞机在规定点和高度准确地切入五边向台航迹。当飞机转到向台航迹时减速并选放襟翼。

5.1.5.3 沿五边进近下降着陆

完成机动飞行过渡到五边后，对于非精密进近，应及时判断飞机偏离五边向台航迹的情况，并采取适当的修正方法修正，按照程序下降到规定的高度。当飞机下降到 MDA（H）时，如能见到足够的跑道环境并能使飞机安全着陆，则转入目视进近着陆；对于精密进近，应及时判断飞机偏离五边下滑道的情况，如有偏差，则应及时调整航向和下滑角进行修正，使飞机沿规定的航道和下滑坡度下降至 DA（H），转入目视进近，安全着陆。

5.1.5.4 中断进近复飞

对于非精密进近，当飞机下降到 MDA（H）时，飞行员如果看不到足够的跑道环境或处于不能正常着陆的状态，则不能继续下降，应保持这一高度飞至复飞点 MAPt，如果这一过程中仍然看不到足够的跑道环境，则必须按规定的复飞程序复飞。对于精密进近，当飞机下降到 DA（H）之前约 3 秒钟，如果不能看到足够的跑道环境，或者飞机处于不能正常着陆的状态，则应在下降到不低于 DA（H）时按照公布的复飞程序立即复飞。

5.2 转弯诸元的计算

飞机进近转弯时的速度和坡度，决定了转弯半径和转弯率，而转弯半径和转弯率的大小，将直接影响机动飞行所占的空域和时间。为了保证飞机在仪表进近机动飞行中具有足够的安全保护区，程序设计时，必须按规定转弯坡度或转弯率计算出转弯半径和转弯时间。飞机的真空速（TAS）、转弯坡度（β），转弯率（ω）、转弯半径（R）和转弯时间（t_θ）的基本关系式为：

$$R = \frac{TAS^2}{g} \tan \beta \tag{5.1}$$

或

$$R = \frac{TAS}{2\pi\omega} \tag{5.2}$$

$$t_\theta = \frac{\theta}{\omega} = \frac{\theta}{360°} \cdot \frac{2\pi R}{TAS} \tag{5.3}$$

在飞行中，转弯半径和转弯时间可根据不同的条件进行计算。一是知道转弯速度、坡度，计算转弯半径和转弯时间；二是知道转弯速度、转弯率，计算转弯半径和转弯时间及对应的坡度。转弯诸元的计算可根据已知条件通过计算机进行计算，在初教飞行中也可通过领航计算尺进行计算。下面介绍利用领航计算尺计算。

5.2.1 按转弯速度、坡度计算转弯半径和转弯时间

5.2.1.1 速度单位为 km/h 的计算

将转弯诸元基本关系式整理并统一单位，可得关系式：

$$\frac{\theta}{1.59} = \frac{R/10}{TAS} = \frac{TAS}{1271 \tan \beta} = \frac{t_\theta}{0.2\pi\theta} \tag{5.4}$$

式（5.4）中，TAS 单位为 km/h，R 单位为 m。

这一比例式可用民航五型尺进行计算，尺型如图 5.6 所示。在"转弯坡度"尺上按"$1271 \cdot \tan \beta$"刻上一行 10°～45°的坡度；在"转弯角度"尺上按"$0.2\pi\theta$"刻上一行 30°～360°的转弯角度刻划；在第一组活动尺"15.9"处刻上固定指标"$\vec{\omega}$"。对尺时，用活动尺的 TAS 对黑色的转弯坡度，计算尺对尺计算出的数据是 $R/10$，单位是米（m）；对尺计算出的转弯时间单位是秒（s）；对尺计算出的转弯率是 10ω。

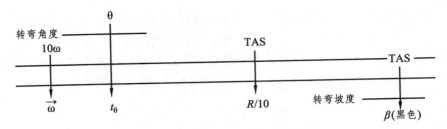

图 5.6　速度是 km/h 的计算尺形

例 5.1　飞机以 TAS315 km/h、β 25° 进近转弯，计算转弯半径和 90° 转弯的时间及对应的转弯率。

解：由已知 TAS、β 对尺，求得 $R = 1680$ m、$t_{90°} = 30$ s、$\omega = 3$°/s，对尺如图 5.7 所示。

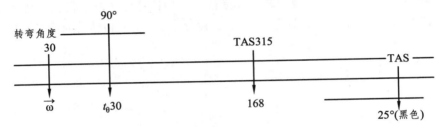

图 5.7　速度是 km/h 的尺算举例

5.2.1.2　速度单位为 kn 的计算

将转弯诸元基本关系式整理并统一单位，可得到关系式：

$$\frac{\omega}{1.59} = \frac{100R}{\text{TAS}} = \frac{\text{TAS}}{686.25 \tan \beta} = \frac{t_\theta}{0.2\pi\theta} \tag{5.5}$$

式（5.5）中，TAS 单位为 kn，R 单位为 n mile。

这一比例式可用民航五型尺进行计算，尺型如图 5.8 所示。在"转弯坡度"尺上按 "$686.25 \cdot \tan\beta$" 刻上一行红色的 10° ~ 45° 的坡度。对尺时，用活动尺的 TAS 对红色的转弯坡度，计算尺对尺计算出的数据是 $100R$，单位是海里（n mile），其他与速度是 km/h 的计算尺形一样。

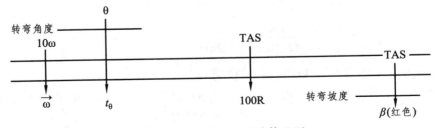

图 5.8　速度是 kn 的计算尺形

例 5.2　飞机以 TAS200 kn、β 20° 进近转弯，计算 R 和 90° 转弯的时间及对应的转弯率。

解：由已知 TAS、β 对尺，求得 $R = 1.25$ n mile、$t_{90°} = 35$ s，$\omega = 2.5$°/s，对尺如图 5.9 所示。

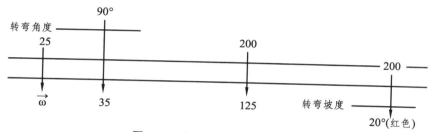

图 5.9　速度是 kn 的计算举例

5.2.2　按转弯速度、转弯率计算转弯半径和转弯时间及对应的坡度

按转弯速度、转弯率计算转弯半径和转弯时间及对应的坡度，其关系式和计算尺尺型完全与按转弯速度、坡度计算转弯半径和转弯时间及对应的转弯率一样，只是对尺时先用"$\vec{\omega}$"指标对已知的转弯率，然后分别对尺求出 R、t_θ、β。需要注意的是，速度单位是 km/h，半径单位是 m，是计算尺对出数据乘以 10；速度单位是 kn，半径单位是 n mile，是计算尺对出数据除以 100。

例 5.3 飞机以标准转弯率 3°/s、转弯速度 170 kn 进近转弯，计算 R 和 180°转弯的时间以及应保持的坡度是多少。

解：按"$\vec{\omega}$"指标对尺，即可求出 $R = 0.9$ n mile、$t_{180°} = 60$ s、$\beta = 25°$，对尺如图 5.10 所示。

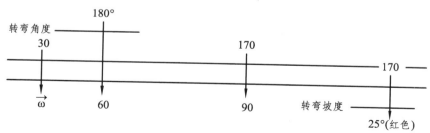

图 5.10　按转弯率尺算转弯半径和转弯时间

例 5.4 飞机以标准转弯率 3°/s、转弯速度 300 km/h 进近转弯，计算 R 和 210°转弯的时间以及应保持的坡度是多少？

解：按"$\vec{\omega}$"指标对尺，即可求出 $R = 1590$ m、$t_{210°} = 1'10''$、$\beta = 24°$，对尺如图 5.11 所示。

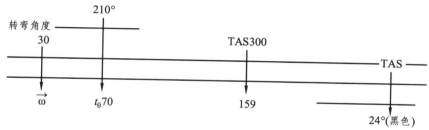

图 5.11　按转弯率尺算转弯半径和转弯时间

5.3 沿直角航线起始进近

飞机在仪表进近着陆的飞行过程中，主要包括从脱离航路进场，采用不同的程序机动飞行切入到五边，按照规定的下降梯度或下滑角实施五边进近，转为目视进近或中断进近复飞。

我国民航在仪表进近的起始进近阶段，采用的机动飞行方法有直线航线程序、推测航迹程序、直角航线和修正角航线等。其中直线航线和推测航线的程序，在飞机切入到五边航迹以后，飞行方法与直角航线、修正角航线相同，所以只介绍直角航线和修正角航线。

在一些机场的仪表进近程序，当直线航段没有足够的距离来适应消失高度的要求而又不适合建立反向程序时，可建立直角航线程序。

5.3.1 直角航线程序的构成

直角航线程序的开始点是一个导航台或定位点，由出航转弯（180°）、出航航迹、入航转弯（180°）和入航航迹等构成，如图 5.12 所示。

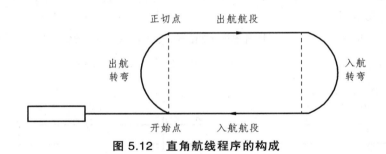

图 5.12 直角航线程序的构成

飞机保持出航航向以规定高度通过起始点上空后，开始向右或左做 180°转弯，进入出航航迹；沿出航航迹飞行规定的时间或飞到规定的定位点并下降到规定的高度后，接着向同一方向做 180°转弯切入入航航段。

5.3.2 直角航线程序公布的数据

5.3.2.1 起始进近定位点和高度

起始进近定位点（IAF）一般位于远台或外指点标（LOM），在剖面图上公布起始进近的高度，飞机在到达起始进近定位点时，应下降到起始进近高度。如图 5.13 所示是汕头外砂机场，图中直角程序的 IAF 位于远台（PQ）处，飞机过台高度为场压高（900）/（2953′）。

5.3.2.2 出航航迹和时间

出航航迹与入航航迹平行，在平面图和剖面图上均公布出、入航迹的数值。

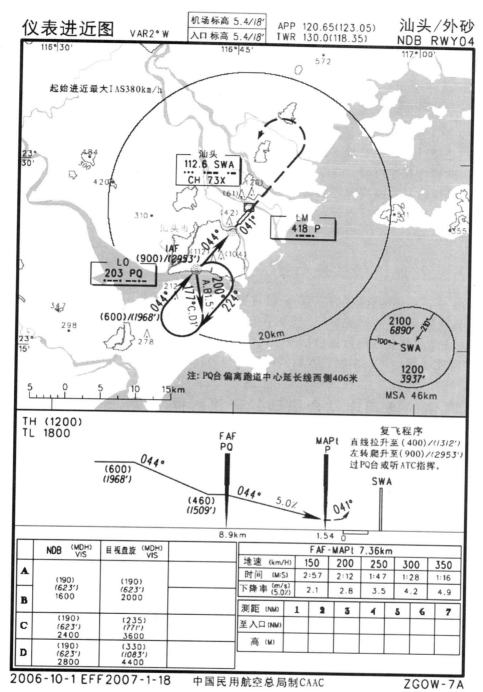

图 5.13 汕头外砂机场 NDB 仪表进近图

　　飞机在出航航段的飞行距离可通过飞行时间确定，也可通过定位点确定。出航时间可根据下降的需要，从 1～3 min 以 0.5 min 为增量，在进近图中，我国民航按 A、B 类和 C、D 类两种公布；定位点可根据位置适当的导航设施的径向线/方位线及 DME 距离加以限制。出航计时的规定：使用一个电台的直角航线程序，出航计时是从正切电台或转至出航航向开始，以晚到者为准；使用一个定位点的直角航线程序，出航计时是以转至出航航向时开始。图5.13中飞机执行的直角航线程序的出航航迹为224°。

5.3.2.3　入航转弯开始高度

图5.13中入航转弯开始高度为（600）/（1968'）；飞机向右进行180°的平飞入航转弯，切入到五边进近（跑道延长线）的向台高度为场压高（600）/（1968'）。实际飞行时，如果飞机到达入航转弯开始位置，高度高于规定高度，则在入航转弯过程中还可以继续下降高度至五边向台高度改平，继续转弯至切入五边改出。有的程序没有中间进近航段，飞机切入五边（向台航迹）即开始最后进近；如果五边航迹与跑道延长线不一致，则飞机平飞转弯改出应在五边向台航迹上。

5.3.2.4　入航航段的航迹和第二次过台高度

图5.13中该程序的入航航段的向台航迹为44°，最后进近定位在远台（PQ），第二次过台（PQ）高度为（460）/（1509'），飞机在飞越该台前不得低于该高度。

可见，直角程序公布的数据包括一个时间或转弯定位点，两个航迹（入航航迹和出航航迹），三个高度（起始进近高度、入航转弯高度和第二次过台高度）。

5.3.3　直角航线程序结合机型的计算数据

直角程序公布的数据，是按照各类飞机的最大指示空速设计的，实际飞行中的指示空速与最大指示空速往往不一致。飞行中，应当根据所飞机型的进近速度、转弯坡度或转弯率，按公布程序数据进行计算直角航线程序的无风数据，如图5.14所示。

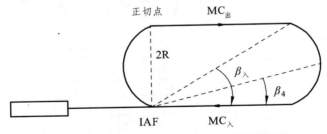

图5.14　直角航线程序结合机型数据的计算

1）直角航线的宽度和长度

直角航线的宽度：出航转弯为180°连续转弯时，航线宽度为出航转弯半径的2倍；出航转弯是先转90°，再飞一段直线，然后再转90°时，航线宽度为出航转弯半径的2倍再加上直线长度。

直角航线的长度：航线长度为出航航段长度加入航转弯半径$R_入$，出航航段长度$L_出$等于出航时间与出航真空速的乘积，即：

$$L_{出} = \text{TAS}_{出} \times t_{出} \qquad (5.6)$$

$$直角航线长度 = L_{出} + R_{入} \qquad (5.7)$$

2）正切电台的无线电方位

飞机完成出航转弯，转到出航航迹，正切电台时，可通过 $\text{RB}_{切}$ 和 $\text{QDM}_{切}$ 控制。对于右航线，其 $\text{RB}_{切}$ $\text{QDM}_{切}$ 是：

$$\text{RB}_{切} = 90°,\ \text{QDM}_{切} = \text{MC}_{出} + 90° = \text{MC}_{入} - 90° \qquad (5.8)$$

对于左航线，其 $\text{RB}_{切}$ 和 $\text{QDM}_{切}$ 是：

$$\text{RB}_{切} = 270°,\ \text{QDM}_{切} = \text{MC}_{出} - 90° = \text{MC}_{入} + 90° \qquad (5.9)$$

3）出航下降率

飞机在飞出航边时，其出航下降率 RD 是：

$$RD = \Delta H/t_{出} = (H_{\text{IAF}} - H_{入})/t_{出} \qquad (5.10)$$

4）入航转弯开始位置的无线电方位

飞机完成出航航段，可通过 $\text{RB}_{入}$ 和 $\text{QDM}_{入}$ 控制开始入航转弯时机，对于右航线，其 $\text{RB}_{入}$ 和 $\text{QDM}_{入}$ 是：

$$\text{RB}_{入} = 180° - \beta_{入},\ \ \text{QDM}_{入} = \text{MC}_{入} - \beta_{入} \qquad (5.11)$$

对于左航线，其 $\text{RB}_{入}$ 和 $\text{QDM}_{入}$ 是：

$$\text{RB}_{入} = 180° + \beta_{入},\ \text{QDM}_{入} = \text{MC}_{入} + \beta_{入} \qquad (5.12)$$

其中，$\beta_{入}$ 可通过计算尺计算，其计算关系是：

$$\tan\beta_{入} = \frac{2R}{L} \qquad (5.13)$$

整理为：

$$\frac{\tan\beta_{入}}{2R} = \frac{\tan 45°}{L} \qquad (5.14)$$

这里的转弯半径是出航转弯半径，其计算尺尺形如图 5.15 所示。

图 5.15　计算尺计算 $\beta_{入}$

5）最后 90° 转弯开始位置的无线电方位

飞机在进行最后 90° 转弯时，可通过 RB_4 和 QDM_4 控制开始转弯时机。

对于右航线，其 RB₄ 和 QDM₄ 是：

$$RB_4 = 90° - \beta_4, \quad QDM_4 = MC_入 - \beta_4 \qquad (5.15)$$

对于左航线，其 RB₄ 和 QDM₄ 是：

$$RB_4 = 270° + \beta_4, \quad QDM_4 = MC_入 + \beta_4 \qquad (5.16)$$

其中，β_4 可通过计算尺计算，其计算关系式是：

$$\tan\beta_4 = \frac{R_入}{L + R_入} \qquad (5.17)$$

整理为

$$\frac{\tan\beta_4}{R_入} = \frac{\tan 45°}{L + R_入} \qquad (5.18)$$

这里的 R 是入航转弯的半径，其计算尺尺形如图 5.16 所示。

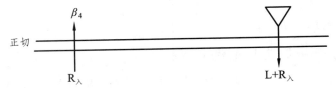

图 5.16　计算尺计算 β_4

例 5.5　一架飞机执行图 5.13 中的直角程序，出航转弯时 TAS 为 190 kn，转弯坡度 β20°，出航 TAS180 kn，出航飞行时间 1.5 min，入航转弯的 TAS 为 170 kn，转弯坡度 β20°，计算该机型的无风数据。

解：① 计算转弯半径和航线宽度、长度。

根据出航转弯 TAS190 kn、β20°对尺求出出航转弯半径 $R_出 = 1.45$ n mile；根据入航转弯 TAS170 kn、β20°，对尺计算入航转弯半径 $R_入 = 1.16$ n mile

航线宽带 $2R_出 = 2.9$ n mile

出航航段长度 $L_出 = TAS \times t_出 = 180$ kn × 1.5′ = 4.5 n mile

航线长度 = $L_出 + R_入 = 5.66$ n mile

② 正切电台（IAF）的无线电方位。

从图 5.13 可知该直角航线为右航线，$MC_出 = 224°$、$MC_入 = 44°$，通过计算可知飞机正切电台的无线电方位是 $RB_切 = 90°$，$QDM_切 = 314°$。

③ 出航航段的下降率。

从图 5.13 可知飞机第一次过台高度为 900 m，入航转弯高度 600 m，可计算出飞机出航航段下降高度 $\Delta H = 900 - 600 = 300$（m），$t_出 = 1.5$（min），可计算出 $RD = \Delta H / t_出 = 300$ m/90 s = 3.3 m/s。

④ 入航转弯开始位置的无线电方位。

根据式（5.14）可计算出 $\beta_入 = 33°$，则

$$RB_入 = 180° - 33° = 147°,$$

$$QDM_入 = MC_入 - \beta_入 = 44° - 33° = 11°$$

⑤ 最后 90°转弯开始位置的无线电方位：

根据式（5.18）可计算出 $\beta_4 = 11°$，则

$RB_4 = 90° - \beta_4 = 90° - 11° = 79°$，

$QDM_4 = MC_入 - \beta_4 = 44° - 11° = 33°$

5.3.4 直角航线程序的加入方法

当直角航线程序的起点为电台时，飞机做向台飞行加入直角航线程序，从航路过渡到起始进近定位点。根据飞机进入方向，在到达电台上空后，按照不同的扇区，采用不同的方法，加入直角航线程序。

5.3.4.1 直角航线程序进入扇区的划分

以直角航线起始点（导航台）为圆心，入航航迹方向为基准，向直角航线程序一侧（右航线向右、左航线向左）量取 110°并通过起始点画出一条直线，该直线与入航航迹方向线将 360°的区域划分为三个扇区。第Ⅰ扇区 110°，第Ⅱ扇区 70°、第Ⅲ扇区 180°，各扇区还应考虑其边界两侧各 5°的机动区，如图 5.17 所示。

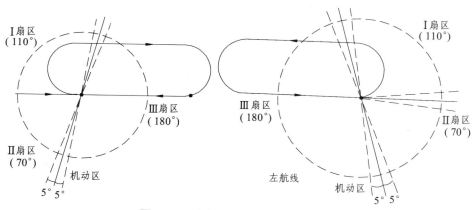

图 5.17 直角航线程序扇区的划分

5.3.4.2 直角航线程序的加入方法

直角航线的加入应根据进入的扇区，采用直接进入、偏置进入和平行进入三种方法。

1）第Ⅰ扇区：平行进入（Parallel Entry）

如图 5.18 所示，飞机到达定位点后，转至出航航向飞行适当时间，然后左转弯（右航线）或右转弯（左航线）切入到入航航迹上向台飞行，飞机第二次飞越定位点（二次过台）；然后作正常转弯加入直角航线。

2）第Ⅱ扇区：偏置进入（Teardrop Entry）

如图 5.19 所示，飞机到达定位点后，向直线航线一侧转弯，使飞机航向与入航航迹成

30°的偏置角，保持这一航向飞适当时间，然后转弯切入入航航迹向台飞行，第二次飞越定位点，正常转弯加入直角航线。

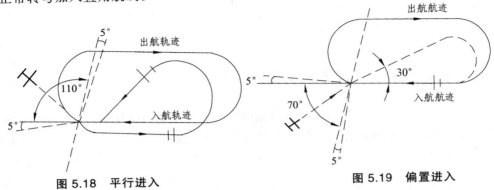

图 5.18　平行进入　　　　　　　　　　　　　　图 5.19　偏置进入

偏置航迹的飞行时间规定：直角航线程序出航时间在 1.5 min 以内时，飞机在偏置航迹上飞行时间与出航时间相等；如果出航时间超过 1.5 min，则在偏置航迹上飞行 1.5 min，然后转至出航航向飞行剩余的出航时间。

3）第Ⅲ扇区：直接进入（Direct Entry）

如图 5.20 所示，飞机到达定位点后，直接转向出航航迹方向，加入直角航线程序。在实际飞行中，为减小这种偏差，当进入方向与向台航迹交角在 ±30°以内时，采取先切入向台航迹，引导飞机飞向导航台，过台后直接转弯加入直角航线；如果进入方向与向台航迹接近垂直，飞机从程序一侧（Ⅲ扇区上半部）进入时过台后立即转弯，当转弯角度接近 180°时，将坡度减小为原坡度的一半，继续转弯至出航航向加入直角航线，当飞机从非程序一侧（Ⅲ扇区下半部）进入时，过台前先切入垂直向台航迹的方位线向台飞行，过台后平飞一个转弯半径的时间 t_R，然后开始转弯至出航航向，出航计时可以从飞机转过约 30°时开始。

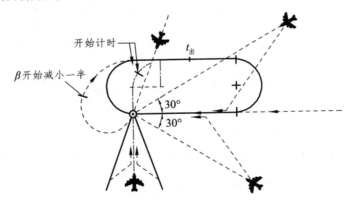

图 5.20　直角航线的直接进入

如果飞机在Ⅰ、Ⅱ扇区，或Ⅱ、Ⅲ扇区，或Ⅰ、Ⅲ扇区的两个扇区交界处左、右各 5°范围内进入，可以任意选择其中一个扇区加入直角航线程序。

飞行员在实际飞行中，为了快速、准确地判断飞机所在的进入扇区和方法，可以依据 RMI 和 HSI 进行直观判断，也可以用左（右）手确定扇区的进入方法。

182

5.3.5 直角航线程序对风的修正

在沿直角航线作起始进近的过程中，飞机受风的影响，飞机实际航迹将偏离预定直角航线，使实际的航线变宽或窄、长或短，严重时也可能偏出安全保护区，危及飞行安全。因此，为了保证直角航线的宽度和长度，在飞行中必须对风进行准确修正。

5.3.5.1 风的分解

在直角航线飞行中，将预报风分解成平行出航航迹的顺（逆）风分量 WS_1 和垂直出航航迹的侧风分量 WS_2，如图 5.21 所示，图中 α 为风向与出航航迹 $MC_出$ 或入航航迹 $MC_入$ 之间的夹角。其中：

$$WS_1 = WS \cdot \cos\alpha \tag{5.19}$$

$$WS_2 = WS \cdot \sin\alpha \tag{5.20}$$

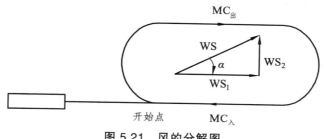

图 5.21　风的分解图

WS_1 影响飞机的地速，使直角航线出航边的长度变化；WS_2 影响飞机的航迹，使飞机偏离预定航线。WS_1 和 WS_2 的计算可用计算尺的正弦尺进行，其尺形如图 5.22 所示。

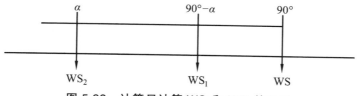

图 5.22　计算尺计算 WS_1 和 WS_2 的尺形

例 5.6　某直角左航线 $MC_出$ 307°、$MC_入$ 127°、预报风 WD 270°、WS 7 m/s，分解风。

解：① 画风的分解向量图：预报风为气象风，用风向与 $MC_出$ 或 $MC_入$ 比较，看哪一个夹角 α 小于 90°，确定后，以 $MC_出$（或 $MC_入$）为准，增大或减小一个 α 角，画出风向线，再根据气象风的情况画出风的方向，然后沿平行和垂直于出航航迹画出风的分量。本例风 270°，与出航航迹 $MC_出$ 307° 夹角 α 为 37°，所以以出航航迹为基准，减小 37°，画出风向线，再分解风，如图 5.23 所示。

② 计算 WS_1 和 WS_2：

$$WS_1 = WS \cdot \cos\alpha = 7\cos37° = 7\sin（90° - 37°）= 5.6（m/s）$$

$$WS_2 = WS \cdot \sin\alpha = 7\sin 37° = 4.2 \ (\text{m/s})$$

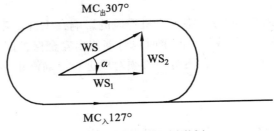

图 5.23　风的分解举例

5.3.5.2　风的修正

飞机在作直角航线程序时，在出航转弯、出航航段和入航转弯的飞行中，都要受到风的影响，要保证直角航线的长度和宽带，使飞机准确切入入航航迹，需要对风进行修正。

1）在出航边修正侧风分量的影响

飞机过起始进近定位点后，经过出航转弯、出航航迹和入航转弯的飞行，侧风分量（WS_2）对飞机的影响是使飞机向下风方向偏移，其偏移距离是：

$$D = (t_{出} + 2t_{180°}) \cdot WS_2 = (t_{出} + t_{360°}) \cdot WS_2 \qquad (5.21)$$

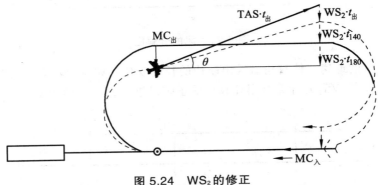

图 5.24　WS_2 的修正

要让飞机能准确切入到入航航迹上，需要迎风修正一个角度 θ，如图 5.24 所示，其关系式是：

$$\tan\theta = \frac{(t_{出} + t_{360°}) \cdot WS_2}{TAS \cdot t_{出}} \qquad (5.22)$$

$$\theta \approx \frac{(t_{出} + t_{360°}) \cdot WS_2}{TAS \cdot t_{出}} \cdot 57.3° \qquad (5.23)$$

式 5.23 中，根据既定机型和程序，$t_{出}$、TAS 已知，根据飞机的转弯 TAS、β，可计算 $t_{360°}$，于是 $\dfrac{(t_{出} + t_{360°}) \cdot 57.3}{TAS \cdot t_{出}}$ 可用 k_1 表示，则 θ 可表示为 WS_2 乘以一个系数 k_1：

$$\theta \approx k_1 \cdot WS_2 \tag{5.24}$$

而 $DA \approx \dfrac{57.3}{TAS} \cdot WS_2$，$\dfrac{t_{出} + t_{360°}}{t_{出}}$ 可用 k_2 表示，则式（5.23）整理为：

$$\theta \approx \frac{t_{出} + t_{360°}}{t_{出}} \cdot DA = k_2 \cdot DA \tag{5.25}$$

可见，根据具体机型，可计算 k_1、k_2 系数，再根据 WS_2 和 DA，可计算出航边的 $MH_{应}$：

$$MH_{应} = MC_{出} \pm \theta \tag{5.26}$$

飞机受到左侧风影响，应向左减少一个 θ，$MH_{应} = MC_{出} - \theta$；飞机受到右侧风影响，应向右增加一个 θ，$MH_{应} = MC_{出} + \theta$。

由于在出航边对侧风分量（WS_2）的修正，使飞机航向发生了改变，因而飞机正切电台位置和入航转弯开始位置的电台相对方位 $RB_{切}$、$RB_{入}$ 也发生变化，因此必须进行修正。修正的方法是：航向增大一个 θ，则 $RB_{切}$、$RB_{入}$ 就减小一个 θ；反之 $RB_{切}$、$RB_{入}$ 就增大一个 θ。

2）在出航边修正顺逆风分量的影响

顺逆风分量（WS_1）使直角航线长度增加或缩短，要保证直角航线的长度，可在出航边修正 $t_{出}$，顺风少飞一个 Δt 时间，逆风多飞一个 Δt 时间，如图 5.25 所示：

$$t_{应} = t_{出} \pm \Delta t \tag{5.27}$$

其中

$$\Delta t = \frac{(t_{出} + 2t_{180°}) \cdot WS_1}{TAS \pm WS_1} \tag{5.28}$$

对于既定机型和程序，其 $t_{出}$、TAS 已知，根据转弯 β，可计算 $t_{180°}$，计算出不同 WS_1 所对应的 Δt，就可确定出时间的心算系数。

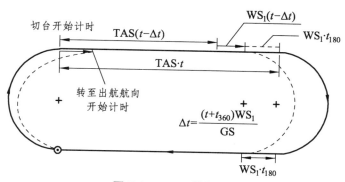

图 5.25　WS₁ 的修正

由于在出航航段对顺逆风分量（WS_1）修正后，出航飞行时间发生了变化，出航航段的下降率也要发生变化，其公式是：

$$RD_{应} = \Delta H / t_{应} \tag{5.29}$$

在飞行中，对于风的修正，也可在出航转弯、出航航段和入航转弯的飞行中分别进行修正。其中，为了保证直角航线的宽度，在出航转弯和入航转弯时可增减转弯坡度来修正；转弯过程中，受逆风影响，减少坡度，受顺风影响，增加坡度；在出航航段迎风修正 DA 来修正侧风的影响。为了保证直角航线的长度，采用增减出航边的飞行时间来进行修正。

5.3.6 等待航线

等待程序是航空器为等待进一步放行而保持在一个规定空域内的预定的机动飞行。在起降繁忙的机场，通常设置等待程序，用以调整空中交通秩序。直角航线在很多大、中型机场主要用作等待航线，其中右航线为标准等待程序，左航线为非标准等待程序。

1）等待航线的公布数据

等待航线的规定很多与直角航线基本相同，但出航时间有特别规定：在高度 14 000 ft 以下为 1 min，高度 14 000 ft 以上为 1.5 min；如图 5.26 中①表示出航飞行时间 1 min。如果有DME，可用 DME 距离限制来代替出航时间。

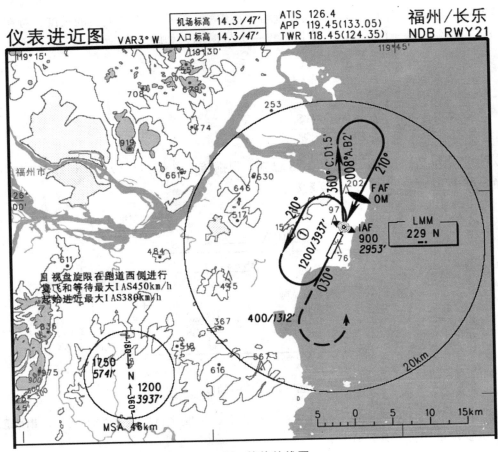

图 5.26　等待航线图

2）等待航线的加入

如果等待定位点是电台，如图 5.26 中等待定位点在导航台 LMM 处，则进入方法同直角航线；如果是 VOR/DME 等待航线，则可以沿构成定位的 VOR 径向线或 DME 弧进入。

3）等待航线的规定

进场等待最大指示空速的规定：在高度 6 000 ft 以下为 210 kn，高度 6 000 ~ 14 000 ft 为 220 kn，高度 14 000 ft 以上为 240 kn；A、B 类飞机为 170 kn。各类飞机在等待飞行时，不准超过速度限制。

所有转弯使用的坡度为 25°或标准转弯率 3°/s 对应的坡度，以所需坡度小者为准。

4）等待程序对风的修正

基本原理与直角航线基本相同。在等待程序飞行中，侧风分量 WS_2 将使等待航线产生偏离，因而我们在出航航段上修正 WS_2 对出航转弯、出航、入航转弯的影响；顺（逆）风分量将使等待航线变长或变短，因而在出航边多飞或少飞一个时间 Δt。

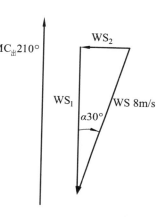

例 5.7 某飞机执行图 5.26 中的等待程序，真空速 TAS190 kn，转弯坡度 $\beta25°$，等待高度层 1 200 m，预报风 WD 240°，WS 8 m/s。分解风并在出航边修正。

解： ① 分解风：根据 $MC_{出}210°$ 和预报风 WD240°画出风的分解图，如图 5.27 所示；计算 $WS_1 = 6.8$ m/s 和 $WS_2 = 4$ m/s。

图 5.27　风的分解图

② 根据转弯坡度 $\beta25°$，真空速 TAS190 kn 可计算转弯时间 $t_{360°} = 134$ s。

③ 侧风（WS_2）修正。根据图中 $t_{出} = 1min$，TAS 190 kn，$t_{360°} = 134$ s 可计算系数 k_1：

$$k_1 = \frac{(t_{出} + t_{360°}) \cdot 57.3}{TAS \cdot t_{出}} = \frac{57.3 \times (60 + 134)}{\dfrac{190 \times 1.852 \times 60}{3.6}} \approx 1.9$$

侧风修正量 θ：

$$\theta \approx k_1 WS_2 \approx 8°$$

所以：$MH_{应} = MC_{出} + \theta = 210° + 8° = 218°$

④ 顺逆风（WS_1）修正。从风的分解可知，飞机受逆风分量影响，其修正量 Δt：

$$\Delta t = \frac{(t_{出} + t_{360°}) \cdot WS_1}{TAS - WS_1} = \frac{(60 + 134) \cdot WS_1}{\dfrac{190 \times 1.852}{3.6} - 6.8} \approx 14（s）$$

$$t_{应} = t_{出} + \Delta t = 60 + 14 = 74（s）$$

5.4 沿修正角航线起始进近

反向程序是当进场方向与着陆方向接近相反时，为使飞机转至着陆方向，在起始进近航段所进行的一种机动飞行。反向程序有三种形式，我国民航制定和公布的反向程序只有基线转弯即修正角航线一种。

5.4.1 修正角航线的构成

修正角航线的开始点必须是电台，修正角航线由出航航迹（背台边）、基线转弯（入航转弯）和入航航迹（向台航迹）构成，如图 5.28 所示。

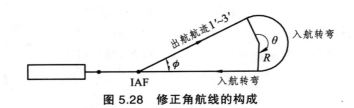

图 5.28 修正角航线的构成

飞机飞达起始进近定位点，加入修正角航线程序，沿出航航迹下降规定的出航时间，作"180°加修正角"的入航转弯，切入到入航航迹上，沿入航航迹完成中间和最后进近。

修正角航线出航时间的规定与直角航线相同，只是是从通过导航台（起始进近定位点）瞬间开始计时。出航航段的限制与直角航线规定相同。

5.4.2 修正角航线的无风数据

修正角航线的无风数据，按 A/B 类和 C/D 类飞机以仪表进近图的形式予以公布。但须注意的是，公布的数据都是按飞机分类的最大速度设计的，而实际飞机飞行时有较大的差异，使用时必须结合所飞机型进行计算。

5.4.2.1 图上公布的数据

如图 5.29 所示，该图为白塔机场的 NDB 进近程序，其修正角公布的数据有：

1）起始进近定位点和高度

起始进近定位点在 LMM（内示位信标台）上空，起始进近高度为修正海压高 2 100 m，飞机飞越定位点前不得低于该高度。

2）出航航段的航迹角和出航时间

该修正角航线程序为右航线，出航航段的磁航迹为 A、B 类飞机 242°，C、D 类飞机 225°；出航时间为 A、B 类飞机 2.5 min，C、D 类飞机 1.5 min。

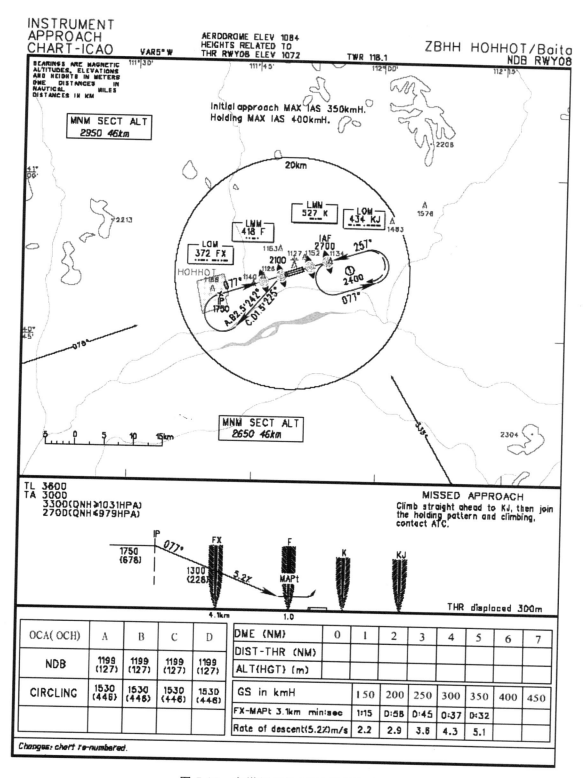

图 5.29　白塔机场的 NDB 进近程序

3）修正角和入航转弯角度

在修正角航线程序中，出航航迹和入航航迹的夹角叫修正角（ϕ）。程序设计是根据出航时间 $t_{出}$ 和飞机进近真空速计算出来的，修正角与转弯半径（R）、出航边（$L_{出} = \text{TAS} \times t_{出}$）之间的关系为：

$$\phi = 2 \arctan \frac{R}{\text{TAS} \times t_{出}} \tag{5.30}$$

但在飞行员使用修正角航线时，直接比较两条航迹就可以得出偏置角 ϕ 的大小，图中 A、B 类飞机的 ϕ 是 15°，C、D 类飞机的 ϕ 是 32°。飞机入航转弯的角度 $\theta = 180° + \phi$，图中 A、B 类飞机的 θ 是 195°，C、D 类飞机的 θ 是 212°。

4）入航转弯开始高度

该航线入航转弯开始高度为修正海压高 1 750 m，飞机向右进行 195°（A、B 类）或 212°（C、D 类）的平飞入航转弯，切入到五边进近航迹（跑道延长线）的向台高度为修正海压高 1 750 m。

5）入航航段的航迹和第二次过台高度

该程序入航航段的航迹为 77°，第二次过台高度为最低下降高度，即 OCA（H）为 1199（127）m，飞机在飞越该台前不得低于该高度。

可见，修正角程序公布的数据包括一个时间或转弯定位点，两个航迹（入航航迹和出航航迹），三个高度（起始进近高度、入航转弯高度和第二次过台高度）。

5.4.2.2 结合机型的计算数据

修正角程序公布的数据，是按照各类飞机的最大指示空速设计的，实际飞行中的指示空速与最大指示空速往往不一致。飞行中，应当根据所飞机型的进近速度、转弯坡度或转弯率，按公布程序数据计算修正角航线程序的无风数据。

1）修正角航线的长度和宽度

修正角航线的长度是 $L_{出} + R$，宽度是 $R_{设} + R$，其中 $R_{设} L \cdot \tan(\phi/2)$，$R$ 可按照飞机实际飞行的 TAS、转弯坡度或转弯率进行计算。

2）出航航段的下降率

出航下降率的计算关系是：$\text{RD} = (H_{\text{IAF}} - H_{\lambda})/t_{出}$

3）最后 90°转弯开始位置的无线电方位

飞机在进行最后 90°转弯时，可通过 RB_4 和 QDM_4 控制开始转弯时机。

对于右航线，其 RB_4 和 QDM_4 是：

$$\text{RB}_4 = 90° - \beta_4; \quad \text{QDM}_4 = \text{MC}_{\lambda} - \beta_4 \tag{5.31}$$

对于左航线，其 RB_4 和 QDM_4 是：

$$\text{RB}_4 = 270° + \beta_4; \quad \text{QDM}_4 = \text{MC}_{\lambda} + \beta_4 \tag{5.32}$$

其中，$\beta_4 = \arctan \dfrac{R}{R + L_{出}}$，可通过计算尺进行计算。

例 5.8 B737 飞机执行图 5.29 的修正角程序，出航 TAS210 kn，入航转弯 TAS200 kn，入航转弯坡度 25°，计算该机型的无风数据。

解： ① 计算转弯半径和航线宽度、长度：

B737 属于 C 类飞机，执行 C、D 类进近程序，$\phi = 32°$。根据入航转弯 TAS200 kn、β25° 对尺求出出航转弯半径 $R_入 = 1.25$ n mile；$t_{180° + \phi} = 83$s；根据出航 TAS210 kn，CD 类 $t_出$ 1.5，计算出 $L_出 = 210$ kn × 1.5 = 5.25 n mile，$R_设 = L \cdot \tan(\phi/2) = 1.5$ n mile

$$航线宽带 = R_设 + R_入 = 2.75 \text{ n mile}$$

$$航线长度 = L_出 + R_入 = 6.5 \text{ n mile}$$

② 出航航段的下降率。

图中，H_{IAF} 2100 m，$H_入$1 750 m，C、D 类飞机的 $t_出$ 为 1.5 min，RD = $(H_{IAF} - H_入)/t_出 = (2100 - 1\ 750)$m/90s = 3.9 m/s。

③ 最后 90°转弯开始位置的无线电方位：

根据 $\tan\beta_4/R_入 = \tan45°/(L + R_入)$，代入数据为：$\tan\beta_4/1.25 = \tan45°/6.5$，拉尺计算得 $\beta_4 = 11°$，该程序为右程序，则 RB$_4$ = 90° − β_4 = 90° − 11° = 79°，QDM$_4$ = MC$_入$ − β_4 77° − 11° = 66°。

5.4.3　修正角航线的加入

飞机加入修正角航线程序的方法有加入扇区进入和沿等待航线全向进入。

5.4.3.1　沿加入扇区加入修正角程序

从修正角航线程序出航边的反向延长线，向左、向右各划分 30°的扇区范围，如果飞机飞行的航向在该扇区范围内，则可以直接飞到起始进近定位点台，然后加入修正角航线程序。如果修正角大于 30°，入航航迹已经超出 30°扇区，则应将进入扇区扩大到入航航迹；如果修正角小于 30°，则扇区范围仍然到 30°为止。

当飞机保持航向飞向定位点时，如果飞机落在进入扇区里，则直接加入修正角航线，即飞机飞向定位点，按规定高度飞越定位点，沿出航航迹背台飞行。如果飞行员已经确认飞机在以电台为圆心的 25 n mile（46 km）进场扇区内，则可以在到达定位点前先切入出航航迹反向延长线（即方位线）上，沿方位线飞行，过台后直接加入修正角航线，如图 5.30 所示。

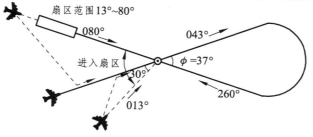

图 5.30　修正角航线的扇区加入

5.4.3.2 全向进入等待程序，由等待程序过渡到修正角航线程序

为了使飞机从各个方向加入修正角航线程序，有的机场设计一个等待航线程序，按照等待程序的加入方法，先加入等待航线程序，再过渡到修正角航线程序，实现全向进入修正角航线，如图 5.31 所示。

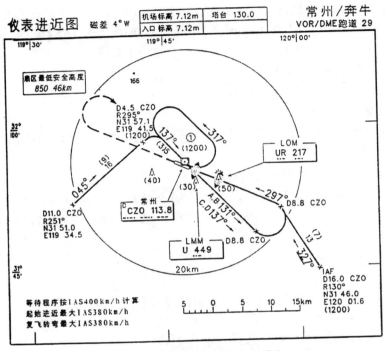

图 5.31　修正角航线的全向进入

5.4.4　修正角航线对风的修正

在沿修正角航线作起始进近的过程中，飞机受风的影响，飞机实际航迹将偏离预定的修正角航线，使实际的航线变宽或窄、长或短，严重时也可能偏出安全保护区，危及飞行安全。因此，为了保证修正角航线的宽度和长度，在飞行中必须对风进行准确修正。

5.4.4.1　风的分解

在修正角航线飞行中，将预报风分解成平行出航航迹的顺（逆）风分量 WS_1 和侧风分量 WS_2，如图 5.32 所示，图中 α 为风向与出航航迹 $MC_{出}$ 之间的夹角。其中：

$$WS_1 = WS \cdot \cos\alpha \tag{5.33}$$

$$WS_2 = WS \cdot \sin\alpha \tag{5.34}$$

WS_1 和 WS_2 的计算可用计算尺上的正弦尺进行。

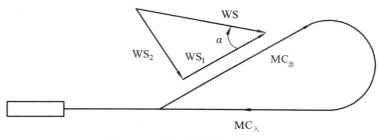

图 5.32　修正角航线风的分解

例 5.9　如图 5.29 中，B737 飞机执行该修正角航线，预报风风向 255°，风速 8 m/s。分解风。

解：①　在出航边分解风：B737 飞机属于 C 类飞机，执行 C、D 类进近程序，$MC_出$ 225°，根据预报风（气象风）风向 255°，在出航边分解为顺逆风分量 WS_1 和侧风分量 WS_2，如图 5.33 所示。

②　计算 WS_1 和 WS_2：

$$WS_2 = WS \cdot \sin\alpha = 8\sin30° = 4 \text{（m/s）}$$

$$WS_1 = WS \cdot \cos\alpha = 8\sin60° = 6.9 \text{（m/s）}$$

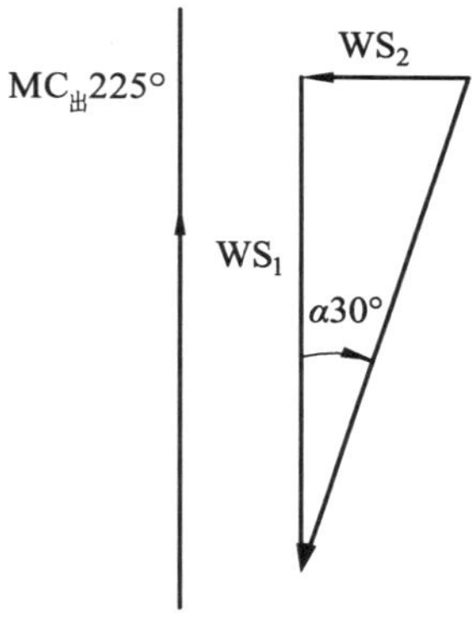

5.4.4.2　风的修正

风对修正角航线的影响主要是对出航航段、入航转弯的影响，为了保证飞机沿修正角航线程序准确切入到入航航迹，在修正角航线程序的出航航段和入航转弯的飞行中，需要修正风的影响。

图 5.33　风的分解举例

1）在出航航段修正风的影响

①　在出航航段修正侧风分量的影响。

飞机过起始进近定位点后，经过出航航段和入航转弯的飞行，侧风分量（WS_2）对飞机的影响是使飞机向下风方向漂移，其总的影响距离是：

$$D = (t_出 + t_{180°+\phi}) \cdot WS_2 \tag{5.35}$$

要让飞机能准确切入到入航航迹上，需要迎风修正一个角度 A，其关系式是：

$$\tan A = \frac{(t_出 + t_{180°+\phi}) \cdot WS_2}{TAS \cdot t_出} \tag{5.36}$$

由于 A 较小，其正切函数值和弧度值近似相等，所以：

$$A \approx \frac{(t_出 + t_{180°+\phi}) \cdot WS_2}{TAS \cdot t_出} \cdot 57.3° \tag{5.37}$$

式（5.37）中，根据既定机型和程序，$t_{出}$、TAS 已知，根据飞机的转弯 TAS、β，可计算 $t_{180°+\phi}$，则 $\dfrac{57.3° \cdot (t_{出} + t_{180°+\phi})}{\text{TAS} \cdot t_{出}}$ 可计算，用系数 k_1 表示：

$$k_1 = \frac{57.3 \cdot (t_{出} + t_{180°+\phi})}{\text{TAS} \cdot t_{出}} \tag{5.38}$$

所以，出航航迹的修正量 A 为：

$$A \approx k_1 \, \text{WS}_2 \tag{5.39}$$

求出了航向修正量 A，则出航航段的 $\text{MH}_{应}$ 为：

$$\text{MH}_{应} = \text{MC}_{出} \pm A \tag{5.40}$$

飞机受到左侧风影响，应向左减少一个 A，$\text{MH}_{应} = \text{MC}_{出} - A$；飞机受到右侧风影响，应向右增加一个 A，$\text{MH}_{应} = \text{MC}_{出} + A$。

② 在出航航段修正顺逆风分量的影响。

在出航航段和入航转弯的飞行中，如不修正风，顺逆风分量（WS_1）将使修正角航线长度增长或缩短，对飞机的影响距离是：

$$\Delta D = (t_{出} + t_{180°+\phi}) \cdot \text{WS}_1 \tag{5.41}$$

对于飞机飞行 ΔD，所需时间是：

$$\Delta t = \frac{(t_{出} + t_{180°+\phi}) \cdot \text{WS}_1}{\text{TAS} \pm \text{WS}_1} \tag{5.42}$$

其中，顺风分量用"$+ \text{WS}_1$"，逆风分量用"$- \text{WS}_1$"。 对于既定机型和程序，其 $t_{出}$、TAS 已知，可计算 $t_{180°+\phi}$，计算出不同 WS_1 所对应的 Δt，就可以确定出时间的心算系数如下：

$$\Delta t = k_1 \text{WS}_1（顺风）; \quad \Delta t = k_2 \text{WS}_1（逆风） \tag{5.43}$$

为了保证修正角航线的长度，可在出航边修正 $t_{出}$，顺风少飞一个 Δt 时间，逆风多飞一个 Δt 时间，即

$$t_{应} = t_{出} \pm \Delta t \tag{5.44}$$

2）在出航航段和入航转弯分别修正风的影响

在飞行中，也可在出航航段和入航转弯的飞行中，分别修正风的影响。

① 修正风对出航航段的影响。

对于出航航段是通过 DME 距离来限制的修正角程序，飞机在飞出航段时，不需要对顺逆风分量进行修正；对于出航航段通过飞行时间来控制的程序，其出航时间是为 $t_{应} = t_{出} \pm \Delta t$，

其中时间修正量 Δt 是：

$$\Delta t = \frac{t_{出} \cdot WS_1}{TAS \pm WS_1} \qquad (\text{顺风取 “} + WS_1 \text{”，逆风取 “} - WS_1 \text{”})$$ （5.45）

为了保证飞机沿出航航段飞行，需要对侧风分量修正一个 DA，其 $MH_{应}$ 是：

$$MH_{应} = MC_{出} \pm DA$$ （5.46）

其中，$DA \approx \dfrac{57.3°}{TAS} \cdot WS_2$，对于既定机型，出航 TAS 一定，DA 可算出一个心算系数，即：

$$DA \approx k_1' \cdot WS_2$$ （5.47）

② 修正风对入航转弯的影响。

在入航转弯过程中，对飞机的影响主要是 WS_2，WS_2 的影响使飞机入航转弯改出时不能准确切入入航航段，在飞行中往往采用增加或减少坡度的方法来修正。在转弯过程中，受逆风影响，适当减少坡度；受顺风影响，适当增加坡度。

3）出航下降率的修正

由于在出航航段对顺逆风分量（WS_1）修正后，出航飞行时间发生了变化，出航航段的下降率也要发生变化，其计算公式是：

$$RD_{应} = (H_{IAF} - H_\lambda)/t_{应}$$ （5.48）

例 5.10 B737 飞机执行图 5.29 的修正角程序，出航 TAS210 kn，入航转弯 TAS200 kn，入航转弯坡度 25°，预报风风向 255°，风速 8 m/s，采用在出航航段修正风的方法修正风，计算 $MH_{出}$、$t_{应}$ 和 $RD_{应}$。

解： 根据例 5.8 的计算，$t_{180°+\phi} = 83$ s，飞机受右逆风影响，$WS_2 = 4$ m/s，$WS_1 = 6.9$ m/s，可进行风的修正计算。

① 侧风（WS_2）修正。

计算系数 k_1：

$$k_1 = \frac{57.3 \cdot (t_{出} + t_{180°+\phi})}{TAS \cdot t_{出}} = \frac{57.3 \times (90 + 83)}{\dfrac{210 \times 1.852 \times 90}{3.6}} \approx 1$$

侧风修正量 A 为：$A \approx k_1 \cdot WS_2 \approx 4°$，所以 $MH_{应} = MC_{出} + A = 225° + 4° = 229°$。

② 顺逆风（WS_1）修正。

从风的分解可知，飞机受逆风分量影响，其修正量为：

$$\Delta t = \Delta t = \frac{(t_{出} + t_{180°+\phi}) \cdot WS_1}{TAS - WS_1} = \frac{(90 + 83) \cdot WS_1}{\dfrac{210 \times 1.852}{3.6} - 6.9} \approx 1.7WS_1 \approx 12 \ (s)$$

$$t_{应} = t_{出} + \Delta t = 90 \ s + 12 \ s = 102 \ s$$

③ RD$_\text{应}$的计算。

$$RD_\text{应} = (H_\text{IAF} - H_\lambda)/t_\text{应} = (2\,100 - 1\,750)/102 \approx 3.4 \text{ (m/s)}$$

所以，MH$_\text{出}$是 229°，$t_\text{应}$是 102 s，RD$_\text{应}$是 3.4 m/s。

5.5 入航转弯方向偏差的判断和修正

飞机在作直角航线程序和修正角航线程序时，都要通过入航转弯切入入航航段。在转弯过程中，由于实际飞行中飞机的飞行参数与程序设计所使用的参数的差异，以及空中风发生变化以及风的修正不可能十分准确，航行诸元保持的误差，都可能使飞机转至入航航向改出时偏在入航航迹的一侧。所以，在入航转弯过程中，特别是在最后 90°转弯过程中，应控制好最后 90°转弯的开始时机，并在转弯过程中检查转弯航迹，发现偏差及时修正，使飞机准确地切到入航航迹上，为五边进近创造良好的条件。最后 90°转弯也称为四转弯，是按照起落航线定义的。

5.5.1 最后 90°转弯的开始时机

当飞机入航转弯到航向与入航航迹 MC$_\lambda$相差 90°，并且电台磁方位 QDM 或电台相对方位 RB 等于预计的 QDM$_4$或 RB$_4$时，飞机开始进入最后 90°。

其中，QDM$_4$或 RB$_4$通过前面直角航线和修正角航线的无风数据知道：

右航线　　　　RB$_4$ = 90° − β_4　，　QDM$_4$ = MC$_\lambda$ − β_4

左航线　　　　RB$_4$ = 270° + β_4　，　QDM$_4$ = MC$_\lambda$ + β_4

但飞机在转弯过程中，由于受到风的影响，必须将最后 90°转弯的开始时机提前或延迟，在转弯过程中，受到顺风影响，转弯时机提前；受逆风影响，转弯时机延迟。

5.5.2 最后 90°转弯的检查

飞机进入最后 90°转弯后，还需要检查飞机是否在正常的转弯航迹上，可根据航向剩余角ΔMH 和电台方位剩余角 β 或相对方位剩余角 ΔRB 的对应关系来检查。一般选取两个检查点，$\Delta MH = 60°$和$\Delta MH = 30°$。

其中，ΔMH、β 和ΔRB、QDM 之间的关系如图 5.34 所示，表示为：

$$\Delta RB = \Delta MH - \beta \tag{5.49}$$

$$QDM = MC_\lambda + \beta（左航线），QDM = MC_\lambda - \beta（右航线） \tag{5.50}$$

$$\tan\beta = R_\lambda（1 - \cos\Delta MH）/（L_\text{出} + R_\lambda \sin\Delta MH） \tag{5.51}$$

在飞行中，受到风的影响，最后 90°转弯的开始时机提前或延迟，在转弯中的检查点所对无线电方位也应修正。

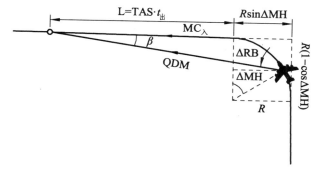

图 5.34　最后 90°转弯的检查

5.5.3　最后 90°转弯过程中偏差的判断与修正

对于既定机型和程序，其 $R_入$、$L_出$ 是一定的，根据式（5.51）和式（5.49）可计算 β 和 ΔRB。飞行中当飞机转至剩 ΔMH 60°、30°时，就可以根据 QDM、β 和 ΔRB 的大小，判断飞机是否在正常的转弯航迹上。

对于右航线：

QDM > QDM$_预$，进入晚，偏外侧；

QDM = QDM$_预$，进入正常；

QDM < QDM$_预$，进入早，偏内侧。

对于左航线：

QDM > QDM$_预$，进入早，偏内侧；

QDM = QDM$_预$，进入正常；

QDM < QDM$_预$，进入晚，偏外侧。

对于左航线和右航线，根据 β 和 ΔRB 的判断原理如下：

$\beta > \beta_预$，$\Delta RB < \Delta RB_预$，进入早，偏内侧；

$\beta = \beta_预$，$\Delta RB = \Delta RB_预$，进入正常；

$\beta < \beta_预$，$\Delta RB > \Delta RB_预$，进入晚，偏外侧。

在转弯过程中，判断出了方向偏差后用改变坡度的方法进行修正。当飞机位置偏在入航航迹的内侧，说明进入早了，应减小坡度，使飞机回到正常转弯轨迹上；当飞机位置偏在入航航迹的外侧，说明进入晚了，应增加坡度，使飞机尽快回到正常转弯轨迹上。

5.6　非精密进近程序的五边进近

五边进近是仪表进近程序中的重要阶段，是保证飞行安全的关键阶段。在这一阶段，需进一步调整飞机的着陆外形和速度，严格保持好五边航迹和高度，创造良好的着陆条件，在规定高度取得目视参考则转入目视着陆，如不能取得目视参考则应中断进近而复飞。

非精密进近程序的五边进近，常用的有 NDB、VOR 进近及结合 DME 的进近。实施非精密进近时，必须严格按照进近图公布的数据飞行，并根据飞行仪表的指示，及时判断和修正五边进近偏差，安全着陆。

5.6.1　五边进近航迹的控制

在 NDB、VOR 并结合 DME 的非精密进近中，当飞机完成机动飞行过渡到五边后，飞机应迅速稳定在进近航迹上，尽早建立良好的着陆形态。在五边进近的向电台飞行中，由于侧风影响或其他原因，飞机可能偏离向台航迹。因此，必须经常检查飞机的航迹，迅速判断飞机位置，及时地进行修正，操纵动作要柔和，修正量不能过大。

5.6.1.1　五边进近航迹偏差的判断

五边进近方向偏差的判断与航线飞行相同，即根据飞机所在的无线电方位线的 QDM 和五边进近航迹 MC_λ 相比较：$QDM > MC_\lambda$，飞机偏左；$QDM = MC_\lambda$，飞机不偏；$QDM < MC_\lambda$，飞机偏右。

5.6.1.2　五边进近航迹偏差的修正

判明偏差后，需要选择适当的切入角切入五边进近航迹，修正偏流沿五边进近。在选择切入方法时，主要从切入五边的快慢、切入位置到电台的距离远近、操纵的复杂程度等方面考虑。常用的方法有三种：倍角切入法、固定角切入法和变换角切入法。

1）倍角切入法

倍角切入法就是取切入角等于 2 倍偏离角，即 $\alpha = 2\,TKD$，保持切入航向切入五边向台航迹，如图 5.35 所示。倍角切入法能够较快地切入五边向台航迹，但不容易掌握转弯提前量，所以这种方法常用于偏离角较大或飞机处于下风面的情形。

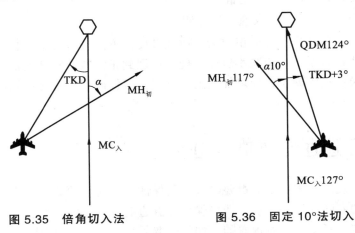

图 5.35　倍角切入法　　　　图 5.36　固定 10°法切入

2）固定角切入法

固定角切入法就是不论偏离角大小，都采用固定的切入角，通常采用的切入角是 10°，因而又称 10°切入法。固定角切入法实施简单，修正量较小，常用在偏离角不大或飞机处于上风面的情况。如图 5.36 所示，MC$_入$127°，飞机 QDM124°，判明飞机偏航后，采用 10°进行切入，MH$_切$117°。

3）变换角切入法

变换角切入法就是在偏离角较大的情况下，根据偏离采取先大后小地选取不同的切入角，分段切入五边向台航迹，如图 5.37 所示。变换角切入法能迅速修正较大的偏差，便于掌握转弯提前量，准确切入五边向台航迹，但切入过程中切入航向改变次数多，计算较繁，应当防止判断错误。

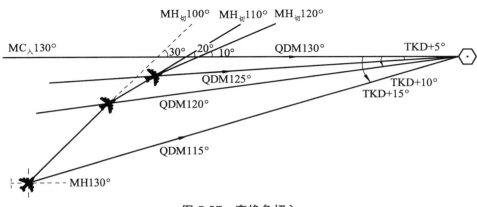

图 5.37　变换角切入

5.6.2　五边进近高度的控制

仪表进近过程中，必须按仪表进近图公布的数据，严格控制飞越各定位点的高度，特别是最后进近航段下降梯度的控制，对于安全着陆具有十分重要的意义。

非精密进近没有下滑引导，对于最后进近航段下降梯度的控制，可采用根据 DME 距离控制五边进近高度和根据飞机的地速调整下降率等方法。

5.6.2.1　根据 DME 距离控制五边进近高度

有测距仪（DME）的仪表跑道，可以根据所测出的 DME 距离和与之对应的高度来控制最后进近的各点高度。在仪表进近程序图中，根据最后进近和下降梯度，按每海里 DME 测距计算出相对应的高度，以表格形式公布，如图 5.38 所示。实际飞行中，根据测距机和高度表的指示，按表列的数据，就可以判断出飞机的垂直偏差，即飞机飞越每一定位点时是否在规定的下滑线。如果判断出高了，应适当增大下降率；如果低了就应适当减小下降率，将飞机修正到正常的下滑线上下降。

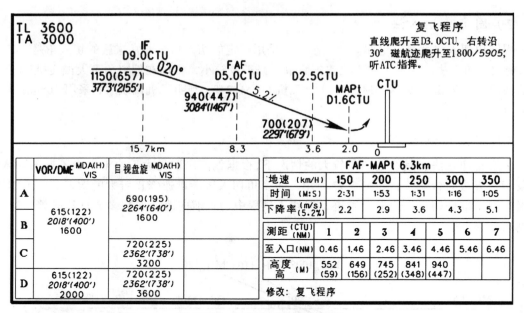

图 5.38　仪表进近图的剖面图

其中，计算 DME 距离对应高度 h 的公式是：

$$h = (D_测 - D_{内移}) \times Gr + 15 \tag{5.52}$$

式（5.52）中，$D_测$ 是 DME 的测量距离，$D_{内移}$ 是 DME 测距台到跑道头的距离，15 是飞机成功进近时到跑道入口的高度。

例 5.11　飞机五边进近中，$D_测 = 4$ n mile，$Gr = 5.2\%$，$D_{内移} = 0.54$ n mile，计算对应高度 h。

解：$h = (D_测 - D_{内移}) \times Gr + 15 = (4 - 0.54) \times 1.852 \times 1\,000 \times 5.2\% + 15 \approx 348$（m）。

5.6.2.2　根据飞机的地速调整下降率

仪表进近图的剖面图公布有最后进近航段的下降梯度 Gr 和最后进近定位点到复飞点的距离 D，还以表格形式公布有不同地速飞过这一距离的时间和下降率 RD，如图 5.38 所示。实际飞行中，根据进近地速，从表中查出对应的下降率和飞行时间，操纵飞机保持该下降率下降，同时根据地速的增减，适当地增减下降率，从而控制飞机能够按照规定的下降梯度下降。

其中，最后进近航段的下降率和飞过 FAF 到 MAPt 的飞行时间的计算如下：

$$RD = Gr \times GS \tag{5.53}$$

$$t = D/GS \tag{5.54}$$

例 5.12　飞机执行图 5.38 的进近程序，在最后进近中，Gr5.2%，地速 GS320 km/h，FAF 到 MAPt 的距离 D6.3 km，求 RD 和 t。

解：从图 5.38 可知道，在最后进近航段，Gr 5.2%，FAF 到 MAPt 的距离 D6.3 km，飞机

GS320 km/h，可计算：

$$RD = Gr \times GS = 5.2\% \times 320 \text{ km/h} = 0.052 \times 320 \div 3.6 \text{ m/s} = 4.6 \text{ m/s}$$

$$t = D/GS = 6.3 \text{ km} \div 320 \text{ km/h} \times 3\,600 \text{ s/h} = 71s = 1.11''$$

另外，在实际飞行中，对于在五边进近航迹上安装有导航台、指点标台的机场，在五边进近过程中可以利用飞机飞越电台的高度指示与规定高度比较，控制飞机沿正常的下滑线下降。如果机场安装有目视进近坡度指示系统，飞行员可以利用目视灯光来控制五边进近高度，特别在最后进近的后半段作用更加明显。它可以提供能增大安全系数的下滑轨迹，引导飞机继续下降，完成进近着陆。

5.6.3　中断进近复飞

飞机沿五边航迹下降到仪表进近图公布的最低下降高度/高（MDA/H）时，如果能够目视跑道并处于正常进入着陆的位置，可以继续下降，转入目视进近着陆，按空中交通管制员指令进行直线着陆或目视盘旋着陆。如果下降到 MDA/H 时，不能目视跑道或处于不能够正常进入着陆的位置，飞机应中断进近，不得继续下降，应当改平飞保持平飞至复飞点，在这一过程中可继续判断能否转入目视进近，如飞机已到达复飞点还不能转入目视，应当按进近图上公布的复飞程序复飞，上升至规定高度或规定点转弯，重新进近或者到等待航线等待，根据情况也可以沿航线飞行返航或备降。

在非精密进近程序中规定的复飞点有三种：① 电台上空；② 交叉定位点；③ 距离 FAF 的一个点。在我国公布的非精密进近程序中复飞点通常是电台上空或交叉定位点，图中标注有 "MAPt" 或 "复飞点" 的位置，如图 5.38 中 MAPt 是距离 DME 台 CTU1.6 n mile 的点（D1.6CTU）。

5.7　精密进近程序的五边进近

精密进近程序是在最后进近航段，能为飞机提供航向道和下滑道信息，引导飞机沿预定的下滑道下降着陆。精密进近可采用仪表着陆系统（ILS）和精密进近雷达（PAR）；全球导航卫星系统（GNSS）采用一些增强方式（如广域增强 WAAS、本地增强 LAAS），也能满足精密进近的要求。当前在我国各大机场主要采用 ILS 实施精密进近。

仪表着陆系统的功用就是为进场着陆飞机提供航向道和下滑道信息，并在飞行仪表上显示出来，供飞行员操纵飞机沿下滑道完成进场着陆。

根据仪表着陆系统地面台的精度和机载接收设备的分辨能力以及机场的净空条件、跑道视程等因素，国际民航组织将仪表着陆系统分为三类，用跑道视程（RVR）和决断高度/高（DA/H）两个量来表示，如表 5.4 所示。跑道视程（RVR）是在跑道中线，航空器上的飞行员能看到跑道面上的标志或跑道边界灯或中线灯的距离，RVR 一般使用部署于跑道边的自动化设备来测量。决断高度/高（DA/DH）是指飞行员对飞机着陆或复飞作出判断的最低高度，飞机下降到这一高度时，飞行员必须目视跑道并处于正常的着陆位置才能转入目视下降着陆，否则应当立即复飞。

表 5.4　精密进近着陆标准的分类

类别	VIS 或 RVR（m）	DH（m）
Ⅰ	VIS≥800 或 RVR≥550	DH≥60
Ⅱ	RVR≥300	60>DH≥30
Ⅲa	RVR≥175	DH<30 或 0
Ⅲb	175>RVR≥50	DH<15 或 0
Ⅲc	0	0

近年来我国民航引进的现代化客机的机载设备，一般都能达到Ⅲb 类。而我国装有仪表着陆系统的机场，大多开放的是Ⅰ类仪表着陆系统，只有北京、上海、成都等少数机场可以开放Ⅱ类仪表着陆系统。

5.7.1　ILS 进近最后进近航段的进入

ILS 进近沿最后进近航段进近的过程中，首先要截获航向道，再截获下滑道。

5.7.1.1　航向道的截获

飞机按不同的的程序转向五边航段，当飞机航向与跑道方向小于 60°夹角时，改平飞机，保持切入航向切入航向道，如图 5.39。切入角最好采用 45°，如果是顺风转弯，则应适当减小切入角，以利于飞机一旦截获航向道后，能迅速转向航向道方向，减小风的影响；如果是逆风转弯，则应适当增大切入角，以利于飞机在转弯中克服风的影响，飞机改出时位于航向道上；一般情况下，减小切入角选择 30°，增大切入角选择 60°。在切入过程中，可根据导航仪表的指示逐渐减小切入角，以免在截获航向道信号时，因切入角大而不能及时准确地在航向道内对正着陆航道而偏离航道。在图 5.41 中飞机切入到航向道的位置是 IF（D9.0CTU），高度是 1150（657）m 或 3773（2155）ft。

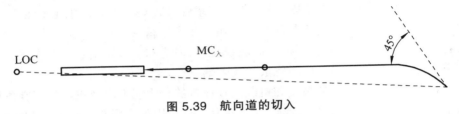

图 5.39　航向道的切入

5.7.1.2　下滑道的截获

截获航向道后，根据航向道偏离指针保持飞机在航向道上飞行过程中，导航仪表上的下滑偏离指标逐渐回中。当指标回中时，保持飞机以平飞姿态切入下滑道，如图 5.40 所示。图 5.41 中飞机在定位点 D7.2CTU，高度 1150（657）m 或 3773（2155）ft 切入下滑道。

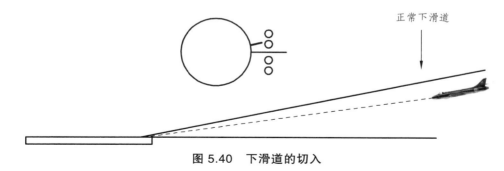

图 5.40　下滑道的切入

5.7.2　最后进近航段的飞行

飞机在完成切入 ILS 航向道和下滑道后，沿最后进近航段进近，跟踪 ILS 航向道和下滑道下降至决断高 DH 做出继续进近或者中断进近复飞的决断。

5.7.2.1　航向道偏差的判断与修正

航向道偏差的判断在 HSI 或 ADI 上可以直观地确定出来，以航道偏离杆偏离中心位置来确定，偏离杆偏左飞机偏右，偏离杆偏右飞机偏左，偏离的大小从偏离刻度读出。

航向道偏差的修正：当发现飞机偏离航向道后，应及时向偏离杆方向切入，切入角的选择一般是 HSI 为每侧 5 个点的，每偏 1 个点，取 5°切入角；HSI 为每侧 2 个点的，每偏 1 个点取 10°切入角。放切入角后，严格保持飞行状态，适时检查偏离杆移动情况，当偏离杆与航道预选指针接近重合即将回到中立时，及时改出切入，修正偏流沿航向道飞行，保持飞机偏离杆在一个点（或半个点）以内飞行。

5.7.2.2　下滑道偏差的判断与修正

下滑道偏差的判断在 HSI 或 ADI 上可以直观地确定出来：当下滑偏离指标在中立位（基准线）以上，说明飞机低于下滑道；下滑偏离指标在中立位以下，说明飞机高于下滑道；偏差的大小由下滑道偏差刻度直接读出。

下滑道偏差的修正：飞机下滑道高了，应增大下降率，使高度下降快一些，使飞机切入下滑道上；飞机下滑道低了，应减小下降率，使高度下降慢一些，使飞机切回下滑道，必要时可平飞切入下滑道。飞机回到下滑道上后，注意调整下滑速度，使飞机保持在下滑偏离指标 1/2 个点以内飞行。

对于下滑道的控制以 HSI 和 ADI 为主，同时也可利用升降速度表、DME-H 表格、飞机过台高度及精密进近坡度指示系统（PAPI – Precision Approach Path Indicator）进行判断和修正。

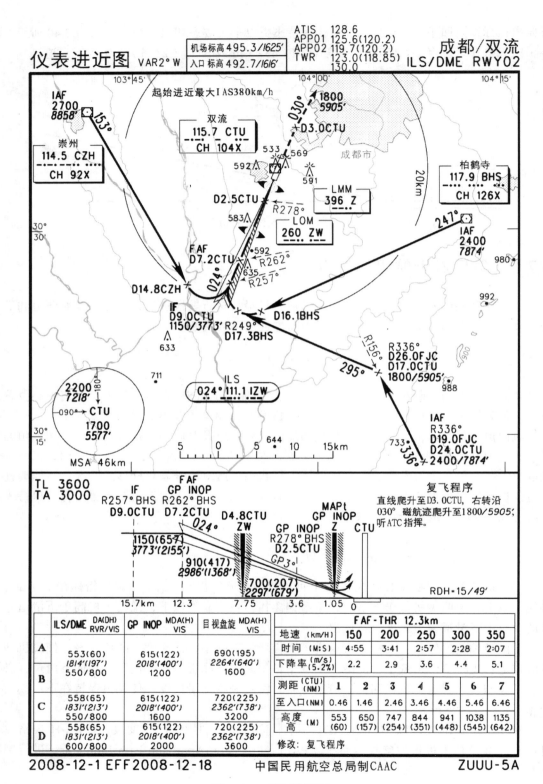

仪表进近图 VAR2°W

机场标高495.3/1625'
入口标高492.7/1616'

ATIS 128.6
APP01 125.6(120.2)
APP02 119.7(120.2)
TWR 123.0(118.85)
130.0

成都/双流
ILS/DME RWY02

起始进近最大IAS380km/h

双流
115.7 CTU
CH 104X

IAF 2700 8858'

153°

030° 1800 5905'
D3.0CTU

成都市

崇州
114.5 CZH
CH 92X

533 569
592

591

柏鹤寺
117.9 BHS
CH 126X

247°

IAF 2400 7874'

980

D2.5CTU
R278°

LMM
396 Z

30°
30°

LOM
260 ZW

20km

FAF
D7.2CTU

024°

D14.8CZH

592
R262°

635
R257°

992

IF
D9.0CTU
1150/3773' R249°

D16.1BHS

D17.3BHS

633

711

ILS
024° 111.1 IZW

R336°
D26.0FJC
D17.0CTU
1800/5905'
988

2200 7218'

180°

090° CTU

1700 5577'

295°

R156°

30°
15'

5 644 10 15km

733

336°

MSA 46km

IAF
R336°
D19.0FJC
D24.0CTU
2400/7874'

TL 3600
TA 3000

IF
R257°BHS
D9.0CTU

FAF
GP INOP
R262°BHS
D7.2CTU

024°

D4.8CTU
ZW

GP INOP
R278°BHS
D2.5CTU

MAPt
GP INOP
Z CTU

复飞程序
直线爬升至D3.0CTU,右转沿
030°磁航迹爬升至1800/5905',
听ATC指挥。

1150(657)
3773'(2155')

910(417)
2986'(1368')

GP 3°

700(207)
2297'(679')

RDH=15/49'

15.7km 12.3 7.75 3.6 1.05 0

	ILS/DME DA(DH) RVR/VIS	GP INOP MDA(H) VIS	目视盘旋 MDA(H) VIS	FAF-THR 12.3km				
				地速（km/H)	150	200	250	300	350
A	553(60) 1814'(197') 550/800	615(122) 2018'(400') 1200	690(195) 2264'(640') 1600	时间（M:S)	4:55	3:41	2:57	2:28	2:07
B				下降率（m/s) (5.2%)	2.2	2.9	3.6	4.4	5.1
C	558(65) 1831'(213') 550/800	615(122) 2018'(400') 1600	720(225) 2362'(738') 3200	测距（CTU)(NM)	1	2	3	4	5	6	7
				至入口（NM)	0.46	1.46	2.46	3.46	4.46	5.46	6.46
D	558(65) 1831'(213') 600/800	615(122) 2018'(400') 2000	720(225) 2362'(738') 3600	高度（M) 高	553 (60)	650 (157)	747 (254)	844 (351)	941 (448)	1038 (545)	1135 (642)
				修改：复飞程序							

2008-12-1 EFF 2008-12-18　　中国民用航空总局制CAAC　　ZUUU-5A

图 5.41　精密进近图

5.7.2.3　继续进近或中断进近复飞的决断

飞机沿下滑道下降到 DA/DH 时，如果不能建立目视参考，或者不是处于能够正常着陆的位置时，飞机不能继续下降，而应按公布的复飞程序立即复飞。对于不同的机型和机场，可以从仪表进近图的剖面图中查出 DA/DH，如图 5.41 中 C 类飞机执行的 DA/DH 是 558/65 m。

5.7.2.4　下滑台不工作或接收不到下滑信号的方法

飞行中由于一些情况的发生，有时下滑台不工作或机载接收机接收不到下滑信号，这时按非精密进近的最低着陆标准执行，如图 5.41 表格中 GP INOT 是表示的下滑台不工作执行非精密进近的 MDA（H）、VIS。这种情况下五边航迹的控制完全与设备完好时一样，只是高度的控制方法按非精密进近五边高度的控制方法。

复习思考题

1. 什么叫仪表飞行程序？分为哪几类？

2. 仪表进近程序通常由哪些航段组成？每一航段的作用是什么？

3. 能实施精密进近和非精密进近的导航设备分别有哪些？

4. 起始进近航段有哪几种结构形式？各有何优缺点？

5. 仪表进近中飞行分类是按照什么来分类的？

6. 最低下降高度/高和决断高度/高的基准面是什么？它们有什么关系？

7. 根据已知的 TAS、转弯坡度 β、转弯率 ω 来计算转弯半径 R 和转过 θ 的时间 t_θ。

TAS	160 kn	170 kn	270 kn	300 km/h	315 km/h	350 km/h	300 kn	450 km/h	500 km/h
β 或 ω	20°	3°/s	25°	3°/s	25°	2.8°/s	22°	3°/s	15°
R									
$t_{90°}$									
$t_{180°}$									

8. 直角航线程序无风数据中，哪些是图中必须公布的？哪些是按照机型计算的？

9. 直角航线程序的进入方法是怎样规定的？

10. 风是如何影响直角航线飞行的？

11. 直角航线如何分解风？如何修正风对直角航线程序的影响？

12. 等待航线的特点是什么？直角航线和等待航线有什么异同点？

13. 如图 5.13 所示，某机出航转弯速度 360 km/h，出航 TAS335 km/h，出航飞行时间 1.5 min，入航转弯 TAS 为 320 km/h，结合机型计算直角航线无风数据。

14. 如图 5.13 所示，飞机出航 TAS335 km/h，出航飞行时间 1.5 min，如果气象台测报的风向/风速为 160°/10 m/s，对风进行分解并按照系数法进行修正，其中 $\theta = 1.5WS_2$，Δt 是顺 2WS$_1$ 逆 3 WS$_1$，计算 MH$_{应}$、$t_{应}$、RD$_{应}$。

15. 修正角航线程序无风数据中，哪些是图中必须公布的？哪些是按照机型计算的？

16. 修正角航线如何分解风？如何按分解后的风修正航向、时间和下降率？

17. 如图 5.29 所示的修正角航线，新舟 600 飞机执行改航线，出航 TAS150 kn，入航转弯 TAS 140 kn。计算该机型的无风数据：出航边的长度、入航转弯半径和转弯时间、出航航段的下降率和最后 90°转弯开始位置的无线电方位。

18. 如图 5.29 所示的修正角航线，新舟 600 飞机执行改航线，出航 TAS150 kn，入航转弯 TAS 140 kn，如果气象台测报的风向/风速为 50°/8 m/s，对风进行分解并按照系数法进行修正，其中 $\theta = 1.2 WS_2$，Δt 是顺 $2WS_1$ 逆 $3 WS_1$，计算 $MH_{应}$、$t_{应}$、$RD_{应}$。

19. 飞机在最后 90° 转变过程中，航向和无线电方位是怎样变化的？

20. 飞机在最后 90° 转弯过程中，如何判断进入的早晚？怎样修正？

21. 非精密进近程序的五边飞行中，航迹偏差如何判断？可采用哪些方式进行修正？各有何特点？

22. 非精密进近的五边飞行高度如何控制？

23. 最后进近航段的下降率和飞行时间是如何得到的？如何计算？

24. 精密进近的五边飞行高度如何控制？

25. 精密进近如何切入航向道和下滑道？

26. 非精密进近中，飞机下降到 MDA（H）时，能见或不能见跑道时，应当分别如何飞行？

27. 精密进近中，飞机下降到 DA（H）时，能见或不能见跑道时，应当分别如何飞行？

6 现代导航方法

传统的无线电导航系统，利用 NDB、VOR/DME、ILS 等近程无线电导航系统，只能引导飞机在安装了导航台的陆地区域飞行，而不能在海洋和边远陆地区域引导飞机飞行。其飞行方法是采用向台飞行和背台飞行，飞行中采用从一个导航台飞向另一个导航台，飞行中只能实施逐台飞行，不能跨台直飞。

随着航空业的高速发展，空中飞行流量日益增加，束缚于导航台的这种传统的航线结构和导航方法，存在着很大的局限性，严重限制了飞行流量的增加。随着计算机技术、电子技术广泛应用于导航运算中和一些远程导航系统的出现，如罗兰-C、奥米伽导航、惯性导航系统等，导航手段发生了根本的变化，可以引导飞机不需飞向或飞越导航台，因而航线可以由不设导航台的航路点之间的线段连接而成，使得航线编排更加灵活，这种导航方法称为区域导航（RNAV – Area Navigation）。

6.1 区域导航

6.1.1 区域导航概念

国际民航组织在国际民航公约附件 11 中对区域导航（RNAV）的定义是：区域导航是一种导航方法，允许飞机在台基导航设备的基准台覆盖范围内或在自主导航设备能力限度内或两者配合下按任何希望的飞行路径运行。其中台基导航设备，包括传统的以地面电台为基础的陆基导航设备和以卫星导航系统为基础的星基导航设备。区域导航不仅是一种导航方法，同时也涉及航路结构和空域环境。

从区域导航的发展和当前的使用来看，可以用于区域导航的导航系统有 VOR/DME、DME/DME、罗兰-C、奥米伽导航系统、惯性导航系统、全球卫星导航系统等。而随着导航系统的发展和各国的使用政策，当前广泛使用的区域导航系统主要有：

1）VOR/DME

这种导航系统根据确定的一个 VOR/DME 台和选定的航路点，机载 VOR/DME 接收机接收 VOR 方位和 DME 距离信息，通过 RNAV 导航计算机，算出飞向下一个航路点的航线角和距离，使飞机飞向该航路点。该导航系统是最简单的 RNAV 设备，该导航设备受限于所选台的覆盖范围和接收距离，要将此设备用作 RNAV，飞行区域必须有足够的 VOR/DME 台覆盖。

2）DME/DME

这种导航系统根据位置确定的两个 DME 台来确定飞机的位置信息，根据选定的航路点，通过 RNAV 计算机的计算来获得飞机的导航信息。飞机位置信息的精度取决于 DME/DME 双台对飞机的几何位置关系和接收距离，所以在有较多 DME 台覆盖并可以选取较好组合时，此系统极为可靠。

3）惯性导航系统（INS/IRS）

惯性导航完全是靠机载的自主设备实现导航，其导航计算机都具有 RNAV 计算能力，可以输出精确的现在位置、导航数据、驾驶指令和飞机的姿态航向信息；缺点是精度随时间增加变差。

4）全球卫星导航系统（GNSS）

全球卫星导航系统是由机载接收设备接收空中卫星发射的信号而定位的独立导航系统，是一种具有高可靠性、高准确性、全球覆盖的导航系统。通过多种增强技术的使用，符合单一导航手段，完全满足国际民航组织对 RNAV 的不同飞行阶段的性能要求。

5）飞行管理系统综合（FMS）

上面的四种导航传感器可以单独使用，也可以多类型导航传感器组合应用，组合使用很典型的就是飞行管理系统综合，如图 6.1 所示是现代飞机的复合多传感器区域导航系统。其导航传感器包括 VOR、DME 接收机、惯性基准系统、全球卫星导航系统等，通过多种导航系统的综合导航，完全满足 RNAV 的要求，是现代飞机上广泛使用的区域导航系统。

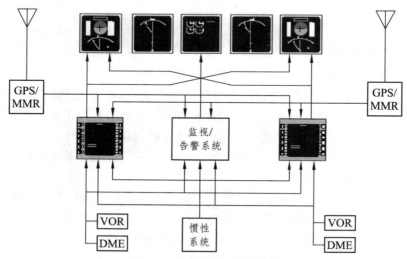

图 6.1　飞行管理系统综合

近年来我国民航引进的现代化客机的机载设备，大都具有能够实施 RNAV 的导航系统。如 A340-300，具有双套飞行管理系统，三套大气数据惯性基准系统；MD-11 具有双飞行管理系统，三套惯性基准系统。

6.1.2　VOR/DME 区域导航的基本原理

VOR/DME RNAV 系统作为最简单的区域导航系统，它是一种利用 VOR 测向、DME 测距以及气压高度作为基本输入信号，来计算飞机到某个航路点的航向和距离的导航引导系统。

飞机沿预定航线飞行，关键是要知道预定航线的航线角和航线距离。VOR/DME 区域导航可从飞机当前位置飞往任意航路点，其中，飞机位置点用（ρ_1，θ_1）表示，任意设定航路点的位置坐标用（ρ_2，θ_2）表示，飞机与航路点的连线为航线，如图 6.2 所示。其中所选航线的航线距离为 ρ_3，预计的磁航线角为 θ_3，那么，在 VOR/DME 台、飞机、航路点构成的区域导航三角形中：

$$\rho_3 = \sqrt{\rho_1^2 + \rho_2^2 - 2\rho_1\rho_2 \cos(\theta_2 - \theta_1)} \tag{6.1}$$

$$\theta_3 = \theta_2 + \arcsin\left[\frac{\rho_1}{\rho_3} \cdot \sin(\theta_2 - \theta_1)\right] \tag{6.2}$$

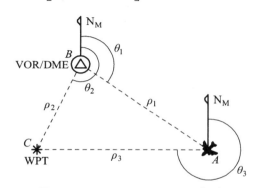

图 6.2　VOR/DME RNAV 三角形

可见，通过求解该三角形就可获得沿预定航线飞行的航线角和航线距离。在飞行过程中，随着飞机的移动，三角形也在变化，但通过连续的求解该三角形，可以获得飞机飞往预定航路点的航线角和航线距离。

实际上，现代民用飞机的 RNAV 系统均利用计算机来求解 RNAV 三角形。因而先要将 RNAV 三角形表示在直角坐标系内，然后再根据直角坐标与极坐标的关系写出 ρ_3、θ_3 的表达式，并将解 RNAV 三角形的有关公式编成程序，连同三角函数数值表均存储在导航计算机中。

其中直角坐标与极坐标的关系如图 6.3 所示：

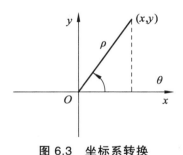

图 6.3　坐标系转换

$$x = \rho \sin \theta \ , \quad y = \rho \cos \theta$$

$$\rho^2 = x^2 + y^2 \ , \quad \theta = \arctan \frac{x}{y}$$

因此：

$$\theta_3 = \arctan \frac{y_2 - y_1}{x_2 - x_1}$$

$$= \arctan \frac{\rho_2 \cos \theta_2 - \rho_1 \cos \theta_1}{\rho_2 \sin \theta_2 - \rho_1 \sin \theta_1} \tag{6.3}$$

$$\rho_3 = \sqrt{(x_2 - x_1)^2 + (y_2 - y_1)^2}$$

$$= \sqrt{(\rho_2 \sin \theta_2 - \rho_1 \sin \theta_1)^2 + (\rho_2 \cos \theta_2 - \rho_1 \sin \theta_1)^2} \tag{6.4}$$

所以，求解式（6.3）和式（6.4）可计算飞机沿预订航线飞行的航线角和航线距离。

6.1.3 区域导航的组成和功能

6.1.3.1 区域导航系统的组成

典型的区域导航系统由 RNAV 计算机、导航传感器、导航控制系统、显示和系统告警、飞行控制系统等组成，其组成方框图如图 6.4 所示。

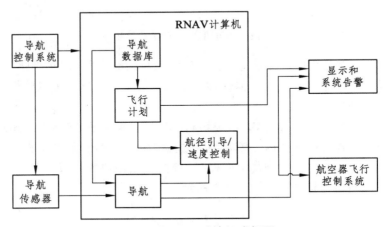

图 6.4 RNAV 系统组成框图

RNAV 系统的导航传感器包括大气数据系统、VOR、DME 接收机、惯性基准系统、全球卫星导航系统，其中导航传感器可以单独使用，也可组合使用。它们为 RNAV 计算机提供实时的大气、飞行、导航和姿态参数。

导航控制系统是进行人-机联系的一个重要部件，飞行机组通过该部件可以完成飞行前飞行计划参数的输入和飞行中对飞行计划的修改。

RNAV 计算机是系统的核心，它接收来自传感器的信息、内部数据库数据和机组人员键入的数据，并对这些数据进行综合处理，从而实施导航、飞行计划管理、引导和控制、显示和系统控制等功能。

显示和系统告警主要是显示导航信息和其他信息，如驾驶员可在 RNAV 系统自身显示器上或其他显示仪器上获得侧向和垂直引导。最先进的显示模式将构成一幅电子地图，包括航空器标志、计划飞行航径和地面相关设施，如导航设备和机场等。另外，在出现异常的情况下还可提供告警信息。

飞行控制系统接收来自飞机各传感器的信号，根据要求的飞行方式对信息进行处理，并产生输出指令去操纵副翼等控制翼面。

导航数据库存储在导航计算机内，导航数据库存储导航设备位置、航路点、空中交通服务航路和终端程序及相关信息等。RNAV 系统将使用这些信息生成飞行计划，还可在传感器信息和数据库之间进行交互检查。

6.1.3.2　区域导航系统的功能

RNAV 系统的功能主要包括导航、飞行计划管理、引导和控制、显示和系统控制。

1）导航功能

导航功能计算包括航空器位置、速度、航迹角、垂直航径角、偏航角、磁差、气压修正高度及风向和风速等数据。

RNAV 系统可以使用单一类型的导航传感器，如全球导航卫星系统进行导航，但是更多的是多导航传感器的 RNAV 系统。使用多导航传感器系统来计算航空器的位置和速度，虽然实施的方式可能有所不同，但系统的计算通常依据可用的最精确的定位传感器。

RNAV 系统在使用导航传感器时，要确认每个传感器数据的有效性，还要确认使用这些系统之前各类数据的一致性。如全球导航卫星系统数据在被用于导航定位和速度计算之前，通常要经过严格的完好性和精度检查；VOR 和 DME 数据在被用于 FMC 无线电更新之前，通常要经过一系列的"合理性"检查。这种严格性上的差异是由于导航传感器技术和设备所具有的能力和特性造成的。

对于多传感器的 RNAV 系统，在进行位置和速度计算时有不同的优先等级。其中 GNSS 具有最高的优级，如果不能将 GNSS 用于位置/速度计算时，则系统可以自动选择诸如 DME/DME 或 VOR/DME 这类次级优选更新模式，如果这些无线电更新模式不能使用或已被取消，那么系统就会自动转为惯性导航系统。对于单传感器导航系统，传感器故障可导致 RNAV 系统无法进行导航。

2）飞行计划

RNAV 系统飞行计划功能可生成和收集引导功能所用的侧向和垂直飞行计划。RNAV 系统还能为航路点、终端和进近程序以及始发地和目的地提供飞行进程信息，包括预计到达时间和所需飞行距离，这对于空中交通管制进行战术和计划协调很有帮助。

当前的很多 RNAV 系统包括性能管理能力，在这种管理中，将使用空气动力学和动力装置模型计算与航空器相吻合，并能够满足空中交通管制各种限制的垂直飞行剖面。

3）引导和控制

RNAV 系统提供侧向引导和垂直引导。侧向引导功能将导航功能生成的航空器位置与理想的侧向飞行航径进行对比，生成用来指挥航空器沿理想航径飞行的引导指令。连接飞行计划航路点的最短或大圆航段和这些航段之间的弧形过渡由 RNAV 系统计算得出。通过将航空器当前位置和方向与标称航迹相对比，计算出飞行航迹误差，依据航迹误差，系统生成沿标称航迹飞行的滚动式引导指令。这些引导指令被输入到飞行引导系统，用来直接控制航空器或为飞行指引仪生成指令。其中的垂直引导功能用于控制航空器在飞行计划限制的范围内沿垂直剖面飞行。垂直引导功能的输出信息，通常是对显示系统和/或飞行引导系统发出的俯仰指令，以及对显示系统和/或自动推力系统发出的推力或速度指令。

4）显示和系统控制

显示和系统控制为系统初始化、飞行计划、航迹偏离、飞行进程监视、主动引导控制和导航数据显示提供各种手段，以使飞行机组人员掌握飞行情况。

6.1.4　区域导航的特点

区域导航程序与传统飞行程序相比，在飞行程序设计理念方面是一次大的革新。区域导航能够脱离导航台台址的约束，便于编排短捷的希望的飞行路径。RNAV 在充分利用现代计算机技术下，便于发挥多套组合及多种导航设备组合导航的优势。在定位计算中采用了余度技术、卡尔曼滤波技术后，导航精度和可靠性都有明显提高。此外，RNAV 都能和自动驾驶耦合、和显示器耦合，因而能把航线偏离或驾驶指令送到自动驾驶或自动飞行系统和显示仪表，实现自动制导和显示器监视，还能在到达航路点前给出提示信息。

与传统导航相比，区域导航的特点反映在航路结构、定位方法、导航计算等多个方面。航线结构：RNAV 的航线就是航路点系列组成的连线，这些航路点是脱离导航台台址而自行定义的任何地理位置点，而传统导航的航线是导航台连接而成的连线；定位方法：RNAV 定出的是飞机在地球上的绝对位置，传统导航定出的位置是飞机相对于电台的位置；导航计算方法：RNAV 按飞行计划转换到航线坐标，算出向前方航路点飞行的已飞距离或待飞距离和航迹的侧向偏离，所有的计算是在大圆航迹上进行的，而传统导航的计算是在当地地图投影平面上进行的，如表 6.1 所示。

表 6.1　传统导航和区域导航的对比

项目	传统导航	区域导航
航路结构	电台：电台构成逐台飞行，从一个台飞向下一个台	航路点：航路点构成可以逐点飞行，也可跳过航路点飞行
依赖的导航设施	NDB、VOR、DME	VOR/DME、DME/DME、INS（IRS）、GNSS
机载设备组成	无线电导航接收机	导航传感器＋RNAV 计算机(包括导航数据库)
机载设备配置	单套或双套设备中等精度，中等可靠性	双套或三套设备提高精度，提高可靠性
定位计算	相对法：相对于电台，平面上计算	绝对法：地理坐标、转换到航线坐标，大圆航线计算

6.2　所需导航性能

6.2.1　所需导航性能的概念

国际民航组织在 Doc 9613-AN/937 中对所需导航性能（RNP Required Navigation Performance）的定义是：所需导航性能是对在规定空域内运行所需要的导航性能精度的描述。RNP 也指在指定空域和航路内，装备各种导航系统（或设备）的飞机在规定概率上能够保持在指定轨迹的允许偏差以内的能力，其偏差值用 RNP-X，X 单位为 n mile。指定概率是指在95%时间内，为了保证空域的持续性和完整性，当航空器在失效和不正常性能情况下，以高度确定性令人满意地完成任务。除 95% 区域以外，RNP 还设置了包容区，RNP 包容区是一个 2×RNP-X 的区域，包容度为 99.999% 的时间概率，如图 6.5 所示。

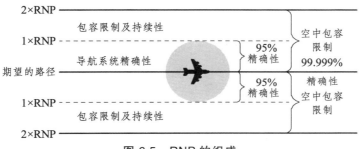

图 6.5　RNP 的组成

导航性能精度是基于水平范围内允许的整体系统误差（Total System Error—TSE），包括侧向和纵向。TSE 是导航系统误差、RNAV 计算误差、显示系统误差和飞行技术误差 FTE 的综合；侧向范围方面，TSE 被假设为飞机的真实位置和导航系统计划的飞行航路中心线间的差异；纵向范围方面，TSE 被假设为到规定航路点的显示距离和到该点真实距离的差异。

6.2.2　RNP 的类型

导航性能精度用 RNP-X 来表示，精度值受到导航源误差、机载接收误差、显示误差和侧向的飞行技术误差等影响，根据不同的导航性能精度，批准了不同的 RNP 类型。从不同国家和地区对 RNP 的发展看，RNP 有不同的类型。其中早期的是 RNP 20、RNP 12.6，RNP 20 是早期考虑应用到 ATS 航路的标准，但现在已不需要该标准了；RNP 12.6 是用于降低了标准的导航设备的优化航路区域，如北大西洋的最小导航性能规定空域（MNPS），现在也不使用。现在和将来使用的 RNP 类型有：RNP 10、RNP 4、RNP2、基本 RNP 1、高级 RNP1、RNP APCH 和 RNP AR APCH 等，具体应用将在 PBN 内容介绍。

6.2.3　RNP 和 RNAV 的关系

RNAV 是满足 RNP 的重要手段，在允许的误差精度下，可以在任何空域以 RNP 概念运行 RNAV，而无需飞越陆基导航设备。提供 RNP 可以用任何一种导航系统，前提是其能满足所需导航性能的精度。RNP 运行区别于 RNAV 的一个显著特点，是 RNP 的机载导航系统具备监视机载导航系统性能的能力，一旦它检测到运行中的航空器所获得的导航性能没有达到要求，它就会立即告知机组。所以，RNP 系统提高了运行的完整性，使航路间距和保护区缩小、空域资源得到进一步优化。传统航路、RNAV 航路和 RNP 航路的区别如图 6.6 所示。

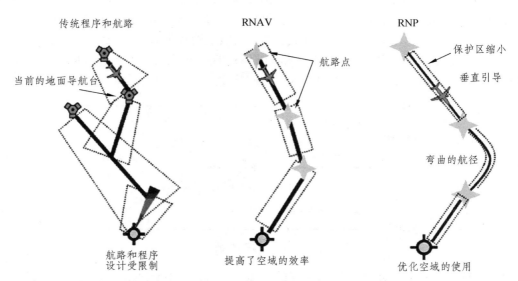

图 6.6　传统航路、RNAV 航路和 RNP 航路的区别

6.3　基于性能的导航

6.3.1　基于性能导航的概念

基于性能的导航（PBN – Performance-Based Navigation）是国际民航组织（ICAO）在整合各国区域导航（RNAV）和所需导航性能（RNP）运行实践和技术标准的基础上提出的一种新型运行概念。它将飞机先进的机载设备与卫星导航及其他先进技术结合起来，涵盖了从航路、终端区到进近着陆的所有飞行阶段，提供了更加精确、安全的飞行方法和更加高效的空中交通管理模式。

PBN 是指在相应的导航基础设施条件下，航空器在指定的空域内或者沿航路、仪表飞行程序飞行时，对系统精确性、完好性、可用性、连续性以及功能等方面的性能要求，如图 6.7 所示。PBN 概念标志着从基于传感器导航向 PBN 的转变。在 PBN 中，首先依据运行要求确定一般导航要求；然后，运营人评估可选技术和导航服务。所选择的解决方案，对运营人而言将是一个最具成本效益的方案，但不是作为运行要求的一部分强加的方案。

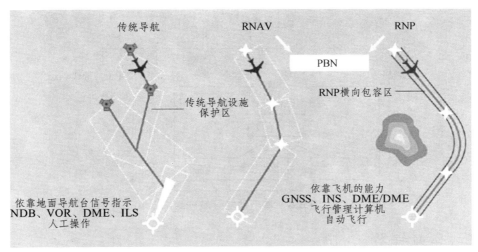

图 6.7　PBN 概念示意图

6.3.2　基于性能导航的优点

与基于传感器导航制定空域和超障准则的方法相比，PBN 具有以下若干优点：

（1）精确地引导航空器，提高飞行运行安全性。

（2）提供垂直引导，实施连续稳定的下降程序，减少可控撞地的风险。

（3）改善全天候运行，提高航班正常性，保障地形复杂机场运行的安全。

（4）实现灵活和优化的飞行航径，增加飞机业载，减少飞行时间，节省燃油。

（5）避开噪音敏感区，减少排放，提高环保水平。

（6）通过实施平行航路和增加终端区内进、离场航线定位点，提高交通流量。

（7）缩小航空器间横向和纵向间隔，增大空域容量。

（8）减少地空通信和雷达引导需求，便于指挥，降低飞行员和管制员的工作负荷。

（9）减少导航基础设施投资和运行成本，提高运行的整体经济效益。如移动一个 VOR 台会影响到数十个程序，因为 VOR 台可能用于航路、VOR 进近、复飞等。增加新的特定传感器程序将增加这类成本。可用导航系统的快速发展，将很快使特定传感器航路和程序的成本变得不堪承受。

（10）提供若干组供全球使用的导航规范，简化运营人的运行审批程序。

6.3.3　基于性能导航的内容

通信、导航、监视和空中交通管理是空域概念不可缺少的四个要素，对于导航系统，把发展 PBN 作为空域概念的支持手段之一。PBN 概念依赖于 RNAV 系统的使用，使用 PBN 的要素包括导航应用、设备基础设施和导航规范，如图 6.8 所示。PBN 应用有两个核心的输入要素：导航设备基础设施和导航规范。在空域概念下将导航设备基础设施和导航规范两个要素应用于空中交通服务航路和仪表程序，便产生第三个要素——导航应用。

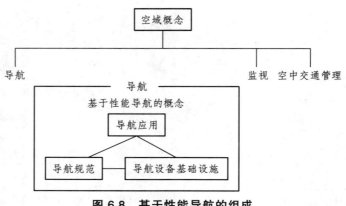

图 6.8　基于性能导航的组成

6.3.3.1　导航规范

导航规范是各国制定适航和运行审批材料的基础。导航规范会详细说明 RNAV 系统在精度、完好性、可用性和连续性方面所要求的性能；RNAV 系统必须具备哪些导航功能；哪些导航传感器必须整合到 RNAV 系统，以及对机组人员有哪些要求。

导航规范既可以是 RNP 规范，也可以是 RNAV 规范。RNP 规范包含对机载自主性能监视和告警的要求，而 RNAV 规范则不包含此方面的要求。

在不同的区域，RNP 和 RNAV 规范的标识是不同的，如图 6.9 所示。

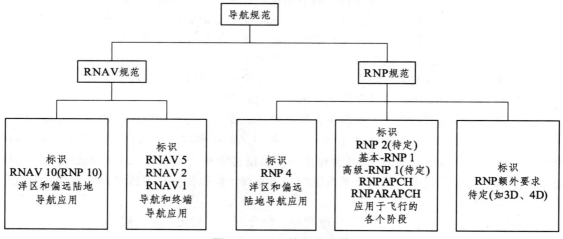

图 6.9　PBN 的导航规范

在洋区、偏远陆地、航路和终端区域，RNP 规范以 RNP X 标识，如 RNP 4；RNAV 规范标识为：RNAV X，如 RNAV 1。如果两个导航规范共用一个 X 数值，可以使用前缀加以区分，如高级 RNP 1（Advanced RNP 1）和基础 RNP 1（Basic RNP 1）。进近导航规范包含仪表进近的各个航段。RNP 规范的标识将 RNP 作为前缀，后接一个词语缩写，如 RNP APCH 或 RNP AR APCH。RNAV 没有进近规范。另外，现行标识 RNP 10 与 PBN 的 RNP 和 RNAV 规范不一致，RNP 10 不包括对机载性能监视与告警的要求。为了与 PBN 概念相一致，当前 PBN 框架下的 RNP 10 被称为 RNAV 10。

对于 PBN 的导航规范，不同的导航规范运用于不同的飞行阶段，如表 6.2 所示。RNAV 10 用于支持飞行航路阶段 RNAV 的运行，支持基于海洋或偏远地区空域的纵向最小间隔；RNAV 5 是一项航路导航规范，也可用于 30 海里以外和最低扇区高度以上的标准仪表进场初始阶段；RNAV 2 用于陆地区域航路、仪表进场和离场阶段使用；RNAV 1 用于支持在陆地区域航路的 RNAV 运行，也可用于离场、进场、到最后进近点的进近和复飞阶段；RNP 4 用于支持飞行航路阶段 RNAV 的运行，支持基于海洋或偏远地区空域的纵向最小间隔；基本的 RNP 1 用于支持离场、进场、到最后进近点的进近和复飞的 RNAV 应用；RNP APCH 可用于进近的各个阶段。

表 6.2　飞行阶段导航规范的应用

导航规范	飞 行 阶 段							
	洋区/偏远陆地上空航路	陆地上空航路	进场	进近				离场
				初始	中途	最终	复飞	
RNAV 10	10							
RNAV 5		5	5					
RNAV 2		2	2					2
RNAV 1		1	1	1	1		1[b]	1
RNP 4	4							
基础 RNP 1			1[a,c]	1[a]	1[a]		1[a,b]	1[a,c]
RNPAPCH				1	1	0.3	1	

注意：a. 该导航应用仅限用于标准仪表进场和标准仪表离场。
　　　b. 应用范围仅限于复飞进近阶段的初始爬升之后。
　　　c. 距机场基准点（ARP）30 海里以外，精度告警门限变为 2 海里。

RNAV 和 RNP 规范都包含导航功能要求，这些导航功能要求基本包括：

（1）持续显示航空器位置的功能，航空器位置是相对于驾驶员主视野内的航行显示器航迹而言的；

（2）显示至正在使用的航路点距离和方位；

（3）显示至正在使用的航路点地速或时间；

（4）导航数据存储功能；

（5）正确提示 RNAV 系统，包括传感器的故障。

另外，更为完备的导航规范还包括对导航数据库和执行数据库程序能力的要求。

6.3.3.2　导航设备基础设施

导航设备基础设施指陆基或星基导航设备，陆基导航设备包括测距仪和甚高频全向无线电信标；星基导航设备包括全球导航卫星系统构成要素。

6.3.3.3 导航应用

导航应用是指按照空域概念，将导航规范和相关导航设备基础设施应用于空中交通服务航路、仪表进近程序和/或规定空域。其中 RNP 应用由 RNP 来支持；RNAV 应用由 RNAV 规范来支持。如 GNSS、DME／DME／IRS、DME／DME 任意一种导航源都可满足 RNAV 1 标准，但特定的国家，对于需要满足 RNAV 1 标准的导航设备性能不仅仅依赖于航空器的机载能力，有限的 DME 设备或 GNSS 政策因素都可能导致该国对 RNAV 1 标准具有特定的导航设备要求。

6.3.4　机载监视性能与告警

PBN 导航中的 RNP 规范包含对机载自主性能监视和告警的要求，机载性能监视与告警是决定导航系统是否符合 RNP 应用必要安全水平的主要因素。它与侧向和纵向导航性能两者相关，并且能够帮助机组发现导航系统没有达到或不能保障 10^{-5} 的导航完好性要求。

影响侧向导航精度的是与航空器保持航迹和定位有关的导航误差。其中涉及机载性能监视与告警方面三个主要的误差是：航径定义误差 （PDE – Path Definition Error）、飞行技术误差 （FTE – Flight Technical Tolerance）和导航系统误差（NSE – Navigation System Error），这三种误差构成了总系统误差（TSE – Total System Error），如图 6.10 所示。

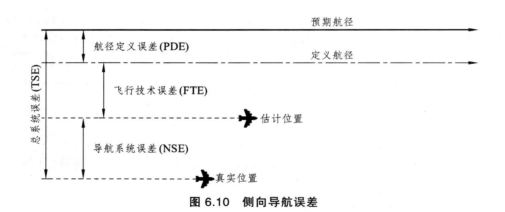

图 6.10　侧向导航误差

航径定义误差（PDE）：当 RNAV 系统定义的航径与预期航径（预期在地表上空飞行的航径）不相符时，就会产生航径定义误差。

飞行技术误差（FTE）：飞行技术误差与飞行机组人员或自动驾驶仪沿定义的航径或航迹运行的能力有关，包括显示误差。飞行技术误差可由自动驾驶仪或飞行机组程序进行监视，而这些程序在多大程度上需要其他手段给予辅助，则取决于飞行阶段和运行类型等因素。飞行技术误差有时被称为航径操纵误差（PSE）。

导航系统误差（NSE）：导航系统误差指航空器估计位置与实际位置之间的区别。导航系统误差有时被称为定位估计误差（PEE – Position Estimation Error）。

假定这些误差呈相互独立、零均值的高斯分布；那么，总系统误差也符合高斯分布，标准差为这三种误差标准差平方和的平方根（RSS）：

$$TSE = \sqrt{PDE^2 + FTE^2 + NSE^2} \tag{6.5}$$

侧向导航误差（95%）是 2TSE：

$$2TSE = 2\sqrt{PDE^2 + FTE^2 + NSE^2}$$

纵向性能是指相对于航迹上某个位置的导航能力（如 4-D 操控）。然而，目前尚没有要求 4-D 操控的导航规范，也没有纵向维度的飞行技术误差。目前的导航规范定义了沿航迹的精度要求、导航系统误差和航径定义误差。沿航迹精度会影响位置报告（如"距离 ABC 10海里"）和程序设计（如最低航段高度，航空器一旦飞越某定位点就可以从这个高度开始下降）。

RNAV 和 RNP 规范的精度要求从侧向和沿航迹维度做出了规定。RNP 规范中的机载性能监视与告警要求从侧向维度做出了规定，目的是评估航空器运行的符合度。然而，导航系统误差被视为是径向误差，从而全方位地提供机载性能监视与告警。

由于 RNP 规范包含对机载自主性能监视和告警的要求，所以，RNP 系统改善了运行的完好性，这可以使航路间距更小，也能够提供更充分的完好性，使特定空域内的导航只能使用 RNAV 系统进行导航。因此，RNP 系统可以在安全、运行和效率方面提供显著的效益。

6.4 区域导航系统的误差分析

不同的导航规范需要不同的导航精确度，而不同的导航设施有不同的导航精度，所以，在考虑导航设施是否可以用于某种导航规范时，需要考虑系统的误差。根据系统总的误差，可以确定应用于相应的导航规范。

6.4.1 VOR/DME RNAV 的误差分析

VOR/DME 区域导航可以用于 RNAV 5 的导航规范，适用于大陆区域的航路飞行阶段。VOR/DME 区域导航的导航精确性取决于下面的因素：地面站的容差，机载接收系统的容差，飞行技术容差（FTE）和系统计算容差（ST），VOR/DME 台到目标的距离。设备运作性能精度数值是以 2σ（95%概率）置信限度为基础，其中，VOR 系统的精度是 ±4.5°，DME 系统的精度是 $2\sigma = 2\sqrt{\sigma_{1,air}^2 + \sigma_{1,sis}^2}$。其中 $\sigma_{sis} = 0.05$ n mile，它是信号在空间的误差，也包括地面站误差；$\sigma_{air} = \max\{0.085, 0.0125 \times D\}$ 是机载设备误差，D 是飞机和 DME 台的斜距；对于不同的导航规范，飞行技术容差是不同的，如用于航路飞行阶段的 RNAV5 是 2.5 n mile（4630 m），

RNAV 1 是 0.5 n mile（926 m），如表 6.3 所示。

表 6.3　不同飞行阶段的飞行计算误差

Phase of flight	FTE(95 per cent) Specific to requlred navlgation specification
En-route (greater than or equal to 56 km (30 n mile)from departure or destination ARP)	RNAV5—4 630 m(2.5 n mile) RNP4—3 704 m(2 n mile) RNAV2—1 852 m(1 n mile) RNAV1—926m(1 n mile) Basic RNP-1—926 m(0.5n mile)
Terminal (SIDs, STARs, initial and intermediate approaches less than 56 km (30 n mile of the ARP)	RNAV2—1 852 m(1 n mile) RNAV1—926 m(0.5 n mile) Basic RNP-1—926 m(0.5 n mile) RNP APCH—926 m(0.5 n mile)
Final approach	RNP APCH—463 m(0.25 n mile)
Missed approach	RNP APCH—926 m(0.5 n mile)

图 6.11 是 VOR/DME 定位容差图，D 是基准台和航路点之间的距离，D_1 是从基准台到正切点的距离，D_2 是从航路点到正切点的距离，航路点外的长方形区域是定位容差区域。ATT（Along Track Tolerance）是沿航迹的定位容差，XTT（Cross Track Tolerance）是偏航容差。

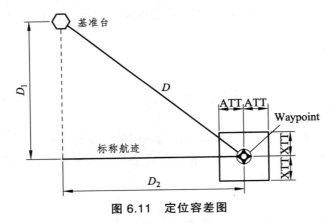

图 6.11　定位容差图

图 6.12 是 VOR/DME 误差计算图，图中 α 是 VOR 系统的精度（±4.5°），DTT 是 DME 系统的精度（2σ），ADT（Along DME Tolerance）是沿航迹的 DME 容差，AVT（Along VOR Tolerance）是沿航迹的 VOR 容差，VT（VOR Tolerance）是 VOR 容差，DT（DME Tolerance）是 DME 容差。

根据图中的关系，可对这些容差进行计算：

$$\theta = \arctan\left(\frac{D_2}{D_1}\right)$$

$$VT = D_1 - D\cos(\theta + \alpha)$$

$$DT = DTT \cos \theta$$

$$AVT = D_2 - D \sin(\theta - \alpha)$$

$$ADT = DTT \sin \theta$$

所以，沿航迹容差由导航系统误差、飞行技术误差和系统计算误差确定：

$$XTT = \sqrt{(VT^2 + DT^2 + FTE^2 + ST^2)} \tag{6.6}$$

偏航容差是由导航系统误差和系统计算误差确定：

$$ATT = \sqrt{(AVT^2 + ADT^2 + ST^2)} \tag{6.7}$$

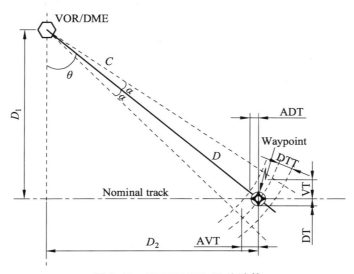

图 6.12　VOR/DME 误差计算

例 6.1　对于 RNAV 5 导航规范，飞行技术容差（95%）是 2.5 n mile（4630 m），系统计算容差是 0.25 n mile（463 m），如果 D_1 是 40 n mile，D_2 是 30 n mile，试计算 ATT 和 XTT。

解：

$$\theta = \arctan\left(\frac{D_2}{D_1}\right) = \arctan\frac{30}{40} = 36.87°$$

$$VT = D_1 - D\cos(\theta + \alpha) = 40 - 50 \cdot \cos(36.87 + 4.5) = 2.48$$

$$\sigma_{air} = \max\{0.085,\ 0.0125 \times D\} = 0.625$$

$$DTT = 2\sigma = 2\sqrt{\sigma_{1,air}^2 + \sigma_{1,sis}^2} = 2\sqrt{0.05^2 + 0.625^2} = 1.25$$

$$DT = DTT \cos \theta = 1$$

$$AVT = D_2 - D\sin(\theta - \alpha) = 30 - 50 \cdot \sin(36.87 - 4.5) = 3.23$$

$$ADT = DTT \sin \theta = 1.25 \cdot \sin 36.87 = 0.75$$

因此：

$$XTT = \sqrt{(VT^2 + DT^2 + FTE^2 + ST^2)} = \sqrt{2.45^2 + 1^2 + 2.5^2 + 0.25^2} = 3.65 \text{ (n mile)}$$

$$ATT = \sqrt{(AVT^2 + ADT^2 + ST^2)} = \sqrt{3.23^2 + 0.75^2 + 0.25^2} = 3.32 \text{ (n mile)}$$

6.4.2 DME/DME RNAV 的误差分析

DME/DME 区域导航可以用于 RNAV 1 和 RNAV 2 的导航规范，适用于大陆空域的航路飞行阶段和终端区域，包括离场、进程和起始进近，但不包括最后进近和复飞；它也支持用于大陆空域航路飞行的 RNAV 5，也可支持一些 RNP 的应用，如基本的 RNP 1 和 RNP APCH。该区域导航系统能否用于不同的导航规范，需要考虑其导航精确性。DME/ DME 区域导航的导航精确性取决于下面的因素：DME 系统使用误差，飞行技术容差和系统计算容差，飞机与 DME 台的距离。

DME/DME 的系统使用误差是：

$$2\sigma = 2 \frac{\sqrt{(\sigma_{1,air}^2 + \sigma_{1,sis}^2) + (\sigma_{2,air}^2 + \sigma_{2,sis}^2)}}{\sin \alpha} \tag{6.8}$$

在式（6.8）中，$\sigma_{air} = \max\{0.085, 0.0125 \times D\}$ 是机载设备误差；$\sigma_{sis} = 0.05$ n mile 是信号在空间的误差，也包括地面站误差；α 是飞机与两地面台之间的夹角，正常的范围是 $30° \leqslant \alpha \leqslant 150°$；DME 系统计算容差是 0.25 n mile（463 m）。

所以，沿航迹容差由导航系统误差、飞行技术误差和系统计算误差确定：

$$XTT = \sqrt{DDT^2 + FTE^2 + ST^2} \tag{6.9}$$

偏航容差是由导航系统误差和系统计算误差确定：

$$ATT = \sqrt{DDT^2 + ST^2} \tag{6.10}$$

例 6.2 对于 RNAV 5 导航规范，其飞行技术容差（95%）是 2.5 n mile（4630 m），系统计算容差是 0.25 n mile（463 m），α 是 70°，D_1 是 30 n mile，D_2 是 40 n mile，试计算 ATT 和 XTT。

解：

$$\sigma_{1,air} = \max\{0.085, 0.0125 \times D_1\} = 0.375$$

$$\sigma_{2,air} = \max\{0.085, 0.0125 \times D_2\} = 0.5$$

$$\begin{aligned}2\sigma &= 2 \frac{\sqrt{(\sigma_{1,air}^2 + \sigma_{1,sis}^2) + (\sigma_{2,air}^2 + \sigma_{2,sis}^2)}}{\sin 70°}\\&= 2 \frac{\sqrt{(0.375^2 + 0.05^2) + (0.5^2 + 0.05^2)}}{\sin 70°} = 1.34\end{aligned}$$

$$XTT = \sqrt{DDT^2 + FTE^2 + ST^2} = \sqrt{1.34^2 + 2.5^2 + 0.25^2} = 2.85 \text{ (n mile)}$$

$$ATT = \sqrt{DDT^2 + ST^2} = \sqrt{1.34^2 + 0.25^2} = 1.36 \ (\text{n mile})$$

所以 XTT 是 2.85 n mile，XTT 是 1.36 n mile。

6.4.3　基本的 GNSS RNAV 的误差分析

基本的 GNSS 区域导航可以用于下面的导航规范：RNAV 5、RNAV 2、RNAV 1、RNP 4、基本的 RNP 1 和 RNP ANCH。对于 RNP 和 RNAV 导航规范，其误差是不同的。

6.4.3.1　RNP 导航规范的误差计算

对于 RNP 导航规范的航迹容差（XTT）和沿航迹容差（ATT），GNSS 的总系统误差（TSE）由位置估计误差（PEE）、路径误差（PE）、显示误差（DE）和飞行技术误差（FTE）确定，其中位置估计误差由信号在空间的误差和机载接收机误差引起。总系统误差是：

$$TSE = \sqrt{PEE^2 + PE^2 + DE^2 + FTE^2} \tag{6.11}$$

其中，偏航容差（XTT）和沿航迹容差（ATT）可以通过总系统误差来计算：

$$XTT = TES \tag{6.12}$$

$$ATT = 0.8TES \tag{6.13}$$

如在 95% 的总的飞行时间内，RNP 4 的横向总系统误差和偏航误差不超过 7.4 km（4 n mile），基本的 RNP 1 不超过 1.852 km（1 n mile）。

6.4.3.2　RNAV 导航规范的误差计算

对于 RNAV 导航规范的偏航容差和沿航迹容差，如果飞行技术误差超过了 GNSS 接收机的完好性监测告警限制，则 XTT 是三种误差平方和的方根，即：

$$XTT = \sqrt{NSE^2 + FTE^2 + ST^2} \tag{6.14}$$

当飞行计算误差等于或小于 GNSS 接收机的完好性监测告警限制时，XTT 就等于 GNSS 接收机的完好性监测告警限制。

沿航迹容差是：ATT = 0.8XTT。

如在航路和终端区域运行的 RNAV 5 规范，其 XTT 是 4.65 km（2.51 n mile）；在终端区域 30 n mile 范围内的 RNAV 1 和 RNAV 2 规范，其 XTT 是 1.852 km（1n mile）。

复习思考题

1. 什么是区域导航，能实施区域导航的导航系统有哪些？
2. 区域导航与传统导航的区别主要有哪些？

3. 区域导航系统由哪些部分组成？说明其功能。

4. 区域导航系统有哪些特点？

5. 所需导航性能的概念如何理解？RNP 与 RNAV 的区别是什么？

6. 基于性能的导航的概念是什么？它的基础要素包括哪些？

7. 基于性能导航的优点有哪些？

8. 基于性能导航的导航规范有哪些？

9. 如何分析 VOR/DME、DME/DME 和基本的 GNSS 区域导航的误差？

10. 对于 VOR/DME RNAV，执行 RNAV 5 导航规范，其飞行技术容差（95%）是 2.5 n mile（4630 m），系统计算容差是 0.25 n mile（463 m），D_1 是 50 n mile，D_2 是 60 n mile，试计算 ATT 和 XTT。

11. 对于 DME/DME RNAV，执行 RNAV 2 导航规范，系统计算容差是 0.25 nm（463 m），D_1 是 15 n mile，D_2 是 60 n mile，α 是 100°，试计算 ATT 和 XTT。

7 飞行管理系统

随着现代科技水平的迅猛发展，计算机技术在航空领域中广泛应用，在 20 世纪 80 年代，飞行管理系统作为最新技术的产物得到了普遍应用。

飞行管理系统（FMS – Flight Management System）综合了以前飞机电子设备的功能并加以扩展，使设备的自动化程度更高，减轻了飞行员的工作负荷，并使飞行员有更多的时间去管理、操纵飞机。飞行管理系统可以连续、自动地提供导航、制导和性能管理。

飞行管理的概念，最早可以追溯到 20 世纪 20 年代，到了 50 年代已有飞机具备了伺服控制及Ⅲ类全天候自动着陆能力，50 年代末设计的协和号使用了自动驾驶仪、惯导技术等，进入 60 年代，先进的数字技术在民航飞机上得到了广泛应用，1968 年美国将军用飞机应用的数字航空电子系统（包括惯导系统）移植到波音 747 上，这是民航机载电子系统应用的一个基础，60 年代末 70 年代初，研制出了满足 ARINC 582、583 总线的区域导航系统，它提供了飞机水平和垂直的导航，但这些系统还不是真正现代意义上的飞行管理系统，这一阶段是 FMS 的预备阶段。进入 70 年代中期爆发了中东石油危机，为摆脱困境，研制出了性能管理计算机，强调以节油为目标的性能管理，它将飞行手册提供的数据图表再现出来，计算出以燃油为目标函数的包括爬升、巡航和下降的最优飞行轨迹并以开环形式跟踪最优轨迹，后逐渐发展为以闭环控制实现最优轨迹，但不具备导航的能力，这是 FMS 的第一阶段。70 年代中期以后，在性能数据计算机基础上发展为性能管理系统（PMS），它是性能数据计算机与自动驾驶仪和自动油门耦合而成的闭环系统，它根据储存的数据计算爬升、巡航和下降剖面，并向自动驾驶仪和自动油门系统提供控制信号，使飞机按计算出的飞行轨迹飞行，但飞行员仍要负责导航工作并完成起飞、爬升和下降的操纵，这是 FMS 的第二阶段。80 年代中期至今，美国、德国等发达国家已将 FMS 推向四维（三维空间 + 时间），它是高级区域导航系统和性能管理系统的组合，将四维算法并入 FMS 的性能管理功能中，制导包括起飞、爬升、巡航、下降及进近着陆全过程，并使到达机场时间的误差仅为几秒，同时很好地解决了空中等待、耗油和机场拥挤等问题，现代的飞行管理系统具有大容量的导航数据库和性能数据库，这是 FMS 的第三阶段。当前，随着新航行系统的建设，RNAV/RNP 和 PBN、数据链通信、航空电信网（ATN）的应用，飞行管理系统得到了更为广泛应用。

7.1 飞行管理系统的组成

现代飞机上的 FMS 是一个由计算机、传感器、无线电导航系统、控制板、电子显示仪表、电子警告组件以及执行机构联系起来的大设备系统。典型的飞行管理系统是由四个分系统组成的，它们是：飞行管理计算机系统、自动飞行控制系统、自动油门系统和传感器系统。其中飞行管理计算机系统是 FMS 的中枢，如图 7.1 所示。

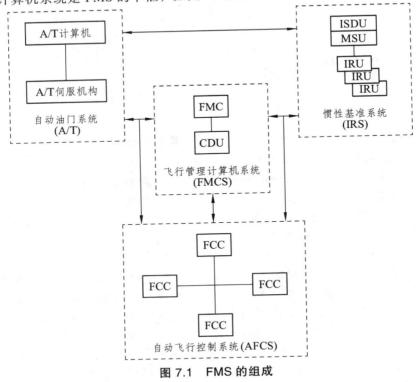

图 7.1　FMS 的组成

7.1.1　飞行管理计算机系统（FMCS）

FMCS 由飞行管理计算机（FMC - Flight Management Computer）和控制显示组件 CDU 组成，它协调、处理并控制其他分系统的工作。FMC 一般安装在飞机的电气电子设备舱的设备架上，根据需要，有的飞机安装一台，有的飞机安装两台，一台主用，一台备用。CDU 为便于操作使用，都安装在中央操纵台前方靠近左、右座的地方，CDU 在飞机上安装两台，分别供左、右座操纵使用，也可根据用户的要求安装一台或三台。

7.1.2　自动飞行控制系统（AFCS）

AFCS 是 FMS 的操作系统，它对自动驾驶、飞行指引系统、速度配平、马赫配平等提供综合控制。它由两台或三台飞行控制计算机（FCC - Flight Control Computer）、一个方式控制板（MCP - Mode Control Panel）及一些其他部件组成。FCC 接收来自飞机各传感器的信号，根据要求的飞行方式对信息进行处理，并产生输出指令去操纵副翼等控制翼面。FCC 安装在飞机电气电子设备架上。MCP 提供飞行员与 AFCS 间的联系，它安装在中央仪表板上方的驾驶舱遮光板上。飞行员通过 MCP 进行自动驾驶衔接控制、工作方式选择控制以及自动驾驶、飞行指引和 FMCS 有关的数据的选择等，同时自动油门的控制也在 MCP 上进行。

7.1.3 自动油门系统（A/T）

自动油门系统包括自动油门计算机和自动油门伺服机构。自动油门计算机安装在电气电子设备架上，它接收来自各传感器和 MCP 板上的工作方式和性能选择数据，对它们进行计算处理，输出操纵指令到油门机构去。油门伺服机构主要由伺服电动机和油门杆组成，在最新出厂的飞机上不再安装自动油门计算机，它的工作由 FMC 完成，FMC 增加了推力管理功能。

7.1.4 传感器系统

FMS 的传感器包括惯性基准系统 IRS、大气数据计算机 ADC、测距仪 DME、全向信标 VOR、全球定位系统 GPS、仪表着陆系统 ILS、燃油总和器和飞行时钟等，如图 7.2 所示。这一系统将实测的飞行、导航和大气数据传输给 FMS 的计算机系统。不同的传感器向 FMS 提供不同的信号，从而完成不同的任务。

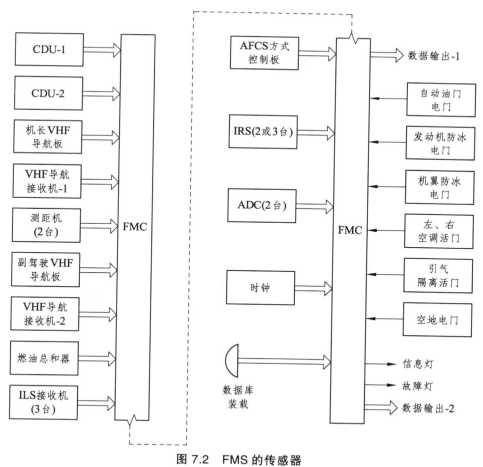

图 7.2　FMS 的传感器

7.2 飞行管理系统的传感器

7.2.1 惯性基准系统 IRS

惯性导航是利用惯性敏感元件测量飞机相对惯性空间的线运动和角运动参数，在给定的运动初始条件下，由计算机推算出飞机的姿态、方位、速度和位置等参数，从而引导飞机完成预定的航行任务。

惯性导航最主要的惯性敏感元件是加速度计和陀螺仪。这两种元件是根据牛顿力学定律测量飞机相对惯性空间的线运动和角运动参数的。用这两种惯性元件与其他控制元件、部件、计算机等组成测量系统，完成导航参数的测量，故称为惯性导航系统(INS – Inertial Navigation System)，简称惯导系统。

惯性导航是一种自主式的导航方法，惯导系统依靠自身的惯性敏感元件，不依赖任何外界信息测量导航参数，因而惯导系统的突出优点是：完全自主式的导航系统，不受气象条件限制，依靠机载设备自主导航；系统校准后短时间内定位精度高。但是，随着时间推移其定位误差也增加，即存在积累误差。此外，陀螺、加速度计、计算机的精度要求高，成本也高。

7.2.1.1 惯性导航系统的分类

惯导系统的分类方法很多，但按结构可归纳为两大类：平台式惯导系统和捷联式惯导系统。

平台式惯导系统有 1~2 个三轴陀螺稳定平台，加速度计和陀螺都安置在平台上，如图 7.3 所示。加速度计输出的信息送到导航计算机，导航计算机除计算飞机位置、速度等导航信息外，还要计算对陀螺的施矩信息。陀螺在施矩信息作用下，通过平台稳定回路控制平台跟踪导航坐标系在惯性空间的角运动。而飞行的姿态和方位信息，则从平台的框架上直接测量得到。平台式惯导系统计算量小，容易补偿和修正测量仪表的输出，但是结构复杂、尺寸大。

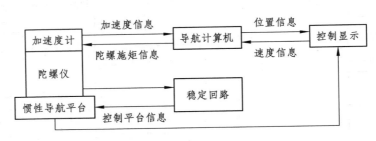

图 7.3 平台式惯导系统原理图

捷联式惯导系统中没有实际的陀螺稳定平台，加速度计和陀螺直接安装在机体上，是用计算机建立的"数学平台"来替代实际的平台。捷联式惯性导航系统省去了平台，所以结构简单、体积小、维护方便，但是陀螺仪和加速度计直接装在机体上，工作条件不佳，会降低仪表的精度。这种系统的加速度输出的是沿机体坐标系的加速度分量，需要经计算机转换成导航坐标系的加速度分量，计算量较大，对计算机的要求高。

如图 7.4 所示，导航加速度计和陀螺直接安装在飞机上，用陀螺测量的角速度信息减去计算的导航坐标系相对惯性空间的角速度，则得到机体坐标系相对导航坐标系的角速度，利用这个信息进行姿态矩阵的计算。有了姿态矩阵，就可以把机体坐标系轴向的加速度信息变换到导航坐标系轴向，然后进行导航计算。同时利用姿态矩阵的元素，提取姿态和航向信息。所以，姿态矩阵的计算、加速度信息的坐标变换、姿态航向角的计算，这三项功能实际上就代替了导航平台的功能。

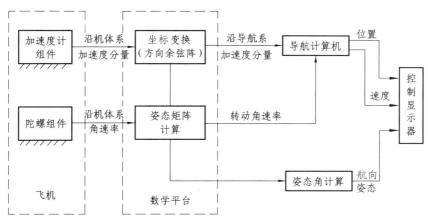

图 7.4　捷联式惯导系统原理图

7.2.1.2　惯导系统的主要功能

（1）自动测量飞机各种导航参数及飞行控制参数，供飞行员使用。测量的导航参数和飞行控制参数包括：飞机在地面或空中相对地球的瞬时位置（即时位置）；用来计算飞机到达目的地所需时间、风向/风速、偏流等的地速；航行和引导飞机的重要参数航向；控制飞机实际飞行轨迹的重要参数航迹角；表明飞机偏离给定航线情况的偏航角、偏航距离；飞机即时位置到目的地的待飞距离/待飞时间；表征飞机姿态的俯仰角、倾斜角及航向角；表征飞机角速率的俯仰角速率、倾斜角速率、偏航角速率等。

（2）与飞机其他控制系统相配合，完成对飞机的人工或自动控制（或制导）。

7.2.1.3　惯导系统的工作原理

惯性导航系统是根据惯性原理，通过测量飞机对地面运动的水平加速度，以求出飞机的地速向量和位置的导航设备。

假设飞机在地球表面的飞行距离不远，因而可以认为飞机在一个平面内飞行；又假设飞机飞行的时间不长，因而可以认为地球不转，即不考虑地球的自转运动。在上述假设条件下，设想在飞机上做一个平面装置，即平台，这个平台的台面始终平行于当地的水平面。在这个平台上，沿北——南方向放置一个加速度计 A_Y，沿东——西方向放置一个加速度计 Ax，如图 7.5 所示。当飞机起飞后，两个加速度计可以随时测出飞机沿北——南和东——西方向的线加速度 a_X 和 a_Y，即可计算飞机飞机沿 X 和 Y 轴的速度，即 v_X 和 v_Y：

$$v_X = v_{X0} + \int_0^t a_X \mathrm{d}t \qquad\qquad (7.1)$$

$$v_Y = v_{Y0} + \int_0^t a_Y \mathrm{d}t \qquad\qquad (7.2)$$

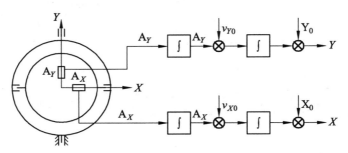

图 7.5　惯性导航原理图

式（7.1）和式（7.2）中 v_{X0} 和 v_{Y0} 是飞机在 X 和 Y 轴的初始速度，求得飞机沿 X 轴和 Y 轴方向的速度 v_X 和 v_Y，即可得到飞机的地速 GS：

$$\overrightarrow{\mathrm{GS}} = \vec{v}_X + \vec{v}_Y \qquad\qquad (7.3)$$

速度对时间的积分，即加速度对时间的二重积分，就可得距离：

$$X = X_0 + \int_0^t v_X \mathrm{d}t \qquad\qquad (7.4)$$

$$Y = Y_0 + \int_0^t v_Y \mathrm{d}t \qquad\qquad (7.5)$$

在实际的平台式惯性导航系统中，导航坐标系采用地理坐标系，飞机的位置一般都用地理经纬度 λ 和 φ 来表示，则用经纬度表示的飞行器位置为：

$$\varphi = \varphi_0 + \int_0^t v_X / R \mathrm{d}t \qquad\qquad (7.6)$$

$$\lambda = \lambda_0 + \int_0^t v_Y / (R\cos\varphi)\ \mathrm{d}t \qquad\qquad (7.7)$$

式（7.6）和（7.7）中，R 为地球半径；λ_0、φ_0 表示飞机的初始位置。

7.2.1.4　惯导系统的初始对准

惯导系统在进入正常的导航工作状态之前，应当首先进行系统的初始化工作。装有惯导系统的飞机在飞行前需要进行初始化，其内容包括给定初始条件、惯导系统的初始对准、陀螺仪的测漂和定标。其中给定初始条件比较简单，容易引入，飞机在飞行前，初始速度为零，初始位置为当地的经、纬度；惯导系统的初始对准，是将惯导平台在系统开始工作时调整在所要求的坐标系内，作为初始对准，除了精度要求外，对准速度或时间也是非常重要的指标。陀螺仪的测漂和定标由机务维护人员定期完成，不必每次启动都进行测漂和定标。

惯导系统的初始对准，对于平台式惯导系统和捷联式惯导系统，其对准实质不同。平台式惯导系统的惯性平台是测量加速度的基准，这就要求开始测量加速度时，平台应处于预定的坐标系内，否则会因平台误差而引起加速度的测量误差。当平台系统启动时，一般来说，它既不在水平面内，又没有确定的方位。也就是说，在一般情况下，实际的平台系与预定的平台系之间的偏差角是很大的，若不进行平台对准，整个惯导系统是无法工作的。所以，在惯导系统开始工作时，应将平台调整到预定的坐标系内。捷联式惯导系统在飞机受阵风、登机、装载等各种干扰运动的影响下，要求在较短的时间内以一定的精度确定出从机体坐标系到导航坐标系的初始变换矩阵。所以，系统的初始对准实质就是确定初始时刻的姿态阵。

民航飞机惯性导航系统自对准有两种方法，正常对准和重新对准。正常对准是每次飞行前，输入飞机的起始位置，系统将进行自对准。根据飞机所在纬度的不同，其所需要时间不同，在中低纬度地区，时间在 5～10 min，在高纬度地区，对准时间增加。校准完毕后，说明系统进入导航状态，飞机才能起飞滑跑，否则惯性导航系统将失效。在对准过程中，不准移动飞机，但阵风、上旅客及装货、加油等对自校准没有多大的影响。系统校准完毕，不能中断惯性导航系统的电源，否则必须重新进行自对准。

当惯性导航系统已进行了正常对准后，由于起飞时间延误或滑行时间延误而又没有关断惯性导航系统时，为了消除速度误差和位置误差，可以重新进行对准。重新对准的条件是：惯性导航系统在正常工作，方式选择开关在导航（NAV）位置，飞机地速小于 20 kn。

7.2.1.5 惯性基准系统

民航新引进的大、中型飞机，如波音和空中客车等，均装备有激光陀螺惯性基准系统（IRS），这种系统实质上就是使用激光陀螺的捷联式惯性导航系统。激光陀螺惯性基准系统（文中简称惯性基准系统）可靠性较高，制造成本较低，因此得到了广泛的应用。

IRS 由惯性基准组件（IRU）、方式选择组件（MSU）和控制显示组件（CDU）三大部分组成。但装备在不同的飞机上有不同的组合形式，如图 7.6 所示为波音 737-300 飞机上装备的形式。向惯性基准系统输入信号的设备主要有大气数据计算机系统和飞行管理计算机系统。大气数据系统向惯性基准系统输入气压高度、气压垂直速率和真空速。前两个参数用来与惯性系统垂直通道组合计算飞机的高度和惯性垂直速度，而输入真空速主要用来计算风速、风向、偏流角等。FMS 可以用来向惯性基准系统引入起始数据，同时，IRS 也向 FMCS 输送飞机经纬度位置、真航向、磁航向、南北和东西加速度、俯仰和倾斜角、高度、升降速度、地速等数据。

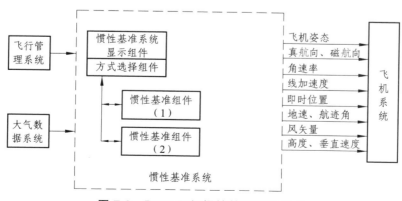

图 7.6　B737 飞机惯性基准系统组成

现代飞机上一般装有两套或三套惯性基准组件 IRU，对于最重要的位置数据使用的是三个 IRU 数值的加权平均值；使用的顺序是左、中、右，但误差过大的那台 IRU 不在其列。而对于速度数据，一般使用的是三个 IRU 数值的算术平均值。如果某一个 IRU 失效，则使用单一的正常工作的 IRU 输来的数据。对于航向、高度和升降速度数据来说，则需看自动驾驶仪所衔接的"指令"方式所对应的通道，该通道对应的 IRU 即是使用的那一套；如自动驾驶仪不在"衔接"状态，则按左、右、中的顺序使用来自 IRU 的数据。

7.2.2　全球定位系统 GPS

全球定位系统（GPS – Global Positioning System），其全称为定时和测距的导航卫星，它的含义是利用导航卫星进行测时和测距，以构成全球定位系统。

7.2.2.1　全球定位系统 GPS 的组成

全球定位系统包括三部分：空间 GPS 卫星、地面控制站组、用户 GPS 接收机，如图 7.7 所示。

GPS 空间卫星部分由 24 颗分布在倾角为 55°的 6 个等间隔轨道上的卫星组成，如图 7.8 所示。卫星轨道离地高度为 20 230 km，卫星分布可保证全球任何地区、任何时刻都有不少于 4 颗卫星以供观测。卫星上装有精密原子钟，各卫星的原子钟相互同步，并与地面站的原子钟同步，建立起导航卫星系统的精密时系，称为 GPS 时。GPS 时采用先进的星上氢原子钟，它是精密测距的基础。导航发射机以双频 1 575.42 MHz 和 1 227.60 MHz 发射导航信号。

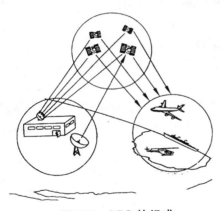

图 7.7　GPS 的组成

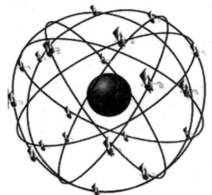

图 7.8　GPS 卫星配置

地面站组包括 1 个主控站、5 个监测站和 3 个注入站。监测站的主要作用就是对每颗卫星进行观测，并向主控站提供观测数据，并采集当地的气象等数据。由监测站提供的观测数据形成了 GPS 卫星实时发布的广播星历。主控站控制整个地面站的工作，其主要职能是根据各监测站送来的信息计算各卫星的星历以及卫星钟的修正量，以规定的格式编制成导航电文，并把卫星电文传送到注入站。注入站的主要作用是将主控站发送来的卫星星历和钟差信息每天一次地注入到卫星上的存储器中。

用户设备就是 GPS 接收机，采用无源工作方式进行导航定位。

7.2.2.2　GPS 的定位原理

GPS 是无源测距系统，在无源测距系统中，用户通过比较接收到的卫星发射信号及本地参考信号，测量电波传播时间 τ，即可计算卫星和用户间的距离 r：

$$r = c\tau \tag{7.8}$$

式（7.8）中 c 为电波传播速度。

如果飞机在宇宙直角坐标系的位置为（x，y，z），第 i 颗卫星的宇宙直角坐标为（x_{si}、y_{si}、z_{si}），则飞机与第 i 颗卫星的距离 r_i 为：

$$r_i = \sqrt{(x - x_{si})^2 + (y - y_{si}) + (z - z_{si})^2} \tag{7.9}$$

式（7.9）中有 3 个未知数，即飞机的位置（x，y，z）。可见，要解算飞机的位置（x，y，z），需要 3 个方程联立求解，这就需要接收 3 颗卫星的信号，由 r_1、r_2、r_3 得到三个位置面方程，联立求解，舍去不合理值，用户的位置便可以确定。如图 7.9 所示为空间三星定位示意图。

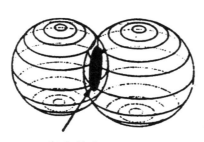
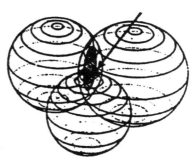

（a）接收一颗卫星信号　　　　（b）接收两颗卫星信号　　　　（c）接收三颗卫星信号
接收机位置的表示　　　　　　接收机位置的表示　　　　　　接收机位置的表示

图 7.9　空间定位示意图

根据单程测距的定位原理，其前提条件是卫星和用户的时钟基准完全一样，但卫星钟是精密的原子钟，而用户钟一般是精度较差的石英钟，用户钟和卫星钟存在钟差 Δt，这时测得的传播时延 τ 及相应的距离 r' 不是真正的电波传播时延 τ 及卫星到用户的距离 r，此时 r' 称为伪距，即：

$$r' = r + c\Delta t \tag{7.10}$$

式（7.10）整理为为：

$$r_i' = \sqrt{(x - x_{si})^2 + (y - y_{si}) + (z - z_{si})^2} + c\Delta t \tag{7.11}$$

式（7.11）中有 4 个未知量 x、y、z、Δt，要求解此 4 个未知量，必须建立 4 个独立的方程构成方程组，这意味着在空间定位至少需接收到 4 颗卫星的信号，如图 7.10 所示。这样可以求解用户的位置（x、y、z）和钟差 Δt，Δt 可用于校准用户的时钟，该时间即 GPS 时。

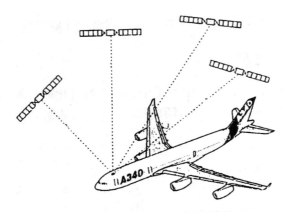

图 7.10　GPS 四星定位示意图

GPS 采用四星无源测距定位过程是：接收 GPS 导航卫星星历参数，卫星星历是卫星在不同时刻的一组组时空数据（t_i，x_i，y_i，z_i，$i = 1$，2，3，…），获得飞机位置信息，接收机测定用户到四颗卫星的伪距，建立位置面或导航定位方程，用导航算法解算得到用户的位置。

7.2.2.3　GPS 的特点

1）GPS 的优点

GPS 具有全球、全天候、连续导航能力，能提供连续、实时的三维空间坐标、三维速度和精密时间，并具有良好的抗干扰性能。

GPS 具有高精度，三维空间定位精度优于 10 m，三维速度精度优于 3 cm/s，时间精度为 20 ~ 30 ns。

GPS 能满足各类用户，可用于铁路、航空、城市交通、农业、森林防火、地震预报、救援等。

GPS 具有多种功能，可以广泛用于导航、搜索、通信、交通管理、授时、航空摄影、大地测量等。

GPS 为连续输出，更新率高，一般为每秒一次，适用于高动态移动用户的定位。

GPS 用户设备简单，购置费用较低。

2）GPS 存在的缺陷

GPS 卫星工作于 L 波段，电波入水能力差，不能用于水下导航；GPS 的完好性监测和报警能力不足，对卫星的一些软故障要在很长时间后才能发出故障状态信息；GPS 的可用性即所有地区的连续服务能力不足，某些时候在某些地方将出现少于 4 颗卫星的情况；整个系统维护费用太高。

7.2.2.4　GPS 的误差

GPS 的误差主要表现在测距误差。引起 GPS 测距误差的因素很多，主要包括与卫星有关的误差、信号传播误差及观测和接收设备引起的误差，如表 7.1 所示。

表 7.1　GPS 的误差

误　差　源	预　算　误　差（英尺）	
卫星时钟误差 星历误差	10 8.6	
	P 码	C/A 码
电离层延迟误差 对流层延迟误差 接收机噪声/量化误差 接收机通道间偏移 多路径干扰	1.3 1.3 0.8 0.5 4.0	21.0 1.3 8.0 2.0 10.0
用户等效测距误差（均方根）	13.9	27.9
产生的位置精度　均方根水平位置误差（假设 HDOP = 1.5） 均方根垂直位置误差（假设 HDOP = 2.5）	21 35	42 70

1）与卫星有关的误差

与卫星有关的误差包括时钟误差和星历误差。GPS 中各卫星钟要求互相同步并与地面站同步，但即使采用原子钟，各卫星钟也不是绝对稳定，同样存在着漂移，漂移使各卫星的时钟不同步。卫星星历数据是由地面站测算后注入的，由于各监测站对卫星进行跟踪测量时的测量误差，以及由于无法完全了解的影响卫星运动的各种因素及变化规律，因而预报的星历中不可避免地存在误差。

2）信号传播误差

GPS 信号传播误差包括电离层附加延时误差和对流层延迟误差。由于 GPS 系统工作于 L 波段，所以电离层的影响主要是电波相位传播速度变化产生的附加延时。当电波垂直穿过电离层时，夜间附加延时为 10 ns，白天可增大到 50 ns。为了提高 GPS 的定位精度，可采用双频校正法来校正电离层误差。

对流层附加延时误差是 GPS 信号在对流层传播速度发生变化引起的附加延时误差，它的修正可采用气象模型进行，可以修正对流层延时误差的 90%。

3）几何误差

GPS 导航定位时，只用 4 颗星就可以了，但每次选择并非都是最佳几何关系。因而用户与 4 颗星的几何关系不同，产生的定位误差也不同。所以选择最佳几何关系的 4 颗卫星，它们在过用户并与地面相切平面上的投影相互隔开，可以使定位误差最小。

4）设备误差

GPS 用户接收机的电路延时等将产生固定的和随机的测距误差，也将引起定位误差。

7.2.2.5 差分 GPS

GPS 的性能参数有定位精度、完好性、可用性和连续服务性。国际民航组织（ICAO）在新航行系统中对于导航的发展方案最终是使用全球导航卫星系统（GNSS），而 GPS 作为 GNSS 重要的组成部分，单纯依靠 GPS 本身是不能满足完好性、可用性和连续服务性要求的，为了能实现 ICAO 的导航系统方案，需要采用一些增强措施，使 GPS 能满足性能参数的要求。增强措施包括地基增强系统（GBAS）、星基增强系统（SBAS）和空基增强系统（ABAS）。在增强措施中，最典型的是采用差分 GPS（DGPS）技术，使用户在有限地理区域范围内，提高卫星导航系统的四个性能指标。

1）DGPS 的工作原理

DGPS 系统需要在地面已知位置设置一个地面站，地面站由一个 GPS 差分接收机和一个差分发射机组成。GPS 差分接收机接收卫星信号，监测 GPS 误差，并按规定的时间间隔用地空数据链把修正信息发送给用户，用户接收修正信息，来校正自己的测量数据或位置数据。图 7.11 所示是飞机在进场中的 DGPS 原理图。

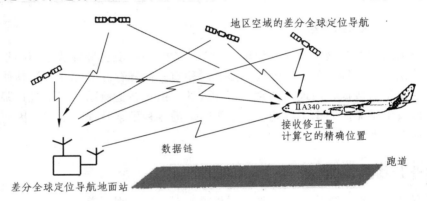

图 7.11　DGPS 的工作原理

2）实现 DGPS 的方法

差分 GPS 有三种工作方式，即：位置差分、伪距差分和载波相位差分。这三类差分方式的工作原理是相同的，即都是由基准站发送修正数据，由用户站接收并对其测量结果进行修正，以获得精确的定位结果。所不同的是，发送修正数据的具体内容不一样，其差分定位精度也不同。

① 位置差分。

位置差分是一种最简单的差分方法。该方法的差分接收机和用户接收机一样，通过伪距测量确定自己的位置。差分台把测量确定的位置与已知位置数据比较，即得位置修正量。通过发射机将位置修正信息发送给用户接收机，用户接收机用以修正自己的输出。

这种方法的优点是任何数量的用户都可以接收并使用差分数据，用户接收机可获得被修正的位置，供用户进行精确导航；缺点是要求差分接收机和用户接收机使用相同的四颗星进行定位，校正精度随差分台和用户距离的增大而降低。该方法适用于用户与基准站距离在 100 km 以内的情况。

② 伪距差分。

伪距差分属于标准校正形式，是目前应用最广的差分技术。地面接收机对所有可见卫星测量伪距，并根据星历数据和计算位置计算用户到卫星的距离，两者相减得到伪距误差。把伪距误差作为修正信息发送给用户接收机，用户接收机用来修正自己测量的伪距，然后进行定位计算。这种方法不要求用户接收机和地面接收机使用相同的卫星，使用方便，但要求地面接收机有较多的接收通道。

③ 载波相位差分。

载波相位差分技术又称 RTK 技术，是实时处理两个接收机载波相位观测量的差分方法。由计算中心通过数据通信链，将基准站的卫星信号载波观测量和站坐标信息一同传送给用户。用户设备接收卫星的载波相位与来自基准站的载波相位，组成相位差分观测值进行实时处理，进行求差解算坐标。由于卫星信号的载波波长较短，且对其相位的测量精度要求较高，故载波相位差分可使定位精度达到厘米级，可望应用于高动态高精度定位的领域。

3）DGPS 修正的误差

DGPS 校正方法都是以用户接收机和差分台接收机具有相同的误差为前提。一般卫星时钟误差和星历误差对两台接收机是完全相同的，大气传播误差只能认为大致相同，而接收机噪声和多路径干扰等误差，两台接收机是不同的。因此，DGPS 可以完全消除时钟误差和星历误差；可以大部分消除不能由用户测量或校正模型来计算的传播延迟误差；但用户接收机的固有误差不能消除，其主要误差源是噪声和多路径干扰误差。表 7.2 列出了 DGPS 和 GPS 定位误差估计的对比。

表 7.2　DGPS 和 GPS 定位误差估计的对比

误差类型	GPS	DGPS
星历误差	2.62	0
星钟误差	3.05	0
电离层和对流层延迟	6.41/0.40	0.15
接收机噪声/量化	2.44	0.61
接收机通道	0.61	0.61
多径效应	3.05	3.05

4）DGPS 着陆系统

为了更好地利用 DGPS 的导航定位性能，主要开展了局域差分系统（LASS）和广域差分系统（WAAS）的开发。

WAAS 主要由一些广域主控站、广域基准监测站、地面地球站和向用户广播 WAAS 信号的静止卫星组成。WAAS 能提高整个覆盖范围的定位精度、提高 GPS 的完好性和可用性；提高航路导航阶段的完好性，并支持从越洋飞行到非精密进场的所有导航阶段，其目的是满足 I 类精密进场的导航要求。

LAAS 主要由地面基准站、差分 GPS 接收机和数据链组成。LAAS 可使区域内用户的导航精度都得到提高，水平定位精度达到米级；LAAS 能够提供 I / II / III 类精密进近所要求的高精度、高可用性和完好性信号。

DGPS 能提供精密进近所要求的高精度、高可用性和完好性信号，于是可采用 DGPS 引导飞机进近着陆。DGPS 着陆系统如图 7.12 所示，由地面基准台和机载设备两大部分组成，地面基准台包括多通道 GPS 接收机、数据处理计算机和差分数据发射机，机载设备包括差分数据接收机、多通道 GPS 接收机和数据处理计算机。

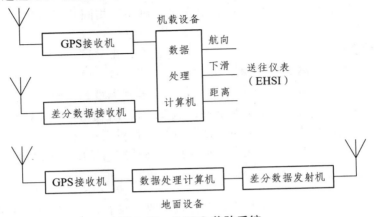

图 7.12　DGPS 着陆系统

在进近过程中采用 GPS 引导，不需要地面设备给自动驾驶仪提供特定的下滑道信息径，而由 GPS 提供位置和速度信息。DGPS 着陆系统用于引导飞机精密进近，要求在水平和垂直两个方向引导，需要解决精度和实时性问题。水平方向可通过差分技术满足，但垂直方向的误差远远大于规定的标准，所以在垂直方向需要采用无线电高度表提供。另外，飞机转弯时可能出现天线屏蔽现象，使卫星信号中断，重新定位使误差变大，为提高系统的动态特性和保证进场着陆的安全，DGPS 必须附加姿态信息，而惯性基准系统可以在飞行中连续输出可靠的位置、速度和姿态角。所以可由 DGPS、IRS 和无线电高度表（RA）组成一个综合着陆系统。

在 DGPS 着陆系统中，可预先设计一条理想的飞机降落航迹，即下滑线，飞机在进近过程中，系统连续测量飞机的位置，观察飞机是否处在正确的下滑线上，通过仪表（EHSI）显示来让飞行员按照正确的下滑线进近着陆。

7.2.2.6　GPS 的导航应用

GPS 在不同的飞机上可作为独立导航系统使用，也可作为飞行管理系统的传感器使用。作为飞行管理系统的传感器使用时，GPS 接收机将接收到的空间卫星信号输送到 FMS，如图 7.13 所示，显示 GPS L 和 R 测量的飞机位置和速度信息。

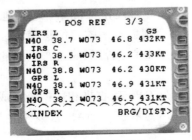

图 7.13　GPS 的导航显示

7.2.3 FMS 的其他传感器

1）大气数据计算机 ADC

ADC 向 FMS 提供飞机高度、空速、马赫数和温度信息。现代飞机一般装有两台 ADC。

2）全向信标/测距机 VOR/DME

VOR 接收机通过模数转换器或直接向 FMS 提供方位和航道偏离信号；DME 也通过模数转换器或直接向 FMS 提供飞机到某一地面台的距离数据。

3）仪表着陆系统 ILS

ILS 向 FMS 提供航向道和下滑道的偏离信号。使用 ILS 接收机信号的条件是：航路中包含有仪表进近着陆程序；飞机在距跑道 20 n mile 范围内，在 HSI 上航向偏差的指示已小于 1.25°；飞机航迹在跑道方位的 45° 以内；已经接收到有效的 ILS 信号。满足以上所有条件使用 ILS 的信号数据进行位置修正；左 ILS 接收机是主用，右 ILS 是备用。

4）燃油油量总和器

油量总和器把燃油油箱油量表的油量相加起来，得到飞机的总燃油量。总燃油量信号经过模数转换器转换为数字信号输到 FMCS 去。FMS 用这个飞机总燃油量信号预报到达各航路点和目的地机场的剩余燃油量。FMC 经过计算，减去燃油储备量后，若现有油量不够飞到目的地机场，FMS 就会向飞行员发出告警信号。

5）时　钟

左座时钟向 FMC 提供格林威治时间 GMT，FMC 用这个时间来预报到达各航路点和目的地机场的时间。

6）其他传感元件

飞机发动机防冰、机翼防冰和发动机引气系统内的一些传感元件也向 FMC 输送系统工作情况的离散信号，FMS 使用这些离散信号对发动机目标推力、发动机推力限制或 N_1 转速的限制等数据进行修正计算。分辨飞机在空中还是地面的离散信号，是从空地继电器处获得的。

7.3　飞行管理系统的功能

7.3.1　FMS 各阶段的功能

飞行管理系统让飞机实现了全自动导航，不但减轻了飞行员的工作负荷，提高了飞机操作的自动化程度，最重要的是飞行管理系统能够提供从起飞到进近着陆的最优横向和垂直飞行剖面；飞机可以在 FMS 的控制下，以最佳的飞行路径和最省燃油的方式从起飞机场飞到目的地机场。如图 7.14 所示为 FMS 在各飞行阶段中的功能。

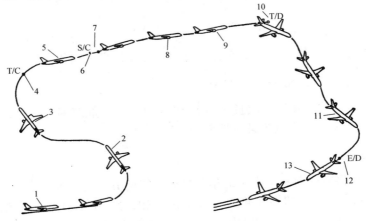

图 7.14 FMS 在各个飞行阶段的功能

1—输入飞行计划和性能数据；2—实施 LNAV 和 VNAV；3—计算最省油的速度和推力指令并遵守速度、高度限制；
4—计算爬高顶点；5—以最经济速度巡航；6—在电子飞行仪表上显示导航信息；7—计算分段爬高；
8—沿计划航路连续制导；9—评价和预报燃油消耗；10—计算下降起点、由巡航自动转为下降；
11—自动遵守速度和高度限制；12—计算下降端点；13—转换到自动着陆系统

（1）起飞阶段：在起飞准备阶段，输入飞机全重和外界大气温度，由 FMC 进行计算，为飞机提供最佳起飞目标推力。

（2）爬升阶段：根据飞行员的选择和 FMC 确定的目标推力和目标速度，由飞行管理计算机计算，以最佳爬升率（梯度）爬升的最佳爬升剖面，提供节油的分段爬升建议，预设顶点高度，自动爬升。

（3）巡航阶段：FMS 根据航线长度、航路情况等选定最佳巡航高度和巡航速度。在航路点间采用大圆航线路径，使两点之间的飞行距离最短。

（4）下降阶段：FMS 根据飞行员输入或储存的导航数据确定飞机开始下降的顶点。在下降阶段，由 FMS 确定下降速度，最大限度地利用飞机位能，节省燃油消耗。

（5）进近着陆阶段：FMS 在起始进近定位点的预定高度上，以最优化的速度引导飞机到跑道入口和着陆点。

7.3.2 FMS 的主要功能

从 FMS 在各飞行阶段中的功能可见，飞行管理系统自动化程度高、功能全，可完成飞行员的大部分工作。其主要功能是：

（1）导航和制导：飞行管理计算机发送操纵指令到飞行控制计算机和推力管理计算机，以完成导航和制导功能。飞行管理计算机计算出两航路点间的大圆航线，实现四维制导。

（2）编排飞行计划，实施性能管理：通过飞行员选择最适应飞行要求的性能数据，进行运算，可获得最佳经济效果的飞行计划，可以节省 2% ~ 5% 的燃油。

（3）全自动着陆能力：飞行管理系统具备飞机全自动Ⅱ—ⅢB级着陆能力。

（4）快速诊断故障的能力：系统内装自检设备，可以对系统进行连续监控，快速诊断故障，并以显示信息告知飞行员，防止错误信息输出。

7.4　飞行管理系统的部件

　　FMC 接收到来自各传感部件的信号后，经过各控制部件的控制进行各种形式的分析，计算出精确的结果，再由控制信号去操纵机构执行 FMC 的各种指令或输出到显示装置显示出各种数值、信息。从部件组成看，飞行管理系统主要包括执行部件、显示装置和控制装置。

7.4.1　飞行管理系统的执行部件

　　飞行管理系统的执行部件包括自动飞行控制系统、自动油门系统和惯性基准组件。

1）自动飞行控制系统 AFCS

　　AFCS 作为 FMS 四大组成系统之一，其本身就是一个执行系统。FMC 向 FCC 输出各种目标数据和操纵指令，FCC 根据这些数据进行综合计算，产生飞机爬高、下降、倾斜转弯等操纵指令，操纵飞机按要求的航向和高度层飞行。

2）自动油门系统 A/T

　　FMC 向 A/T 计算机输送飞机爬高、巡航和复飞的发动机推力或 N_1 转速限制值、飞机全重、FMC 要求高度和假设大气温度等信号。A/T 计算机根据这些数据计算，输出油门位置指令，把油门杆置于正确位置以产生要求的飞机推力。

3）惯性基准组件 IRU

　　IRS 主要是用作 FMC 的传感系统，但 IRS 在起始对准时，其核心部件惯性基准组件 IRU 接受通过 FMS CDU 输入的飞机当时位置，其位置用经纬度表示；在"姿态"方式时，也接受飞机航向数值作为起始数据。

7.4.2　飞行管理系统的显示装置

　　飞行管理系统的显示装置如图 7.15 所示，包括控制显示组件（CDU）、电子飞行仪表系统（EFIS）、马赫/空速表（MASI）、发动机 N_1 转速表、发动机显示和机组警戒系统（EICAS）、飞行方式告示牌和信息故障灯。

1）控制显示组件 CDU

　　CDU 是 FMCS 的一个主要组成设备，是 FMC 的终端，是飞行员与 FMS 进行交流的界面，可用作人工输入系统参数和选择工作方式。CDU 在显示屏幕上把操作者通过键盘或行选键输入的信息全部显示出来，供飞行员检查、核实；它可根据操作者的要求检索显示多种多样页面的信息。CDU 每两秒钟对显示的数据更新一次。

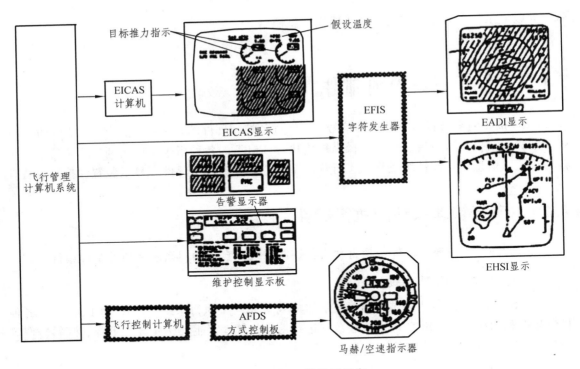

图 7.15　FMS 的显示设备

2）马赫/空速表 MASI

马赫/空速表是 ADC 的显示仪表，在它上面可显示飞机的空速，用指针指示飞机的飞行速度，同时在表盘上也用数字显示。

3）发动机 N_1 转速表

FMC 在 N_1 转速表上显示出计算的 N_1 目标转速；需要显示该数值时，N_1 转速表上的目标 N_1 选择钮必须按下。

4）发动机显示和机组警戒系统 EICAS

有些飞机上装有电子显示的 EICAS，它代替了许多指针式仪表，可以显示大量信息。FMCS 在 EICAS 上显示两种数值和各种文字信息；FMS 根据各系统的状态所产生的各种信息，有些会在 EICAS 的显示屏幕上显示，FMC 一旦出现故障也会在 EICAS 的屏幕上出现文字警告信息。

5）飞行方式告示牌和信息故障灯

FMC 在飞行方式告示牌上向飞行员显示当时发动机所执行的推力限制或 N_1 限制方式，同时 FMC 也向飞行方式告示牌上的信息和故障灯提供离散信号，一旦出现警戒信息或出现故障，信号灯亮。

6）电子飞行仪表系统 EFIS

FMC 输出有关飞行计划的飞行航路、飞机航向、航路点、导航台、机场、跑道、风向/

风速等信息，以地图显示的形式出现在 EFIS 的电子姿态指引仪（EADI）和电子水平状态指示器（EHSI）的显示屏幕上。飞行员可非常直观地通过该显示了解整个飞机飞行的详细动态情况。

① 电子姿态指引仪 EADI。

EADI 主要是 IRS 的显示器，只显示来自 FMC 的地速和飞机在各飞行阶段的飞行方式，如图 7.16 所示。

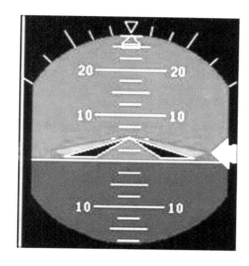

图 7.16　典型的 EADI 显示

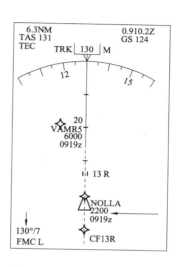

图 7.17　MAP 方式的显示

② 电子水平状态指示器 EHSI。

EHSI 显示许多来自 FMC 的信息。它显示 FMC 信号的方式有三种："地图（MAP）"方式、"CTR MAP"方式、"计划（PLAN）"方式。三种方式都可显示飞行航线、航路点、导航台等飞行信息，通过控制板上的"距离"电门来选定显示的范围。当 EHSI 处于其他显示方式时，并不显示来自 FMC 的任何信息。

MAP 方式是飞机在空中时，由飞行员选择用于导航监控，显示飞机进程计划图。它在移动的地图背景上叠加固定不动的飞机符号，当飞行状态改变时，所有的航路、参考点、导航台等都相对于飞机符号移动，如图 7.17 所示。基本地图背景包括起/降机场、飞行计划航路和显示使用的助航设备。在"地图"方式时，FMC 还可向 EHSI 传输附加数据，根据飞行员的要求，在导航图上显示沿航路导航设备、机场、命名的航路点、调定的 VOR 相应的方位/径向线、预达时间等信息，同时还可显示气象雷达回波。

CTR MAP 方式显示与 MAP 方式相同，只是飞机符号在地图区的中央，这样可以显示飞机后面的地图信息，可用于飞行员了解已飞过区域的数据，如图 7.18 所示。

PLAN 方式通常在飞行前由飞行员选择用于飞行计划的检查，也可用于飞行中检查计划的航路。其显示是以真北为基准的静止地图，也可选择地图背景数据，但无气象雷达回波，如图 7.19 所示。PLAN 方式的显示是静止不动的，不会随着飞行状态的改变而发生变化。

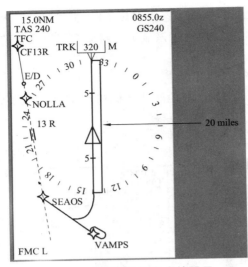

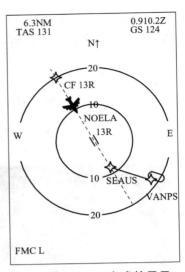

图 7.18　CTR MAP 方式的显示　　　图 7.19　PLAN 方式的显示

7.4.3　飞行管理系统的控制装置

FMS 众多的执行显示组件用来执行 FMS 的指令，FMS 同样需要控制装置指挥系统进行什么工作方式、接收什么信号、进行怎样的运算等，这些通过 FMS 的控制装置进行操纵。FMS 的操纵控制主要在 CDU 上进行，此外，许多其他控制面板上也有 FMS 的控制元件，如图 7.20 所示。

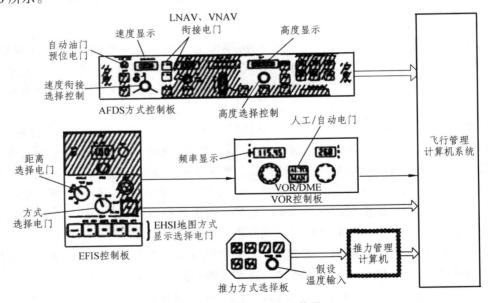

图 7.20　FMS 的控制装置

1）控制显示组件 CDU

飞行员主要通过 CDU 对 FMS 进行控制。在 CDU 的面板上有许多键钮，主要包括字母、数字键，功能键和行选键，飞行员通过这些键盘控制各种不同的输入数据，显示不同的页面，转换各种数据，执行各种功能等。

2）AFCS 方式控制板 MCP

MCP 上有飞行指引系统、自动驾驶仪、自动油门系统等控制元件，如图 7.21 所示。与 FMCS 有关的控制元件是水平和垂直导航的方式选择按钮等。通过这两个按钮电门可供 FMCS 起始横向和垂直导航功能。

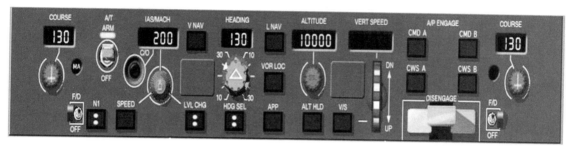

图 7.21　MCP 板

飞行员按压"LNAV"后，就把 FMC 和 FCC 的水平导航衔接起来，FCC 送回信号到 AFCS 方式控制板，使按钮电门上的灯亮，并把衔接信号送到 FMC；按压 "VNAV"后，与水平导航的情况相似。

当飞机正处于 FMCS 的控制下飞行时，由高度选择控制钮选择好飞行高度后，飞机就在该飞行高度上飞行。AFCS 方式控制板上的速度衔接和选择控制旋钮提供人工操纵速度的功能；在正常情况下，由 FMCS 自动控制飞行速度期间，速度衔接和选择控制旋钮上的速度显示窗口是空白，一旦把速度衔接和选择控制旋钮压下，速度显示窗马上显示当时飞机飞行速度；转动速度衔接和选择控制旋钮可以人工操纵选择飞行速度，再由 FMCS 控制使飞机达到人工选择的速度，这一速度也在 CDU 上显示。

AFCS 方式控制板上的自动油门准备电门接通后，一个离散信号输到 TMC 去，FMCS 就可传送方式和目标推力的要求到 TMC 去。

3）无线电导航 VOR/DME 控制板

VOR/DME 控制板上有一个自动/人工调谐选择电门，可控制无线电导航接收机由 FMC 自动调谐还是由飞行员人工调谐。控制板上的频率显示窗口显示所调定的频率。

4）EFIS 控制板

装有 EFIS 的飞机上，FMS 通过 EFIS 屏幕显示动态的导航图。飞行员可通过 EFIS 控制板上的电门控制 EFIS 的显示，如图 7.22 所示。控制板上有距离范围选择电门、方式选择电门和按压式"地图电门"。如按压"地图电门"的"ARPT"电门后，增加显示距离范围内导航数据库中储存的机场标识和标记；按压"RTE DATA"电门后，增加显示高度限制（如有）和预达每个有效航路点的时刻。

图 7.22　EFIS 控制板

5）其他控制装置

装有两台 FMC 的飞机上，在左右仪表源选择板上，各有一个 FMC 选择电门，是用来选择使用左或右 FMC 的数据作为导航数据源的，并在 EHSI 上显示出来。

7.4.4　控制显示组件

控制显示组件 CDU 是 FMCS 进行人-机联系的一个重要部件，它是普通计算机的键盘和显示器的集合体，可建立飞行员和 FMCS 之间的联系。不同的是在 CDU 前面板上除有一般键盘所具有的字母数字键、符号键、清除、删除等键外，还有方式、功能、行选键，可以执行许多特殊功能，以简化驾驶员的操作。CDU 都安装在飞机驾驶舱中央操纵台的前电子设备板上，现代飞机都装有 2～3 台 CDU，各 CDU 独立地工作，共同控制 FMC 的运行；任意一个 CDU 都可以用来输入系统数据，在一个 CDU 上输入的数据也会出现在另一个 CDU 的相应显示页面上。

1）CDU 的组成

CDU 由包含有各种键的前面板、一个阴极射线管 CRT、一个微处理机、包含有接收和发送信号与控制字符产生和显示的内部控制电路等组成。其中前面板装有各种各样的键电门和一些信号灯，是一个键电门灯光组合体；阴极射线管 CRT 一般为 5×5 英寸的屏幕，有的飞机尺寸增大到 6×6 英寸，表面是平的，如图 7.23 所示。

2）CDU 的页面显示

CDU 页面显示的信息以英文字母和带有各种符号的阿拉伯数字为主，也显示方框和虚线等，数据区域共 14 行，每行有 24 个字符。屏幕最上面一行为标题行，它显示该页的标题内容；最下面一行为草稿/暂存行，输入的字母、数字、符号及 FMC 产生的提警信息都显示在这一行；中间 12 行是数据显示区，显示飞机飞行的各种数据、飞行动态、可供选择的数据信息清单、自检信息等，分为左右两部分，左半部从 CDU 屏幕左边至中间，自上而下垂直分为 6 个数据行；右半部从 CDU 屏幕中间至右边，自上而下垂直分为 6 个数据行。

图 7.23　CDU 的组成

3) CDU 的键盘

CDU 上的键盘是飞行员和 FMCS 联系的中间媒介，飞行员可通过按压键电门向 FMC 输入相应的信息数据，选择所需要的飞行方式及需要显示的数据等；飞行中，飞行员主要通过键盘实现对飞机飞行的自动控制；通过对键电门的操作，可以完成建立飞行计划、修改航路、输入 FMC 数据、检索显示页面等方面的管理功能。CDU 的键盘包括行选键、功能键、字母数字键和方式键。

行选键是 CRT 左右两边的各 6 个键，其主要作用是对数据区域的信息、数据进行管理，具有选择、输入和删除功能。

功能键包括"EXEC"、"NEXT"和"PREV"。"EXEC"键用于使在作飞行计划时所选定的航路实施生效，或实施修改后的飞行计划；"NEXT"和"PREV"键是选页键，利用这两个键进行翻到后一页或前一页。

字母数字键可供飞行员用来向系统输入数据。主要包括 0 ~ 9 数字键、26 个英文字母、"."键、"/"键、"+ / -"键、"CLR"键、"SP"键和"DEL"键。

方式键表明了 FMC 的工作能力，是飞行中使用得最多的键电门。利用方式键可以编排飞行计划；再现飞行各阶段的执行方式；选择各种飞行参数；修改预先选定的飞行计划。

INIT/REF（起始/基准）键：用于检索 FMCS 的起始数据及起始 FMC 和 IRS 的页面。该系列页面有"识别"、"位置"、"性能"、"起飞"、"进近"和"导航数据"等。在不同情况下，按压"INIT/REF"，由 FMCS 控制显示相应的页面。

RTE（航路）键：获取航路页面，用于选定飞行航线，选择航路数据输到 FMC 中去。

CLB（爬高）、CRZ（巡航）、DES（下降）键：这三个键是飞行阶段键，当按下后，显示当时的或可供选择的各阶段的性能方式，以供飞行员核实、检查，同时也可在其页面上输入爬高顶端、下降结束高度、高度速度限制等，并可通过行选键重新选择其他飞行方式。

LEGS（航段）键：获取详细显示与飞行计划中每一航段有关的数据，包括水平和垂直剖面的航向、距离、高度和速度等，同时还可进行部分数据的修改。

DEP/ARR（离场/进场）键：获取离场/进场页面，当其他页面上已确定起飞和着陆机场时，飞行员可以在该页面选择起飞、着陆机场所使用的跑道、离场/进场程序。

HOLD（等待）键：获取等待页面，显示预先指定的等待航线。

PROG（进程）键：获取飞行进程页面，显示当时飞行状态信息，使飞行员掌握飞机飞行进程。显示的信息包括：预达时间和预计飞越下两个未飞航路点、目的地的剩余油量，无线电设备的调谐方式，还提供风向/风速、真空速、航迹偏差等。

N_1 LIMIT（N_1 限制）键：获取 N_1 限制页面，允许人工指令发动机第一转子转速 N_1 的限制，并可选择任意减推 N_1 限制值。

FIX（定位点）键：获取定位点页面，允许飞行员在飞行中选定一个固定参考点，然后由 FMC 通过该页显示飞机当时位置到定位点的距离和方位。

7.5 飞行管理计算机

飞行管理计算机系统（FMCS）由飞行管理计算机（FMC）和控制显示组件（CDU）组成。FMC 是 FMS 的关键部件，它除包含有本身工作的操作程序和数据库外，还含有用于自动飞行控制和自动油门系统的指令逻辑以及其他软件。飞机上的传感器系统向计算机提供大气数据、导航和性能数据等，FMC 接收这些数据后，首先进行检查，然后用来进行连续的导航和性能信息的更新，最后用于控制自动飞行控制系统、自动油门系统和对无线电导航系统进行自动调谐。

7.5.1 飞行管理计算机的数据库

FMC 的存储器内除存储各种操作程序外，还包含有许多数据，这些数据是 FMC 正常发挥它的功能所不能缺少的。这些数据的种类可分为两大类：一类是与飞机导航有关的数据，称为导航数据库；另一类是与飞机性能有关的数据，称为性能数据库。

1）导航数据库

导航数据库用于确定飞机位置，进行导航计算及导航台自动调谐管理等。数据库内的数据是飞机飞行区域的机场、航路点的地理位置、结构以及航路组成等。这些数据可以分成两大类：一类为各航空公司都适用的数据，称为标准数据，如世界范围的机场、导航台等有关数据；另一类为与各航空公司飞行航线的航路结构相关的数据，称为特定数据，仅是与航空公司飞行航线的航路结构有关的数据。

导航数据库中的数据具体可分为六个方面的资料，它们是飞机飞行区域的机场、航路点、导航台地理位置、航路结构等。

① 导航设备：包括导航设备类别、位置（所在导航台在地球上的位置，都用经纬度表示）、频率、标高、识别标志、级别等。

② 机场：包括机场基准点位置、登机门参考位置、跑道长度和方位、机场标高、仪表着陆系统（ILS）设备等。

③ 航路：航路分为高空航路、低空航路和机场附近的终端航路等，航路数据包括航路类型、高度、航线角、航段距离、航路点说明等。

④ 公司航路：是由各航空公司负责飞行的固定航线数据。

⑤ 终端区域程序：包括标准仪表进/离场程序、进近程序以及各程序的航线角、距离、高度等数据。

⑥ ILS 进近：包括 ILS 设备频率标识、飞越高度以及距离等数据。

另外，针对当前某些机场的 RNAV/RNP 程序，飞机要在该机场执行 RNAV/RNP 程序，其导航数据库需要存储相关的 RNAV/RNP 飞行程序。

导航数据库中的标准数据，一般由美国杰普逊航图发行公司提供，航空公司也提供选用的数据，这类数据与特定数据由导航数据库制造中心汇集后，先按 ARINC – 429 格式进行编码，然后送入专用计算机进行处理，再制作成盒式磁带或磁盘，经包装发送到各航空公司，然后由机务人员使用装载机将数据库装入飞机上的 FMC 内。

由于导航数据库内的很多数据在经过一段时间后可能发生变化，尤其是公司航路，因此国际民航组织规定导航数据库要定时进行更改，更改的周期为 28 天进行一次。FMC 内存有共 56 天有效的导航数据，分为两个有效周期，一个是现用的数据库，另一个是以前或下一个 28 天有效的数据库。当现用数据库有效日期到期的那天，必须把下一个有效周期的数据库变为现用数据库，这一操作由飞行员在 CDU 上进行。

导航数据库的应用不仅在飞机上，还用在飞行训练的模拟机上，用于飞行签派室作飞行计划及飞行准备用。

2）性能数据库

性能数据库包括对飞机纵向导航进行性能计算所需的有关数据。性能数据库可分为两类数据：一类是详细的飞机空气动力模型；另一类是装在飞机上的发动机数据模型。

飞机空气动力模型有飞机基本阻力、偏航阻力等；有批准的飞机操作极限值，如最大角度爬升、最大速率爬高；最大速度、最大马赫数等。

发动机数据模型包含在飞机爬高和巡航单发停车连续飞行时的额定推力值，在各不同高度和不同速度下的额定推力值的修正，EPR 或 N_1 转速限制值，推力和燃油流量关系参数，发动机在客舱、驾驶舱空调系统工作以及各防冰系统工作时的引起量等。这些数据用于发动机燃油流量计算和调节，推力计算和调节，发动机推力 EPR 或 N_1 转速限制值和 N_1 目标值的计算，也用于在使用空调和防冰引气时对发动机推力进行修正。

可见，性能数据库包含爬升和巡航性能、推力极限、最高和最低高度、各种形态的最大和最小空速以及阻力特性等数据，它们是与飞机和发动机型号有关的参数，基本上是固定不变的数据，是在飞机和发动机设计后就已确定了的。一般是不需要更改的，但机务人员可以用输入修正系数的方法对个别飞机的阻力和燃油流量特性进行修正，其目的是为了性能计算更精确。

7.5.2 飞行管理计算机工作原理

飞行管理系统是用当时飞机所在的位置、飞机性能参数，目的地机场的经纬度和可用跑道、各航路点、无线电导航台以及等待航线、进近程序等信号或数据进行综合分析计算，确定出飞机的航向、速度以及爬高、下降角度和升降速度、阶梯爬高和下降等指令，来计划飞机飞行的水平和垂直剖面；同时飞行员在起飞前选定最适应飞行要求的性能数据，FMC 就可根据要求的性能数据和其他参数进行计算，以获得最佳经济性的航路计划，在飞行中飞行员也可以根据实际情况对计划航路进行修改。

飞行员只要在飞行管理计算机中输入起飞机场、目的地机场并规定计划航路，FMCS 就能根据 IRS 和无线电导航设备的信号准确地计算出飞机在飞行中的现在位置，根据计算发出指令到 AFCS 的自动驾驶仪或飞行指引系统，实施水平和垂直导航，引导飞机从起飞机场飞往目的地机场。同样，飞行员通过向 FMCS 输入飞机的起飞全重及性能要求，FMCS 就能计算出从起飞机场到目的地机场飞行的最经济速度和巡航高度，也能连续计算推力限制值，送出指令到自动驾驶仪和自动油门系统。同时，有关显示装置显示出信息，以便于飞行员监控。

可见，飞行管理系统可以实现导航、性能计算、制导和 EFIS（电子飞行仪表系统）功能。

7.5.3 飞行管理系统导航功能的实现

我们知道，导航系统需要解决的三个主要基本问题是：如何确定飞机当前的位置，飞机应飞的航向和飞行时间。飞行管理系统的导航功能将早期的惯性导航、无线电导航、仪表着陆系统和目前发展的全球定位系统功能结合在一起，由 FMS 提供一个综合导航功能。飞机在起飞前只要把飞机当时所处位置的经纬度输入，整个系统就开始工作；飞机起飞后，无线电导航系统工作并输出信号，与惯性基准系统、全球定位系统的信号相结合，一直到飞机降落在跑道上。整个飞行过程都由 FMS 进行计算、操纵，并在相关的显示装置上显示出来，为飞行员指明飞机当时的精确位置、飞行速度和飞行高度等飞行动态数据。

7.5.3.1 导航计算方法

假设飞机从航路点 WPT$_1$ 飞往 WPT$_2$，其中航路点 WPT$_1$ 的位置为（φ_1，λ_1），航路点 WPT$_2$ 的位置为（φ_2，λ_2），现考虑空中风的影响、自动驾驶和导航设备误差等因素，飞行中飞机常常偏离计划航线，假定飞机偏离航线在位置 P 点，如图 7.24 所示。现在需确定飞机从 P 点直接飞向 WPT$_2$ 的应飞航向，这就要求飞机在整个飞行过程中不断地计算出飞机的当时位置（经纬度）及飞机的应飞航向，并要不断测定飞机的实际航向，这样在 P 点 FMC 比较两个航向，得出航向偏差信号，然后将这一偏差信号送到飞行控制系统，飞行控制系统操纵舵面使飞机改变飞行姿态，直至航向偏差信号为 0，飞机即保持应飞航向飞往 WPT2。

实现上述导航工作，FMC 需要完成以下计算：

（1）根据 IRS 和无线电导航信号、全球定位系统信号，计算飞机在任何瞬时的准确位置——经/纬度；

（2）飞机在任何瞬时的应飞航向及航向偏差值；

（3）飞机在任何瞬时距以后航路点及终点的待飞（即未飞）距离 D。

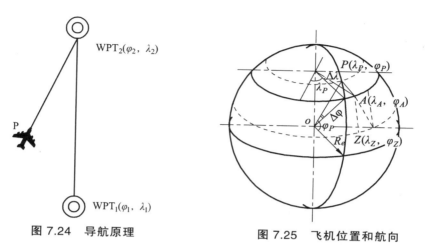

图 7.24　导航原理

图 7.25　飞机位置和航向

下面我们来看如何得到飞机的位置、应飞航向和待飞距离。

飞机在飞行中任何瞬时的位置可通过导航系统得到，如图 7.25 所示。飞机当前的位置为 $P(\varphi_P,\ \lambda_P)$，飞机飞到 A 点，其纬度的增量为 $\Delta\varphi$，经度的增量为 $\Delta\lambda$，那么在任一瞬时的位置（$\varphi_A,\ \lambda_A$）为：

$$\varphi_A = \varphi_P + \sum \Delta\varphi$$

$$= \varphi_P + \frac{2\times 180}{2\pi(R_e+H)}\int_0 K_\varphi V_g \cos(\mathrm{MH}+\mathrm{DA})\,\mathrm{d}t \qquad (7.12)$$

$$\lambda_A = \lambda_P + \sum \Delta\lambda$$

$$= \lambda_P + \frac{2\times 180}{2\pi(R_e+H)}\int_0 \frac{K_\lambda V_g \sin(\mathrm{MH}+\mathrm{DA})}{\cos\varphi_A}\,\mathrm{d}t \qquad (7.13)$$

式中，λ_P，φ_P 是飞机起飞时的经纬度；R_e 是地球半径；K_λ、K_φ 是经纬度的修正因子；DA 是飞机偏流角；MH 是飞机航向。

飞机应飞航向和待飞距离的计算也有许多种方法，下面介绍一种计算方法。如图 7.26 所示，$Z(\varphi_Z,\ \lambda_Z)$ 是目标航路点，储存在导航数据库里，飞机在 $A(\varphi_A,\ \lambda_A)$ 点，连接 A、Z 构成航路，飞机沿航线 AZ 飞行的航线角 MC、航线距离 D 和应飞航向是：

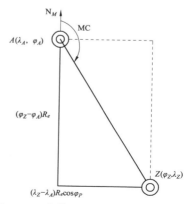

图 7.26　求待飞距离和航线角的计算

251

$$MC = \arctan \frac{(\lambda_Z - \lambda_A)\cos\varphi_Z}{\varphi_Z - \varphi_A} \qquad (7.14)$$

$$MH_{应} = MC - DA$$

$$= \arctan \frac{(\lambda_Z - \lambda_A)\cos\varphi_Z}{\varphi_Z - \varphi_A} - DA \qquad (7.15)$$

$$D = D_1 + D_2$$

$$= \frac{\pi R_e}{180°}\left[(\varphi_Z - \varphi_A)\cos MC + (\lambda_Z - \lambda_A)\cos\varphi_Z \sin MC\right] \qquad (7.16)$$

FMS 计算出的许多参数除在 CDU 和电子飞行仪表上显示供飞行员检查外，更主要的是与自动飞行控制系统耦合，根据飞机的航向偏差，通过 FCC 处理计算，把航向偏差转换为舵面偏转指令，再通过舵面的操纵改变飞机的横向飞行姿态。当飞机姿态改变后，FMCS 的各传感器的输入信号也随之变化，FMC 对新的输入信号重复上述工作，取得新的计算结果，直至飞机飞到计划的航路点，形成一个闭环的自动控制系统。

7.5.3.2　导航功能的实现

FMC 的导航功能原理如图 7.27 所示。它由无线电位置计算、导航台选择、合成速度、IRS/GPS 数据综合、本地地球半径计算及一些过滤器等功能电路组成。

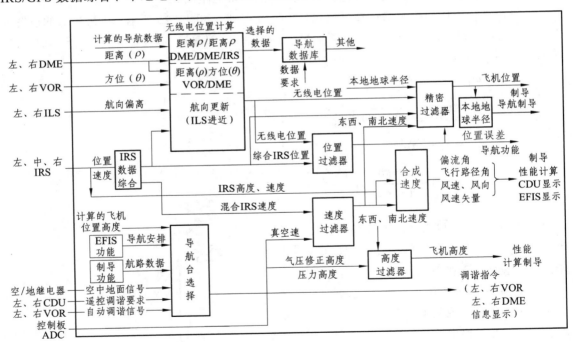

图 7.27　FMS 的导航功能原理图

1）位置计算

确定飞机当时的精确位置是非常重要的，FMS 是把飞机无线电导航系统接收机、IRS 和

252

全球定位系统 GPS 获得的信号进行综合计算,以获得准确的飞机位置。

　　FMS 通过无线电导航系统来定位是利用两台 DME 和两台 VOR,采用的无线电定位方法为 DME/DME(ρ-ρ)定位和 VOR/DME(ρ-θ)定位,FMC 优先选择的是 ρ-ρ 测距定位。FMC 每 2 min 根据飞机现在位置,从导航数据库中提取在 200 n mile 之内最邻近的 20 个 VOR/DME 台,并从中选用作提供位置信息的两个 DME 台或合装在一起的 VOR/DME 台。

　　位置信号和位置修正的基本工作情况是:首先,FMC 自动选定地面一个 DME 台并调谐,或由飞行员人工选定与 DME 台一起的 VOR 的频率,然后测出飞机到地面 DME 台的斜距,通过导航数据库内存储的 DME 台的经纬度与飞行高度进行综合计算,就可以确定飞机的位置。但 ρ-ρ 测距定位法存在模糊点,区分飞机真实位置还是模糊点的方法就是利用 IRS 或 GPS 输来的位置信号,接近 IRS 或 GPS 位置的无线电定位位置就是飞机的真实位置。

　　若无法接收两个合格的地面 DME 台,则只能采用 ρ-θ 定位,但要求地面 VOR 和 DME 台必须安装在一起,否则不能定位。FMC 内选择地面两个 DME 台的软件设计原则为:所选择的两个导航台与飞机之间的夹角 α 满足 $30° < \alpha < 150°$;若飞行高度高于 12 000 ft,应尽量选择地理位置好的两个台,夹角最佳为 90°;若飞行高度低于 12 000 ft,就选择离飞机最近的一对导航台,同时夹角 α 也满足上述要求。

　　FMS 也可利用 IRS 和 GPS 来确定飞机位置,其定位原理前面也有介绍。

　　通过无线电位置计算得出的无线电位置信号以及伴随的表示无线电位置信号是可置信的有效信号,输送到位置过滤器和补偿过滤器中去;位置过滤器还从导航数据库中得到机场区域的导航数据、飞机经纬度以及 IRS 的位置误差数据送到补偿过滤器和最后得到飞机的精确位置输到本地地球半径计算方块,根据飞机现在位置计算本地球半径,并把飞机经纬度输到制导部分的输入输出总线。

2)飞行速度计算

　　飞机飞行速度的计算可以使用许多数值,它们有来自 IRS 的南北和东西速度分量、ADC 的真空速以及无线电位置计算得出的飞机位置更新速率等。飞机在空中,主要采用无线电导航数据得来的地速和南北、东西速度分量为计算的主要数据,这些数值非常精确;若用两个 DME 测距数值,即 ρ-ρ 定位导航时,速度计算值的精度可达 ± 3 kn,而用 ρ-θ 定位导航时,精度可达 ± 6 kn;若两种无线电数据都无法获得,则采用 IRS 信号进行计算。导航选择功能方块也向速度过滤器输入重新开始过滤的信号;当进行一种无线电信号速度计算并固定从两个地面台接收信号时,速度过滤器采用一种误差修正方式,重新调谐,接收另一个或两个无线电信号,或从一种无线电导航变为使用另一种导航方式时,由导航台选择功能方块输入信号,重新开始另一种误差修正方法;即使失去无线电信号,仅采用 IRS 信号进行计算,过滤器的误差修正仍继续进行。甚至当电源中断时,误差修正值也马上储存起来,以便电源恢复后重新开始修正工作。

　　速度过滤器输出的南北、东西速度送到补偿过滤器和合成速度方块电路去,合成速度运算功能方块根据速度过滤器送来的速度信号,再与其他信号一起计算出飞机的许多动态数据,同时还从 IRS 得到飞机升降速度、磁航向和真航向数据;从 ADC 得到真空速度数据;从空/地电门得到飞机在地面还是空中的信号,飞机只有在空中才对许多动态数据进行计算。

3）高度计算

飞机的高度是根据两种数据进行综合计算得出的。一种是来自 ADC 的气压高度、气压修正高度以及伴随送出的 ADC 有效信号；另一种数据是来自 IRS 的惯性高度，它是由测得的飞机沿地球垂线的加速度经两次积分得到的。从 ADC 来的气压高度有修正海压高和标准气压高两种，按高度表拨正程序在过渡高度和过渡高度层进行转换，为防止高度数据转换或气压调节所产生的瞬变，计算的高度首先经过高度滤波器，对输出的高度数据进行缓冲滤波。

高度计算时，采用 IRS 的惯性高度，若 IRS 无法提供高度数据，则计算机的自动补缺方式是选择相应的 ADC 数据。

FMC 计算的高度非常精确，从起飞到着陆的全部系统误差不超过 130 ft。

4）无线电导航设备的选择和调谐

导航设备选择方块接收许多信号，然后确定对无线电导航设备的调谐频率并输出其他一些关于调谐方面的信息。飞机在空中飞行，自动调谐、IRS 有效信号、ILS 选择通道信号以及该 FMC 是主机还是从机等信号都是一些离散信号，这些都是确定无线电导航设备自动调谐管理的先决条件。若条件符合，FMC 就选定两个 VOR/DME 台，进行自动调谐；若选不到合适的 DME 台，就只调谐 VOR 台。

当 FMC 衔接了横向导航（LNAV）后，FMC 就对无线电导航设备自动调谐，同时也可以通过 VHF 控制板上的"自动/人工"调谐转换电门转由飞行员进行人工调谐。这样，无线电调谐就存在三种情况：两台导航设备都处于自动调谐；一台无线电导航设备为自动调谐，一台为人工调谐；两台导航设备都处于人工调谐。

7.5.4 飞行管理系统性能计算功能的实现

飞机沿着预定航线飞行，飞行的纵向剖面参数（如飞行速度和高度等）是决定飞机飞行经济成本的重要参数。FMS 的性能管理功能，就是对飞机提供最佳飞行的垂直剖面。飞行的纵向剖面参数包括：最佳速度的推力参数、监控飞机的燃油消耗及全重的变化，计算预计到达时间、剩余燃油以及未飞距离，同时计算出供飞行员参考的数据如最佳速度、进近速度等。

1）性能计算的输入信号

FMC 性能计算工作需要由 FMC 内的性能数据库提供基准数据及外部传感器送来的信号数据，也要求飞行员在 CDU 上输入必要的数据和参数限制值等，这些是进行性能计算的依据。

性能数据库提供对飞机纵向导航进行性能计算所需的有关数据，包括详细的飞机空气动力模型和飞机上的发动机数据模型。

外部传感器有燃油系统、ADC、TMC 以及位置传感电子系统等。燃油系统输来的数据有燃油加法器输送的飞机当时燃油量以及耗油率；ADC 提供飞机高度、飞行速度和马赫数、大气静温等，用于一些性能参数的计算；TMC 提供发动机压力比或 N_1 转速、发动机引气状态、襟翼位置等；位置传感系统输入飞机在"空中"以及襟翼位置的数据。

FMC 其他功能部分也输入一些必需的数据：从导航功能部分送来的当时、预报飞行前方、爬高顶点的风速/风向，飞行计划，目的地机场等；从制导部分送来的是离场和进场着陆的机场标高及到目的地机场的待飞距离等。

飞行员在 CDU 上输入的数据有：飞机无油重量或飞机起飞全重、巡航高度、风向/风速、假设温度等，成本指数、助力系数、燃油流量系数等数值由航空工程部门确定。

2）性能计算的实现

飞机沿预定航线飞行，飞行的纵向剖面参数，如飞行速度和高度等是决定飞机飞行经济成本的重要参数。对于纵向剖面参数的计算，要根据飞行前输入飞机全重或无油重量，巡航高度以及风向、风速、假设温度等，和作飞行计划时飞行员所输入的起飞、目的地机场的标高、巡航高度和航路点限制以及在 MCP 上调定的目标高度等数据来进行。

飞行管理系统的性能计算如图 7.28 所示。飞行过程中，FMC 根据各种输入的数据计算纵向剖面各阶段的各种性能参数，如飞机全重、最佳高度、最大高度、最大和最小速度、速度极限和目标速度、进近速度等。飞行纵向剖面各点高度、空速、地速、至航段终点的距离和预计到达的时间、飞机全重等数据，也由 FMC 的性能部分计算得到。

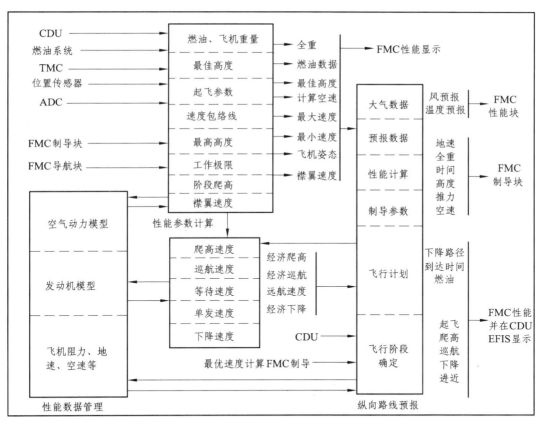

图 7.28　FMS 性能计算原理

7.5.5　飞行管理系统 EFIS 功能的实现

现代化的飞机上都装有电子飞行仪表系统 EFIS，FMC 输出信号在 EADI 和 EHSI 的两个彩色阴极射线管上显示。EFIS 提供了更多的显示和信息，容纳了更多的航路信息，其显示范围可以扩大至 320 n mile 的区域，更主要的优点是显示的航路信息更为直观，使飞行员更一目了然地明确飞机所在位置、航路动态等情况。

装有 EFIS 的飞机，FMC 内装了一个 EFIS 功能块，由它选择、计算和发送显示数据到 EFIS 的字符发生器去。

FMC 的 EFIS 功能块的方块图如图 7.29 所示。由 FMC 向 EFIS 字符发生器输送的数据来自两个方面：一个是由 FMC 外部信号源来的数据，是由 FMC 首先接收的；另一个是由 FMC 内部的软件功能所产生的输到 EFIS 功能块去的数据。

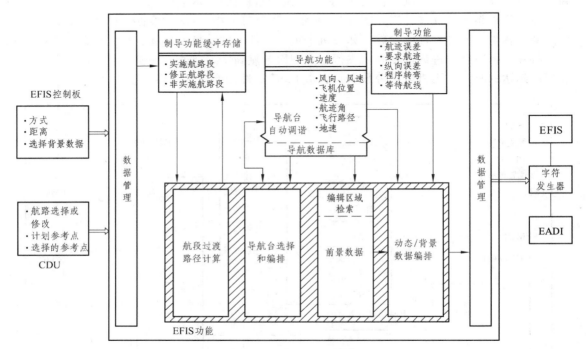

图 7.29　EFIS 功能方块图

FMC 外部信号源的数据包括 IRS 送来的飞机航向和加速度信号、在 EFIS 控制板上选择的显示方式，是输去的控制信号。

FMS 内部的软件功能所产生的输到 EFIS 功能块去的数据，包括由三个功能块向 EFIS 功能块提供数据，它们是导航功能块、制导功能块和 CDU 功能块。导航功能块向 EFIS 功能块输送的数据有飞机当时的位置、磁航迹、速度、地速、高度、风向/风速及导航设备对导航台的调谐频率等；制导功能块的缓冲存储器向 EFIS 功能块输送飞行计划数据，如实施的航路段、还没有实施的航路段以及修正的航路段等，制导功能电路送来要求的航迹、程序转弯、等待航线、航迹偏离等；CDU 电路块向 EFIS 功能块输送飞行员在 CDU 上所选择的地图中心参考位置、页面识别、选定的固定参考点和航路与参考点的各位置方位线，以便在 EHSI 上显示飞行员所选定的航线数据。

EFIS 功能电路接收到从 FMC 外部数据源或 FMC 内部功能电路送来的数据后，其内部的 EFIS 功能电路进行检索、计算和编排，产生符合要求、区分为动态和背景格式的数据输出，即 EFIS 字符发生器的两类数据：动态数据和背景数据。

动态数据是飞机的飞行数据，包括到航路点的距离、预计到达时间、飞机当时位置、风向/风速等。

背景数据比动态数据多得多，是一种符号数据，它们在电子显示仪表上显示具体航路、导航台、机场、等待航线、航路点、跑道及标识、航路数据等。只有有了这些背景数据所显示的图像，才能在EADI和EHSI上显示出动态数据的情况，即飞机飞行的动态状况。

7.5.6　飞行管理系统制导功能的实现

飞行管理计算机的制导功能是FMC对飞机的自动飞行进行控制的关键部分。它和飞机的自动驾驶仪和自动油门系统通过控制关系联系在一起。

FMC的制导部分存储有实施航路的横向和纵向航路段剖面数据，FMC的制导功能计算出飞机应在的位置，并和实际位置进行比较，根据它们间的位置偏差产生操纵指令送到FCC和TMC，再由FCC和TMC产生实际的舵机指令和自动油门推力指令，控制飞机的横滚、俯仰及推力，操纵飞机保持在所要求的飞行剖面上，以实现FMC对飞行路径的自动控制。

FMC的制导功能是对飞机导航的进一步控制，通过计算航迹偏差，产生操作指令，使飞机沿着所选定的飞行剖面飞行。

FMC的制导功能包含三个主要功能电路:横向制导指令、纵向制导指令和飞行计划管理，如图7.30所示。

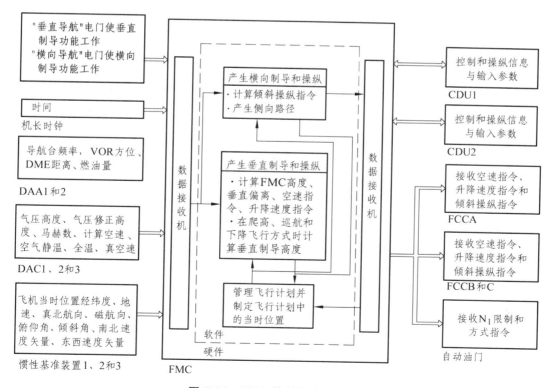

图 7.30　FMS 的制导功能原理

飞行管理系统的制导功能，通过水平导航（LNAV）和垂直导航（VNAV）两种方式，在两度或三度空间中用最佳性能全自动地控制飞机沿路径飞行。

LNAV 提供水平的横向引导控制，包括：启动执行现用有效航路、航段间的连接和航路的修改。LNAV 方式不断地将飞机的实际位置与计划的飞行航路加以比较，并向自动驾驶仪和飞行指引仪发出指令，使飞机保持在计划的飞行航迹上。FMC 航路计划的原则是：航路点间以大圆弧线相连，两航段之间以圆弧相切，飞机沿每段航径的进程是连续监测的，以便决定过渡到下一航段的时机，或者由现在位置直飞任一航路点。

VNAV 提供垂直剖面引导和速度/油门的控制，使飞机按照预选的路径进行爬高、平飞或下降。FMC 的纵向制导只采用两种方式，即速度方式和航路方式。

采用速度方式时，速度目标值由 FMC 计算，由自动驾驶仪操纵飞机达到该值。此时的推力目标值和限制值也是由 FMC 计算提供的；在该方式使用的速度通常是经济速度值，也可用 MCP 上人工选定的恒定速度值。采用航路方式时，来自 AFCS 的升降速度把飞机控制在规定的纵向航路上；这一方式仅在下降段使用，常用的速度是经济速度。

飞机在飞行时，通常由 FMC 进行全自动制导操作。当水平导航（LNAV）衔接后，由 FMC 的制导功能提供倾斜指令，控制飞机沿着计划的航路轨迹飞行；垂直导航（VNAV）衔接后，由 FMC 的制导功能部分提供速度或升降速度的纵向指令，使飞机沿计划的纵向路径飞行。飞机起飞后，飞到 400 ft 高度，即可衔接 LNAV 和 VNAV，直至飞机进近结束止，LNAV 和 VNAV 才脱开。可见，在整个飞行过程中，除起飞、着陆外，飞行员只是通过 CDU 和其他仪表系统指示对飞机的飞行实行监控；如果自动驾驶仪和自动油门系统没有衔接，飞行员可根据 FMC 制导功能输出的指令在 CDU 或其他仪表上的指示进行人工操纵。飞行计划管理是 FMC 制导功能部分的软件组成之一，它包括路径计算和剖面预告，它管理飞行计划，确定飞机在飞行计划中已到达的位置。

7.6　飞行管理系统飞行前准备

飞行管理系统在飞行前要完成准备工作，使整个系统正常工作。主要的工作是选定飞行航线，对 IRS 进行位置起始，输入必要的飞行性能数据，使 FMCS 能够实施 LNAV 和 VNAV，选定参数确定发动机起飞 EPR 或 N_1 转速限制，以及选定起飞和目的地机场的跑道、离场/进场及进近程序等。这些工作都集中在 CDU 上进行。

FMS 飞行前准备页面共 6 个。它们是识别（IDENT）、位置起始（POS INIT）、航路（RTE）、性能起始（PERF INIT）、起飞基准（TAKEOFF REF）、离场/进场索引（DEP/ARR INDEX）以及起始/基准索引（INIT/REF INDEX）页，所有的页面在 FMC 的控制下都有固定的格式。飞行前准备过程，一般按识别→位置起始→航路→性能起始→起飞基准的顺序操作，这样翻页方便，操作容易。离场/进场索引页可根据需要穿插在中间进行，如图 7.31 所示。要说明的是，起飞前的工作顺序没有固定的要求，可根据需要进行选择。一般飞行前准备工作在 10 min 内即可完成。

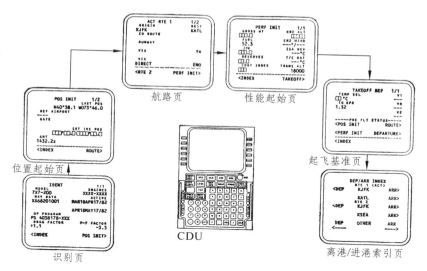

航路页　　　　　　性能起始页

位置起始页

起飞基准页

CDU

识别页

离港/进港索引页

图 7.31　FMS 飞行前准备页面

7.6.1　识别（IDENT）页面

IDENT 页面是 CDU 的起始页面，它就像一本书的第一页。它向飞行员显示 FMS 的概况，使其明确所装的机型、与之配合工作的发动机型号、所使用的导航数据库有效日期，并能选择使用新的数据库。

识别页面数据区域显示的信息如图 7.32 所示。

1L：飞机机型，表明 FMS 适用的机型；2L：用户和导航数据库的编号；4L：使用的软件编号；5L：以百分比显示的与飞机阻力有关的每海里燃油消耗因素；6L：可以选择起始/基准索引页面；1R：表明与 FMS 配合工作的发动机型号；2R：正在使用的导航数据库的有效日期；3R：未使用的导航数据库的有效日期；5R：以百分比显示的与燃油流量有关的每海里燃油消耗因素；6R：选择位置起始页提示。如果 2R 行的有效期不是当前有效的日期，3R 行才是当前的有效期，则可通过行选键选择 3R 行的数据库作为当前数据库。

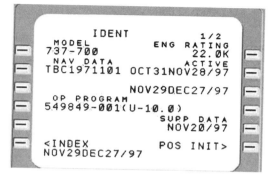

图 7.32　识别页面

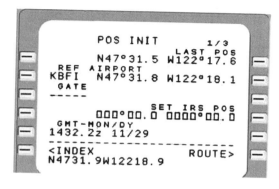

图 7.33　位置起始页面

7.6.2　位置起始（POS INIT）

位置起始主用于为 IRS 进行位置起始，也即把飞机当时的经纬度输入 IRS 作为位置基准，使 IRS 正常工作。可以通过 IRS 控制面板进行，但 IRS 控制面板安装在驾驶舱的顶板上，既耗时又不方便，用 CDU 上的位置起始页面给 IRS 起始，既容易又简便。

位置起始页面的信息如图 7.33 所示。

2L：起飞机场的四字代码，飞机离地后消失；3L：登机门标识，当 3L 的数据输入后，3R 自动显示登机门的经/纬度，当飞机离地后消失；5L：显示左座时钟的格林威治时间 GMT，有的还有月、日；6L：可以选择起始/基准索引页面；1R：显示由 FMC 计算的飞机最后位置，该数据断电后仍保持；2R：显示已输入机场标识后机场基准点的经/纬度，飞机离场后数据消失；3R：显示已输入登机门标识后登机门的经/纬度，飞机离场后数据消失；4R：在 IRS 起始对准时显示，对准完成进入"NAV"方式，数据行和标题即消失；5R：除 IRS 在"ATT"方式外，该数据行和标题为空白，在"ATT"方式时，可输入为 IRS 更新的磁航向；6R：可以选择航路页面。

从位置起始页信息可见，在位置起始页上，可以选择起飞机场、输入 GMT 及起始 IRS，其中，起始 IRS 有三种方法：

（1）直接用 FMC 计算的飞机最后位置。这种方法用在飞机自上次关机后未移动位置的情形，这是最简便、最直接的方法。

（2）复制导航数据库位置数据。这种方法用在飞机位置自上次关机后移动，但位置有参考点（如机场基准点、登机门）的情形。

（3）输入起始位置数据。这种方法用在飞机位置移动并且没有特殊的参考点，因而只能采取输入经/纬度的方法进行起始。

7.6.3　航路（RTE）

飞行员编排飞行计划是在 ROUTE（航路）页面上输入的，航路页面的显示就是用文字形式表达的航图。飞行计划是从起飞机场开始，然后通过一个个的航路点，最后到达目的地机场，其中包括飞机起飞和降落所用的跑道以及规定的离场和进场程序等。有的 FMS 只有一个航路页面，页面为多页；而有的分为航路 1 和航路 2 两个页面，也是多页。飞行计划是 FMC 进行横向导航和制导的基础。

7.6.3.1　航路页面的信息

航路页面的信息如图 7.34 所示。

1L：起飞机场四字代码；2L：公司航路代号，只能在地面准备时进行输入；3L：起飞机场使用的跑道编号；4L：表明某一仪表离场/过渡点识别代码；5L 和其他行：表明某一航路，标准仪表进场、过渡点、进近程序的识别代码；1R：着陆机场四字代码；4R、5R：表明航路点和助航设备的有效标识；6R：表明还未生效的航路页面提示。

图 7.34 航路页面

图 7.35 离场页面

7.6.3.2 飞行计划的编排

编排飞行计划的方法有两种：一种是选择公司航路，另一种是人工选择航路。

选择公司航路只要在 CDU 上输入公司航路代号即可。人工选择航路需要飞行员人工输入起飞机场和目的地机场的四字代码、起飞跑道、航路点名称和两航路点间的航路代号等。

7.6.4 选择离场方法

飞行员在航路（RTE）页面编排飞行计划时，需要输入起飞机场的起飞跑道标识和起飞后飞往第一个航路点的过渡航线标识，简便的方法是在"DEPARTURES（离场）"页面上选择所需起飞跑道和过渡航线。如图 7.35 所示为离场页面，在离场页面中可显示所选择的起飞跑道和离场程序。在离场页面上，先选择跑道或先选择离场程序都可以，但必须注意，只要选择了跑道或离场程序，则没有被选择的跑道或程序全部抹，而且不能用于选择的无关程序或无关跑道均被抹去。

7.6.5 输入起始性能参数

输入了飞行计划并实施后，飞机就可以在 FMC 的控制下按照预定的横向路径飞行。FMC进行纵向导航需要确定的飞行各阶段的飞行高度、飞行速度、爬升速度、下降速度、计算燃油消耗、预计到达时间、确定爬高顶点、下降起点等，还需要在性能起始页（PERF INIT）输入必要的数据才能进行。

在性能起始页上，有几处数据区域有方框，表示这些数据必须输入，它们是飞机全重或无油重量、备用油量、成本指数和巡航高度，否则 FMC 不能进行垂直导航；还有几处的数据区域显示虚线，表示可以选择输入的数据，如油量、巡航风、国际标准大气偏差、爬升顶点外界大气温度、过渡高度，这些数据可以按需要进行选择并输入，如果飞行员掌握确切的资料，则用键盘进行输入，可使 FMS 的性能计算更加精确。如果飞行员没有这些数据资料，可以不输入，FMC 同样可以进行各种纵向导航运算。

性能起始页面的信息如图 7.36 所示，为了实施性能管理，需要输入性能参数，如图 7.37为某次飞行的性能参数。

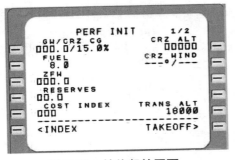

图 7.36 性能起始页面

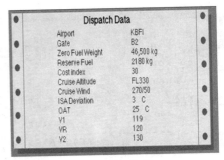

7.37 性能参数

1）输入飞机全重或无油重量

页面 1L 行为飞机全重，3L 行为无油重量，单位均为千英磅。这两个参数中，只要输一个参数即可，FMC 将会自动计算出另一个参数。

2）油量的输入

页面 2L 行显示的是以千磅为单位的燃油总量，是由燃油总和器输来的。如果飞行员认为燃油总和器输来的飞机油量不正确，可以进行人工输入燃油的准确值。

3）输入备用油量

4L 行要求输入备用的油量，该油量就是要求飞机飞抵预定着陆机场后飞机应剩余的储备油量，这是为了不能在预定机场着陆或不正常情况下备用，其值可由各航空公司根据情况确定。

4）输入成本指数

5L 行要求输入航空公司根据本身的经济政策制定的成本指数，它与总运营成本和燃油成本有关：

$$成本指数 = \frac{(总运营成本-燃油成本)/分钟}{燃油成本/千克} \tag{7.17}$$

总运营成本除燃油成本外，还包括飞机折旧费用、维护费用、飞行员工资和管理费用。成本指数可从 0～200（或 0～999）之间取值。当选取成本指数为 0 时，FMC 就以给定航程下耗油最少为依据而计算，虽然燃油消耗最少，但飞行时间长；当取最高值 200 时，FMC 以给定距离航程下飞行时间最短为依据计算，此时时间成本最少，但燃油消耗最多，总成本也比较高。对于 B737-300，有效输入为 0～200，一般取 30 左右较佳。

5）输入巡航高度

1R 行要求输入飞机沿航线飞行预定的巡航高度。当引进了起飞/目的地机场、飞机全重、成本指数后，FMC 自动计算并显示航段高度（TRIP ALT），这一高度是考虑了最少巡航时间后的最佳飞行高度。飞行员也可以根据需要输入巡航高度，但输入的巡航高度不能大于最高极限高度，否则 FMC 不能接受并在 CDU 的暂存行显示出最高极限高度供飞行员参考。

6）输入选择数据

2R 行选择输入巡航高度上的风向/风速；3R 行选择输入国际标准大气偏离温度；4R 行选择输入爬升顶点周围的大气温度。这三个数据可从管制员处获得。

7）输入过渡高度

5R 行显示的是过渡高度，缺选值为 18 000 ft，飞行员可以重新输入选定数据，该高度可以选择场压高、修正海压高或标准气压高。

7.6.6 选择起飞基准

起飞基准页是飞行员在飞机起飞前在 FMC 的 CDU 上要做工作的最后一个页面。起飞基准页用于飞行前进行检查，是在 CDU 上工作是否完成的检查清单，并可输入起飞基准数据。

选择起飞基准的信息如图 7.38 所示。

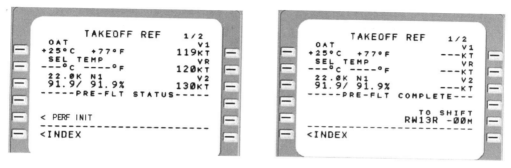

图 7.38　起飞基准页及信息

选择起飞基准页的 1L 行是假设温度数据，要求输入减推力起飞时飞行员所选定的假设温度，但这一温度并不是必须输入的。飞机使用额定功率起飞时，无须输入假设温度，飞机照常起飞。

2L 行显示的是发动机起飞时的 EPR 或发动机 N_1，当假设温度引进后，TMC 把这个假设温度作为实际外界温度，重新计算起飞 EPR 或发动机 N_1 转速限制值，这样计算出来的数值称为减推力起飞的 EPR 值（D – TO EPR）或减推力起飞的 N_1 限制值（RED – TO N_1）。

页面 1R、2R、3R 行是显示飞行员起飞时参考的速度值，它们是 V_1、V_R 和 V_2，V_1 是最大中断起飞速度，V_R 是在起飞滑跑时的抬头速度，V_2 是双发飞机在起飞期间单发工作时的起飞速度。这些数据是根据飞机全重、跑道长度、场地条件等因素计算得到的，每次起飞的情况都会有差异；这些数据也可引进，但 FMC 并不把它们用来作任何计算，仅显示。一旦飞机起飞离场，这三个速度数据即消失。

数据区 4L、5L 和 4R、5R 是飞行前准备情况检查清单。如果显示"PRE – FLT STATUS（飞行前状态）"，则在区域显示出未完成的工作（页面）提示词，飞行员即可用所对应的行选键选择页面并继续完成未做的工作。如果显示"RE – FLT COMPLETE（飞行前完成）"，表明飞行前准备已完成，区域内显示空白，但最新的软件版本则在 5R 行显示 FMC 位置（跑道）更新提示信息。

7.7　飞行管理系统在飞行中的应用

飞机起飞后，FMC 使用在起飞以前通过 CDU 输入的航路和性能数据进行导航计算，并在 CDU 上向飞行员显示飞行各阶段的状态参数、飞行进展情况以及咨询信息。

飞行中，FMC 的 CDU 显示页面种类很多，数量大，但根据其使用情况可分四类：

第一类是飞行阶段执行方式页面：即 CLB（爬高）、CRZ（巡航）、DES（下降）和 HOLD（等待）4 种方式页面，每一种方式页面又有许多变型页面，它们除向飞行员显示各飞行阶段的工作情况，例如，飞行速度、飞行高度、风向、风速、发动机 EPR 或发动机 N_1 转速限制等参数外，也能由飞行员选择所需的性能飞行方式。

第二类是检查飞机飞行动态情况的检查页面：主要的页面是 RTE LEGS（航路段）和 PROGRESS（进程）页面。页面以动态方式显示飞机在飞行中所要飞过的每一航路点、它们之间的距离、预计到达各航路点的时间等数据，这使飞行员对于整个情况一目了然，同时也可在页面上对飞行计划进行修改。

第三类是供飞行员选择对飞行计划作特定方式的局部修改用的页面：有原来 RTE LEGS（航路段）页面的修改页面，还有可以选择跑道和进近程序的进场页面等。

第四类是向飞行员提供作各种参考信息、数据的页面：包括提供飞机与某一点的相对位置的 FIX INFO（定位点信息）、提供进近参数的 APPROCH REF（进近参考）、提供导航数据的 REF NAV DATA（参考导航数据）和 N_1 LIMIT 等页面。

7.7.1　FMS 的飞行阶段的页面

飞行阶段执行方式页面是在飞机爬高、巡航、下降及等待飞行阶段时，向飞行员显示各飞行阶段执行方式的各种有关数据。

7.7.1.1　起飞离场爬升

飞行前准备完成后，飞机起飞，飞机离地后爬升页面（CLB）生效，爬升方式页面向飞行员显示选定的爬高方式性能计算数据，即爬升中的性能信息。

沿航线爬升中，爬升方式有五种：ECON CLB（经济爬升）、×××KT CLB（选择速度爬升）、ENG OUT CLB（单发停车爬升）、MAX RATE CLB（最大爬升率爬升）、MAX ANGLE CLB（最大爬升角爬升）和 RTA CLB（要求到达时间爬升）。

飞行中，按压 CDU 上的"CLB"键，首先显示的是预先选定的爬高方式，若没有选定，则选择缺选方式，即经济爬升方式。通过行选键 5L、6L、5R 可以分别得到最大爬升率、最大爬升角、单发停车爬升页面；在 2L 行输入选择速度，则得到选择速度爬升页面。其中典型的爬升页面信息如图 7.39 所示。

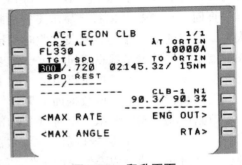

图 7.39　爬升页面

264

1L 行显示的是巡航高度，是飞行准备时在性能起始页面上输入后延伸过来的。此数据可在页面上更改。

2L 行显示的是各种爬升执行方式时的经济速度或目标速度或马赫数。除了有的选择速度爬升页面的目标速度外，该处数值都是由 FMC 计算而得的。

3L 行显示速度限制。一些国家为限制噪音而制定了飞机飞行速度限制，该值在 3 L 行显示，提醒飞行员遵守。如美国规定在 10 000 ft 高度飞行时，飞行速度不得超过 250 kn。

4L、5L、6L、5R 和 6R 显示的是爬升方式提示，可通过行选键进行选择。

1R 行显示某些航路点的速度高度限制。

2R 行显示的是飞机预达某航路点的时间和距离。

3R 行显示的是飞机使用当时爬升方式时飞抵航路点的误差。

4R 行显示的是减推力爬升时 N_1。

7.7.1.2 沿航路巡航

沿航线飞行阶段由巡航页面提供性能目标信息，显示巡航高度、巡航速度，穿越颠簸气流的发动机 N_1 参考值，到达目的地机场的预计剩余油量，最佳/最大高度，以及风向、风速数值。

沿航路巡航阶段执行方式页面与爬升阶段相似，有六种方式：ECON CRZ（经济巡航）、M×××CRZ（选择速度巡航）、LRC（远程巡航）、ENG OUT CRZ（单发停车巡航）和 CRZ CLB（巡航爬升）、CRZ DES（巡航下降）。

飞机在爬高飞行阶段时，如果 CDU 正在显示爬高执行方式，那只有飞机到达爬高顶点进入巡航阶段时，CDU 上的显示才由爬高执行方式页面自动转换为巡航执行方式页面。此外，按压 CDU 上的"CRZ"键，按压所有巡航页面中提示词所对应的行选键，都可得到巡航方式页面。

其中典型的巡航页面信息如图 7.40 所示。

1L 行显示巡航高度，可用键盘人工更改数据。用键盘引进新的巡航高度层，页面将自动显示"CRZ CLB"或"CRZ DES"页面，这些页面兼有巡航页面和爬升/下降页面中的一些有关信息。

2L 行显示计算的经济速度或远程巡航速度，以及人工输入的目标速度。

3L 行显示穿越颠簸的 N_1 数据，但不能向自动油门提供指令。

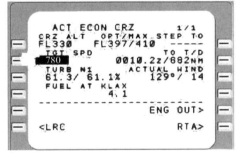

图 7.40 巡航页面

4L 行显示预计抵达目的地机场的剩余燃油量，如在 1R 行引进了梯度高度改变到××，这个计算值假定该程序将在梯度点时发生，该数值的前面显示有"W/STEP"字样。

5L、6L 和 5R、6R 行显示的是巡航页面方式的提示，可按压对应的行选键选择。

1R 行显示梯度爬升高度。

2R 行显示由 FMC 计算的到达梯级爬升或下降点（STEP POINT）的时间和待飞距离。

3R 行显示计算的现在高度上的实际风，如是人工引进数据，则标题显示"EST WIND"。

4R 行显示采用梯级爬高或下降以后，与原飞行剖面相比所节约（SAVINGS）或浪费（PENALTY）的燃油百分比。

巡航页面在第一行中间区域显示的是一个特殊参数——最佳/最大高度，是 FMC 根据飞机的总重、巡航距离、航路风、飞机阻力等数据所计算的飞机最省油的飞行高度，提醒飞行员采取措施，到这个最佳高度上巡航。

7.7.1.3　沿航线下降进近着陆

1）沿航线下降

飞机沿航线下降的方式有经济下降（ECON DES）、选择速度下降（SEL SPD DES）和轨迹下降（PATH DES）；在下降预报页面（DES FORCASTS）输入高度转换点的飞行高度、预计接通防冰系统的高度以及下降路线的风向、风速等数据，飞行管理计算机将准确计算飞机下降的飞行剖面。

飞机巡航快结束时，若 CDU 正在显示巡航页面，则当飞机一进入下降飞行阶段时，CDU 的显示马上由巡航页面变为下降页面；此外，按压（DES）功能键，按压所有下降页面中提示词所对应的行选键，都可得到下降页面。

其中下降页面的信息如图 7.41 所示。

下降页面的数据显示与爬高页面的情况基本类似，但由于是下降飞行阶段，在飞机高度变化的飞行过程中，也要考虑在某些航路点上的高度限制。

1L 行显示下降结束（E/D）时的高度。

4L 行显示计算机计算出的垂直航道偏离值，如航道偏离不可用，则显示空白。

1R 显示航路点的限制高度。

2R 行显示到达下降顶点的预达时间和距离，如 RTA 下降，则显示时间误差。

3R 行显示航路点标识和垂直方位的高度限制值，如没有输入信息，则显示为虚线提示，同时 4R 行变为空白。

4R 行显示垂直轨迹参数：FPA 为现在地速和垂直速度为基准的实际飞行轨迹即下滑角；V/B 为现在位置与航路点高度之间，与地速成直线基准的垂直方位；V/S 为用于获得显示垂直方位所需的垂直速度。

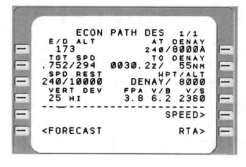

图 7.41　下降页面

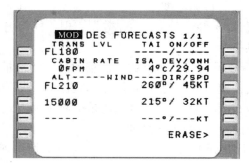

图 7.42　下降预报页

266

下降预报页（DESCENT FORCASTS）供飞行员输入高度转换点飞行高度、预计接通防冰系统的高度以及下降路线的风速、风向等数据。飞行员输入数据后，经执行键实施后，FMC就使用这些数据，更准确地规定飞机下降的飞行剖面。

下降预报页的获得可在任何下降阶段页面上用行选键 6L 选择，如图 7.42 所示。

页面的数据区 1L 行显示过渡高度层，这是 FMC 计算时使用 QNH 还是 QFE 作为基准的高度，缺选方式或初始显示为 FL180，飞行员可以改写。1R 显示预计进行热空气防冰的高度，以便在使用热空气防冰阶段，发动机保持在 FMC 计算出的高慢车转速上。2L 显示计算出的下降速率，可以供飞行员参考。2R 显示国际标准大气偏差和目的地机场的 QNH 值。3L ～ 5L 和 3R ～ 5R 是供飞行员输入飞行航路上各高度层的风向/风速，其数据可从管制员或自动气象广播中取得。

2）进场及进近程序

飞行管理系统能够提供对非精密进近的水平引导和垂直引导，对精密进近进行切入"ILS"下滑道的引导。在进场（ARRIVALS）页面，显示可供选择的标准终端进场航路（STARS）和进近程序，如图 7.43 所示。

在进场页面显示标准仪表进场代号，目的地机场的仪表进近程序类型、跑道号；假如气象和地形条件允许，也可不选择标准仪表进场航路和仪表进近程序，而按目视飞行规则（VFR）进近。

图 7.43　进场页面

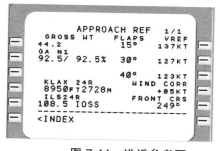

图 7.44　进近参考页

如图 7.44 所示，在进近参考（APPROACH REF）页面，显示飞行管理计算机计算的飞机当时的全重的瞬时值、进近基准速度（VREF）、各襟翼放下角度的进近基准速度，以现在的气压高度、温度和引气布局为基准计算的复飞 N_1 限制数据，着陆跑道的长度和所使用的 ILS 识别、频率，ILS 进近的向台航道。

3）复　飞

从导航数据库中选定的仪表进近程序，一般都包含有特定的复飞程序，也可通过在跑道之后人工输入航路点等参数构成复飞程序。沿着复飞程序的航迹 LNAV 继续引导飞机，飞行管理计算机依据复飞航路点的高度限制计算爬升剖面，重新执行 VNAV 的方式，引导飞机重新开始爬升。

4）等　待　飞　行

飞行中的等待飞行阶段是一个特殊的飞行阶段。等待航线可以事先安排在航路结构中，也可以在飞行中随时安排立即执行等待航线，或计算飞到某一航路点时再执行等待航线。

① 等待页面。

等待页面显示的信息如图7.45所示。

1L行表明等待航线的定位点；2L行表明等待方位；3L行表示向台航迹及转弯方向，判断是标准等待还是非标准等待；4L行表示等待航线出航时间，如果没有选择输入数据，缺选值是：飞行高度＜14000英尺时1分钟，飞行高度≥14000英尺时为1.5分钟；5L行表示出航航段的距离，正常显示为虚线，如飞行员输入距离后，4L行的时间显示为虚线；1R行为目标速度，是现在飞行高度的最佳目标速度；2R行为预达等待定位点的时间或是飞机下一次飞过等待定位点的预达时间，这是由FMC计算的，不能人工输入；3R行是脱离等待的预计进一步许可的指令时间，该数据由人工输入，作参考用；4R行是指在飞机脱离等待之前，飞机可用的等待时间，但必须保证飞机到达目的地机场时有足够的备用油；5R行是由FMC根据飞行高度、飞机全重和环境条件所计算的最佳等待速度。

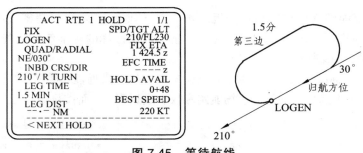

图7.45 等待航线

② 等待航线的建立。

当等待航线已包含在有效的飞行计划中时，等待航线参数都储存在导航数据库里，如比较繁忙的机场进场航线中，这时只须按压CDU上"HOLD"键，立即会显示有效飞行计划包含的实施航路等待页面，供飞行员检查参考，并可在页面上进行参数的修改。

当等待航线未包含在有效航路中时，按压HOLD键，CDU显示有效航路段页面，并在第6行标题区显示出HOLD AT（在……等待），6L行显示提示方框，6R行显示PPOS，飞行员输入等待定位点标识或按压行选键，即可显示所选定定位点的等待航线。但须注意，飞行计划中最多只能建立五个等待航线。

其中，飞行中，FMS实施等待航线方法有三种：现在位置等待，飞行计划中航路点等待和飞行计划外航路点等待。

③ 等待的脱离。

飞机在执行等待飞行时，在有效航路等待页的6R行显示EXIT HOLD（退出等待）提示，这是用来供飞机终止等待飞行，立即回到等待定位点沿航路继续飞行。飞行员按压6R键，然后按压EXEC键，飞机脱离等待航线，回到等待定位点。

7.7.2 飞行动态的监控与检查

FMS在飞行中的CDU显示页面很多，但最重要、使用最多、时间最长的页面是RTE LEG

（航路段）、PROGRESS（进程），它们显示随着飞行进程而变化的动态数据，在飞行中，飞行员通过这两个页面可以监视整个飞行过程。在装有两台 CDU 的飞机上，飞行中，一般将一台 CDU 选择显示航路段页面，另一台 CDU 选择显示进程页面。

7.7.2.1　航路段页面

航路段页面提供各航段的飞行计划信息，显示完整的航线，顺序的航路点、航线角、航线距离、速度、高度数据。

航路段页面的显示可通过按压 LEGS 键得到，也可通过按压航路数据页面"LEGS"提示行和选择所需航路点页面得到。

航路段页面的信息如图 7.46 所示。

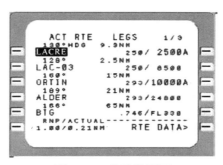

图 7.46　航路段页面

航路段页面数据分三列：左、中、右区。左区显示航路点标识和飞行航向/航迹，中区显示航段距离，右区显示飞越相应航路点的速度/高度。

左区 1L 行标题区显示的是飞机飞往下一个航路点的航向。这可能是 FMC 根据两航路点的位置计算出来的航线角，也可能是来自导航数据库内所规定的程序方位或到条件航路点的程序航向，或来自导航数据库内所规定的程序指令。飞机在北纬 73°和南纬 60°间时，所显示的航向、方位常以磁北为基准；如以真北为基准，则在显示的数值后出现"T"。

左区一列数据区内其他显示的是航路点、导航台的标识，或是目的地机场、着陆跑道、一个位置经纬度。在航路段页上可对原来的飞行计划进行修改，这可在该页面第一页的数据区 2L～5L，以及其他几个航路段页上的数据区 1L～5L 输入所要飞达的航路点而实现。第一页数据区 1L 的航路点不能被删除、更改。在某一个数据区输入了着陆机场的跑道标识后，原来在该数据后面的所有航路段将全部被抹除。

中间一列数据区是航段间的距离，这是由 FMC 根据两个航路点的位置计算出来的，它们不能更改或删除。

右区一列数据区是飞机飞往相应航路点时的飞行速度和飞行高度。这些数据可以根据需要通过字母数字键输入，有些数据是直接从导航数据库转换过来的限制值。

在 CDU 的左边显示的大体字表示的是各航路点，小体字表示的是航段的航向、航迹等；在中间显示的小体字表示的是航段距离；右边显示的大体字表示数据库中的或飞行员输入的，小体字表示 FMC 计算的。

7.7.2.2 航路数据页面信息

为了检查航路数据，并输入巡航预报风，提高最佳性能计算的准确度，必须使用 RTE DATA（航路数据）页面。

飞行计划中的任何航路点，按照预达时间，提供连续的信息计算，在 RTE DATA 页显示。航路数据页显示的信息如图 7.47 所示。

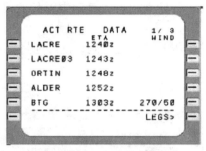

图 7.47　航路数据页

左区显示的是与相应航段页相同的航路点标识。

中间区域显示预达航路点标识的时间。这些预达时间都是由 FMC 计算并连续更新的。

右区 1R ~ 5R 显示的是相应的巡航航路点气象风向风速，同时也可用键盘引进。风数据为空白的，表示此航路点为非巡航航路点；如果没有引进风资料，则显示 000°/000，用键盘人工输入风资料，在巡航阶段，输入的数据不但在某一航路点出现，而且也延伸到以后的巡航航路点，直到人工再输入一个风资料为止。一旦 FMC 计算出风向风速后，就显示计算的数据。

7.7.2.3 进程页面信息

飞行中，飞行员经常利用进程页面，来掌握飞机沿有效航路飞行的动态数据信息。进程页仅用于参考检查，不能进行输入或选择，但按要求到达时间进程页面可以进行输入。

按压 CDU 上的"PROG"键可得到进程页面，进程页面分为 3 页，用来显示详细的沿有效航路飞行的状态参数。

第 1 页显示现在所飞航段、下一航段和目的地，对于刚飞过的航路点，显示其实际到达时间、高度、剩余油量；对于后面的各航路点则显示预达时刻、未飞距离、预计飞越时剩余油量，还显示导航设备的使用情况和现行的目标速度，如图 7.48 所示。其中 1 ~ 4 数据行共有 4 列数据。

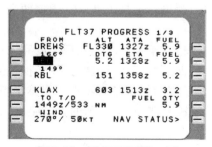

图 7.48　进程页面第 1 页

第 1 行显示刚飞越的航路点的各飞行参数，第 1 列为航路点标识，第 2 列为飞越时飞行高度，第 3 列为飞越的时间，第 4 列为飞越时的剩余油量。这一行显示过去的飞行状态，供飞行员对以往的飞行进行检查时参考。

第 2 行显示正飞往的航路点，第 3 行为下一个航路点，第 4 行为着陆机场的飞行数据。这 3 行数据的第 1 列是航路点标识或目的地机场四字代码；第 2 列为从现在位置到各点的待飞距离；第 3 列为预达各点的时间；第 4 列为飞抵各点的预计剩余油量。

第 5 行的第 1 列显示高度改变点的预达时间和距离，如 T/C、STEP POINT、T/D、E/D 等；第 4 列显示从飞机燃油总和器获得的现在总的剩余油量。

第 6 行显示无线电校准方式，助航设备识别码、频率、调谐状态，以及所用的 IRS 状况。

在第 1 页的基础上，按压 NEXT 键即进入第 2 页，如图 7.49 所示。当在 1L 行输入要求到达时间的航路点和时间后，即显示与要求到达时间飞行进程相关的咨询数据。

在第 2 页的基础上，按压 NEXT 键即进入第 3 页。第 3 页显示与现行飞行相关的参数，如风分量、航迹误差、垂直偏差等，如图 7.50 所示。

第 1 行数据显示由 FMC 计算输出的顺（逆）风分量（1L）和侧风分量（1R）；2L 行是 FMC 计算得出的风向风速；2R 行为飞机目前的大气静温和国际标准大气偏差；3L 行表示偏航距离；3R 行表示垂直偏离，说明飞机偏离下降剖面的偏差，用后缀 HI/LO 或前缀 + / − 表示，没有偏差时显示空白；4R 行显示飞机当时的真空速。

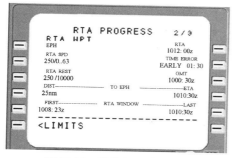

图 7.49　进程页面第 2 页

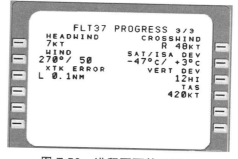

图 7.50　进程页面第 3 页

7.7.3　飞行航路的修改

飞机在起飞前，飞行员在航路页上作好了计划飞行航路，实施后就可在 FMC 控制下按照计划航路实现自动飞行。但在实际飞行中，由于天气、空域或航行需要等原因，飞机不能按照原来的预定计划飞行时，必须对原飞行计划作适当的修改。

许多页面上都可对飞行计划作修改，如爬升、巡航、下降和等待页面上，但进行航路计划修改最方便的页面是航路页面和航路段页面。根据飞行的具体情况，航路修改主要包括增加航路点、删除航路点、直飞/切入、平行（偏航）飞行、飞向备降场等。

7.7.4　飞行信息页面

飞机在飞行中，FMC 连续工作，除在飞行的各阶段对飞机横向、纵向飞行剖面进行自动操纵和控制外，同时在 CDU 上向飞行员显示检查、选择各航路和飞行阶段数据的页面，并可对飞行航路进行修改。此外，FMC 还有很多页面用来向飞行员提供各种咨询信息，用于进行对比、参考并选择使用。这一类页面仅仅显示飞行参数，一般不对飞行进行直接控制。

飞行信息显示页面除前面已介绍的航路数据页、进场页、下降预报页和进近参考页外，还有提供飞机与定位点相对位置关系的 FIX INFO（定位信息）页，提供选定着陆机场或导航台位置、跑道或导航台频率等参数的 REF NAV（参考导航数据）页以及显示发动机各状态下 N_1 限制值的 N_1 LIMIT（N_1 限制）页等。

7.7.4.1　定位信息页

飞行中，飞行员有时需要了解飞机与某一定位点的相对位置关系，尤其是进场着陆阶段，需要了解飞机在选定方位上进近时，离开某一定位点的径向距离，有时还要求沿着航线下降方向创造一些附加航路点，预报到这些附加航路点的距离和到达时间。FIX INFO 就是为创造附加航路点，提供上述信息而设置的。另外，定位信息页可用于进近时向管制员报告飞机的确切位置，飞机在进近时按照一定的进近航路接近跑道，管制员可以要求飞机选定一个共同的定位点，所以在进近航路上的飞机，都可以从定位信息页上得到飞到同一个正交点的待飞距离和预计到达时间，这样，管制员可以准确地掌握进近中各飞机相对位置，以便安排飞机的降落。

按压 FIX 键，可获得定位信息页面。初始显示的定位信息页面上，只有大小字母的页面和数据区的标题，无任何数据。飞行员必须把选定的参考点标识输入到 1L 行，参考点标识是储存在导航数据库里的有效航路点或导航设备标识。输入定位点标识后，FMC 马上进行计算，在第 1 行中间数据区显示当时飞机到该定位点的方位和距离，在 EHSI 的计划方式显示上也显示出选定的该定位点。

数据区 2L ~ 4L 行为可供飞行员输入的前方定位点，输入前方定位点时只输入方位角或距离即可，对距离信息的引进定位点是依照最近的交叉点来确定的。输入前方定位点后，FMC 即可计算出该交点到参考点的距离、预达时间和未飞距离及到达该交点时飞机的预定高度等数据，在 2 ~ 4 显示。数据区 5 行显示由 FMC 计算的定位点与预定航线正交点的数据，它们是正切参考点的方位/距离、预达时刻、未飞距离和预达正切点的高度，如图 7.52 所示。

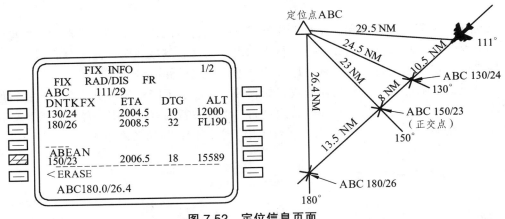

图 7.52　定位信息页面

7.7.4.2 参考导航数据页

参考导航数据页（REF NAV DATA）是一个非常重要的信息页面，飞行员可以在页面上查询导航数据库中的跑道、机场、导航台和航路点的有关数据资料，有些还可在临时数据库中输入并暂存一定数量的航路点、导航台、机场等数据资料，以便 FMC 在该次飞行时作为临时的补充数据库使用。如图 7.52 所示为查询的航路点 WFX 的资料。

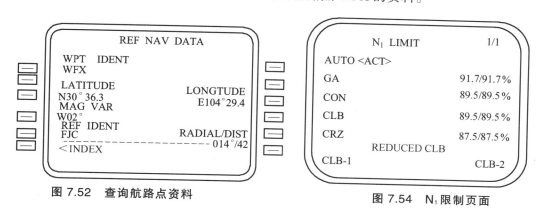

图 7.52　查询航路点资料

图 7.54　N₁ 限制页面

7.7.4.3 N₁ 限制页面

N_1 限制页面显示当时飞行条件下，飞机各飞行状态的发动机 N_1 转速的限制数值，供飞行员参考和选择。N_1 限制页面通过按压 CDU 上的 N_1 LIMIT 键获得，如图 7.54 所示。数据区 1L 显示 AUTO（自动），2L～4L 分别显示 GA（复飞）、CON（单发续飞）、CLB、CRZ 飞行状态；2R～4R 分别显示以上状态的 N_1 限制数值。这些数值是在输入了 OAT（外界大气温度）后 FMC 据此计算出来的。

复习思考题

1. 飞行管理系统由哪几部分组成？分别有什么作用？

2. 飞行管理系统的传感器有哪些？分别为飞行管理系统提供什么信息？

3. 飞行管理系统的数据库有哪些类型？其导航数据库的内容有哪些？

4. 飞行管理系统的导航功能如何实现？

5. 飞行管理系统飞行前准备的内容有哪些？准备页面有哪些？

6. 飞行管理系统沿航线爬升、沿航路巡航和沿航路下降分别有哪些方式？显示的信息有哪些？

7. 飞行管理系统的航路段页面和航路数据页面显示哪些信息？

8. 飞行管理系统的进程页面显示的信息有何意义？

9. 飞行管理系统修改飞行计划方法有哪些？常用哪些页面？

10. 飞行管理系统飞行信息页面有哪些？

11. 用飞行管理系统实施等待的方法有哪些？

8 飞行过程的领航程序

领航工作是组织实施飞行的重要环节，贯穿于整个飞行过程，任何领航差错都可能影响飞行正常和经济效益，甚至危及飞行安全。在整个飞行过程中，从领航程序看包括飞行前领航准备和飞行中领航实施。

8.1 飞行前领航准备

领航准备包括平时领航准备和飞行前领航准备。平时领航准备包括搜集和研究领航有关的航行资料，如所飞机型的性能数据；固定航路、空中走廊、空中禁区和危险区、国境线的资料，常用机场的基本数据、仪表进/离场方法和仪表进近程序等，一些机场采用新的RNP/RNAV 程序等；熟悉领航设备，熟悉所飞机型的领航设备工作原理、性能、构造，能够正确操作及排除一般故障，如磁罗盘、高度表、空速表、时钟等的使用，ADF、VOR、DME、ILS、IRS、GPS、FMS 等的导航原理及使用等。针对不同的飞行任务，准备不同的航行资料，如通用飞行，需要准备飞行区域航行地图，常用的有百万分之一地图、五十万分之一地图或大比例尺地图；航线飞行，需要准备起降机场、备降机场的仪表离场/进场图，各种进近图、走廊图，通信导航资料等。

受领飞行任务后，飞行机组就要开始进行飞行前领航准备。飞行前领航准备分为预先准备和直接准备，预先准备是飞行前围绕本次飞行任务所进行的准备，而直接准备是起飞前根据航行需要和天气实况的变化对预先准备进行必要的修正和补充。在执行紧急任务时，预先准备和直接准备可以合并进行。

8.1.1 预先领航准备

预先领航准备通常在飞行前一天进行，由于飞行员的技术水平及对航线、资料等准备内容的不同，可以提前数天，甚至更早的时间进行。准备地点一般是机组成员在航行情报室进行。预先领航准备包括个人准备、集体准备和领航准备检查等。个人准备是受领飞行任务后，根据飞行任务的性质、要求和规定所进行的一系列准备；集体准备是在个人准备的基础上，以机组为单位进行的准备，集体准备重点是研究协同动作和紧急处置方法，解决技术难点，统一认识，提高准备质量；为了顺利完成飞行任务，航行部门和飞行队要认真检查领航准备的质量。在预先领航准备过程中，主要准备的内容包括：

8.1.1.1　准备航行资料和领航工具

对于不同的飞行任务，准备不同的航行资料。如飞行采用地标罗盘领航必备的航行资料包括：航线飞行区域百万分之一、五十万分之一航空地图，起飞机场、降落机场、备降机场的机场图及机场细则、通讯手册及有关飞行文件。

8.1.1.2　选择航线

执行飞行任务时，一般按照规定的航线飞行，如航空公司航班飞行按照公司航路执行，但有时航线没有具体规定，如临时飞行任务或开辟新航线等，就必须选择航线。

8.1.1.3　研究航线

飞行员应从航线的实际情况出发，周密地研究沿航线的各种情况，正确地选择领航方法和制定特殊情况处置方案，为顺利实施空中领航创造有利条件。对于航线的研究，主要从下面几个方面深入进行：

研究沿航线的显著地标，在高空飞行时，主要研究大而明显的各类地标及其相互关系；低空飞行时，主要研究地标细部的明显特征。研究沿航线的地形，主要包括其起伏情况和对飞行安全有影响的标高。

研究可供利用的导航设备。主要研究地面导航设备的地理位置、工作频率和呼号；地面导航设备的工作特点和有效距离；变动情况，如有无增设、关闭、更改频率和呼号等。

研究国境线和空中禁区。当航线邻近国境线和空中禁区时，应了解国境线、空中禁区的准确位置和范围，以及地形、地貌和地标的特征，防止误入邻国领空或空中禁区，防止造成不良影响。

研究机场的使用细则。主要研究机场的地理坐标；机场同城市的相关位置；机场的标高、磁差、道面、主跑道等资料；机场区域附近的限制区位置；通过机场区域或者机场区域附近的航路，机场区域内净空地带的情况，高大建筑物的位置、高度和飞行安全高度；保障飞行的通信、灯光设备的配置以及起飞和着陆地带的规定；起落航线飞行的规定；进场、离场方法；飞行空域和靶场的位置；本机场允许飞行的最低气象条件；临近机场和备降机场的有关资料，本机场区域内可供迫降的地带。

研究沿航线的备降机场。飞行中，因天气或其他原因，飞机有可能到其他机场去着陆，因此，飞行前应对沿航线附近的机场进行细致地研究，作好必要的准备：应根据机场分布的情况、距离航线的远近和机场的有关资料，选出一些可供飞机备降的机场。

研究航线天气。为了在飞行中避开不利天气的影响，准确地实施领航，确保飞行安全，在飞行前应详细地研究天气情况和资料。飞行员要认真听取气象人员对航线天气的分析，翻阅有关资料，根据航线情况考虑在各航段的航行方法，对于可能遇到的危险天气，应作好处置预案。

研究特殊情况的处置。在飞行前准备中，应考虑可能出现的特殊情况，如备降、返航、绕飞、迷航等。对于出现特殊情况，应有相应的处理预案。

8.1.1.4　制订领航计划

在完成了选择航线和对航线进行了细致研究的基础上，需要制订出切实可行的领航计划。领航计划是飞行过程对领航的实施程序、方法和特殊情况处置的预先设想，也是实施空中领航的基本依据。周密细致的领航计划可以使空中实施有秩序有步骤地进行，可以保证飞行任务的顺利完成。领航计划内容通常包括：起飞离场和爬升的程序及方法；各航段测量航行元素和检查航迹、修正航迹的时机和方法；保证准时到达着陆机场或预定点的方法；特殊情况的处置方法；下降和进场着陆的程序和方法。

8.1.2　直接领航准备

直接准备是在预先领航准备的基础上，在起飞前的一段时间内所进行的准备。直接准备主要内容有：研究飞行区域的天气预报和实况，研究最新航行资料和飞行动态；进行领航计算并填写领航计划表；检查领航用具及领航设备。

8.1.2.1　研究飞行区域的天气预报和实况

获取飞行区域的天气情况，重点放在恶劣天气和危险天气发展趋势上，是否会对本次飞行安全造成影响；分析起飞、降落、备降机场的天气实况和预报，应注意云底高度、结冰高度、能见度及风切变的情况；索取飞行高度层的预报风和空中温度等，如图 8.1 所示为实际飞行前的气象情报。

8.1.2.2　研究最新航行资料和飞行动态

阅读最新的航行情报通报和航行通告，了解所用导航设备、资料有无变更，对已改变的资料进行修订并修改预先准备的领航计划，了解起飞机场和飞行区域的飞机活动情况，有无相对飞行和追赶飞行等，认真听取空中交通管制员关于飞行动态的讲解和指示。如图 8.2 所示为飞行前航行资料公告。

航空气象情报
Aviation Meterorological Information

航线： 三亚/凤凰-北京首都　　　　　日期(DATE)： 2009年12月3日
(ROUTE)：ZJSY-ZBAA　　　　　　　　时间(TIME)： 12:08(北京时)
单位:民航三亚航管站气象台　　　　　Sanya Met. of CAAC

本场天气(The Weather of Departure)：

METAR ZJSY 030400Z 07006MPS 5000 HZ NSC 26/14 Q1019 NOSIG=

TAF ZJSY 030408Z 030615 07005MPS 6000 NSC=

北京首都机场天气(The Weather of Destination)：

METAR ZBAA 030400Z 07002MPS 030V110 CAVOK 02/M09 Q1027 NOSIG=

TAF ZBAA 030345Z 030606 19004MPS CAVOK BECMG 1718 2000 BR BECMG 2021 31004MPS BECMG 0203 31010G18MPS CAVOK=

备降机场实况(The Alternate Airports Report)：

METAR ZHHH 030400Z 29002MPS 260V320 CAVOK 12/01 Q1030 NOSIG=

METAR ZBYN 030400Z 15002MPS 110V190 8000 NSC 00/M07 Q1024 NOSIG=

METAR ZBTJ 030400Z 25005MPS 9999 BKN026 04/M03 Q1028 NOSIG=

METAR ZJHK 030400Z 07006MPS 7000 SCT021 BKN030 22/14 Q1021 NOSIG=

METAR ZSQD 030400Z 32004MPS 270V020 9999 SCT030 05/M04 Q1028 NOSIG=

METAR ZYTL 030400Z 33004MPS 300V360 CAVOK M01/M08 Q1027 NOSIG=

METAR ZSJN 030400Z 25001MPS 5000 HZ SKC 07/M03 Q1029 NOSIG=

METAR VHHH 030300Z 02010KT 340V060 6000 NSC 19/08 Q1023 NOSIG=

备降机场预报(The Alternate Airports Forecast)：

TAF ZHHH 030306Z 030606 VRB02MPS 6000 NSC BECMG 1718 2000 BR=

TAF ZBYN 030313Z 030606 20004MPS 6000 NSC BECMG 1112 09004MPS BECMG 0203 35008G15MPS=

TAF ZBTJ 030340Z 030606 23004MPS 6000 NSC BECMG 0204 33004MPS=

TAF ZJHK 030326Z 030606 05005MPS 6000 BKN015 BECMG 1718 1600 BR BECMG 0001 6000=

TAF ZSQD 030345Z 030606 36006MPS 9999 SCT030=

TAF ZYTL 030330Z 030606 34006G12MPS CAVOK BECMG 1213 22004MPS=

TAF ZSJN 030338Z 030606 24004MPS 3500 HZ NSC BECMG 1012 2000 BR BECMG 0002 3500 HZ=

TAF VHHH NIL=

重要气象情报(The Significant Meterorological Information)：

WSCI45 ZHHH 030300
[WS] ZHWH SIGMET 1 VALID 030330/030730 ZHHH-
ZHWH WUHAN FIR MOD TO SEV ICE FCST W OF E114 BLW FL180 NC=

WSCI34 ZSSS 030146
[WS] ZSHA SIGMET 1 VALID 030200/030600 ZSSS-
ZSHA SHANGHAI FIR SEV TURB FCST BTN N32 AND N27 FL300 MOV E SLOWLY NC=

图 8.1　飞行前气象情报

飞行前资料公告
航行情报服务
中国民用航空总局1111111
AFTN:ZBBBYNYT 民航总局空管局 **SITA:BJSOICA**

公布日期: 2009/12/03/1204
公告类型: FIR航路PIB
航班号: 三亚-北京
起飞机场: ZJSY
飞行情报区: ZBBB ZJSA ZGZU ZHWH ZBPE
选择内容: 通用内容(机场、航路、航行警告)/重要活动(机场、航路、航行警告)

目的机场: ZBAA

有效时段: 2009/12/03/0938--2009/12/04/09
飞行种类: IFR/VFR
城市对: SANYA/
备降机场: ZBTJ ZBSJ ZBYN
天数限制: 3

所有时间为北京时

三亚-北京
起飞机场: ZJSY(三亚/凤凰)

C 2348/09
ZJSY
B) 2009/12/04/0900 C) 2009/12/04/1300
E) 本场西近台NDB(K/305KHZ) 关闭因维护

C 2338/09
ZJSY
B) 2009/12/02/0700 C) 2009/12/16/0900
D) 0700-0900 DLY
E) D 联络道以东的A 滑行道关闭,因施工.

途经情报区 ZBBB(中国民航总局 FIR)
** 没有 NOTAMS **

途经情报区 ZJSA(三亚责任区)

C 2295/09
ZJHK
B) 2009/12/03/0900 C) 2009/12/04/2359
E) 南盆滨岛DVOR/DME （NYB/113.3MHZ/CH80X ）不
提供使用,因设备维护停机。

途经情报区 ZGZU(广州情报区)

C 0224/09
ZGGG
B) 2009/12/01/0929 C) PERM
E) 参阅国内航空资料汇编ZGGG-4G

(2008-4-1),点CI 20L 的坐标修改为:
N2339.5E11322.9.

C 2340/09
ZGGG
B) 2009/12/03/1400 C) 2009/12/03/1705
E) 南航B-2057 飞机在广州白云机场

进行固定式ELT 测试工作,测试
频率:121.5MHZ, 测试工作在每小时开
始的5 分钟内执行. 每次发送不
超过10 秒.

C 2336/09
ZGSZ
B) 2009/12/04/0200 C) 2009/12/04/0205
E) 深圳航空B5103 飞机因维修工作
需要, 需在121.5MHZ 进行ELT 测试.

C 2328/09
ZGGG
B) 2009/12/03/1000 C) 2009/12/03/2100
E) 南航B-6160 飞机在广州白云机场

进行固定式ELT 测试工作,测试
频率:121.5MHZ, 测试工作在每小时开
始的5 分钟内执行. 每次发送不
超过10 秒.

C 2327/09
ZGGG
B) 2009/12/02/2200 C) 2009/12/05/1200
E) 南航B-3061 飞机在广州白云机场

进行固定式ELT 测试工作,测试
频率:121.5MHZ, 测试工作在每小时开
始的5 分钟内执行. 每次发送不
超过10 秒.

图8.2 飞行前航行资料公告

8.1.2.3　完成领航计划

对于不同的机型和飞行任务，领航计划的内容也有区别。对于导航设备少的飞机，需要人工完成相应领航计算，并填写在领航记录表内；对于导航设施先进的飞机，如具有 IRS、GPS 和 FMS 的飞机，相应的领航计算通过导航计算机进行计算。领航计算的内容有：

（1）按飞机的常用指示空速 IAS、飞行高度层 H 和飞行高度的温度 T_H 计算真空速 TAS；

（2）按真空速 TAS、飞行高度的 WD/WS、磁航线角 MC 及航线距离 D，推算各航段的 $MH_应$ 和 $t_应$；

（3）计算航线总距离和航线总飞行时间；

（4）计算最少携带油量和油量可飞时间；

（5）计算安全返航点。在航线飞行中，当没有合适的备降机场，只能选择起飞机场作为备降机场时，为了保证飞行安全，在起飞前应当准确计算安全返航点。安全返航点就是根据本飞机携带的燃油量，在飞机遇到特殊情况时能安全返航的一点，从这一点返航至起飞机场上空还有不少于 45 min 的燃油量，如图 8.3 所示。从起飞机场到安全返航点的距离就是飞机能安全返回起飞机场的最大许可距离，叫作活动半径。

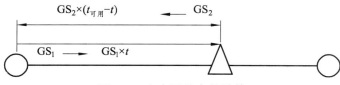

图 8.3　安全返航点的计算

活动半径的计算过程如下：

① 计算可飞的航线总时间。

根据飞机携带的燃油量和返航到起飞机场还有不少于 45 min 的燃油量的规定，可计算航线可飞时间：

$$t_{可用} = （携带燃油 - 地面耗油量 - 空中耗油率 \times 45）/空中耗油率 \qquad （8.1）$$

② 计算出航地速 GS_1 和返航地速 GS_2。

根据航线角 MC、TAS、航线高度的 WD/WS，可计算飞机的出航地速 GS_1 和返航地速 GS_2。

③ 计算出航飞行时间 t。

从图 8.3 可知：

$$GS_1 \cdot t = GS_2 \cdot （t_{可用} - t） \qquad （8.2）$$

整理为：
$$t = GS_2 \cdot t_{可用} / （GS_1 + GS_2） \qquad （8.3）$$

④ 计算活动半径 R。

$$R = GS_1 \cdot t \qquad （8.4）$$

例 8.1　某飞机，TAS = 620 km/h，MC = 130°，WD = 180°，WS = 70 km/h，携带燃油 8 000 kg，地面耗油率为 800 kg/h，空中耗油率为 1 200 kg/h，计算返航飞行时间和活动半径。

解： ① 计算 $t_{可用}$：$t_{可用} = (8000 - 800 \times 15/60 - 1200 \times 45/60)/1200 = 5.45'$

② 计算 GS_1 和 GS_2：$GS_1 = 660$ km/h，$GS_2 = 580$ km/h

③ 计算出航飞行时间 t：$t = GS_2 \cdot t_{可用}/(GS_1 + GS_2) = 580 \times 5.45'/(660 + 580) = 2.41'$

④ 计算活动半径：$R = GS_1 \cdot t = 1\ 775$ km

所以，返航飞行时间为 2.41'，活动半径是 1 775 km。

从安全返航点返航的时刻，等于起飞时刻加上出航飞行时间 t，如果起飞时刻为 8:30:00，则返航时刻为 8:30:00 + 2.41' = 11:11:00。

⑤ 计算等时点。等时点是航线上一点，在该点飞机飞往着陆机场的时间与返回起飞机场的时间相等，如图 8.4 所示。在长距离飞行或航线中途没有备降场而又需要尽快着陆时，应计算等时点的位置。如果飞机还未到等时点需尽快着陆，应返回起飞机场着陆；如果飞机已飞过等时点，则应继续飞向着陆机场着陆，这样可以在最短的时间里着陆。

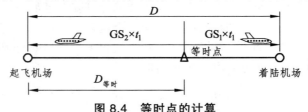

图 8.4　等时点的计算

等时点的计算过程是：

① 计算出航地速 GS_1 和返航地速 GS_2。

② 计算等时点时间 t_1。

$$GS_1 \cdot t_1 + GS_2 \cdot t_1 = D \tag{8.5}$$

$$t_1 = D/(GS_1 + GS_2) = D/2TAS \tag{8.6}$$

③ 计算等时点位置：

$$D_{等时} = GS_1 \cdot t_1 \tag{8.7}$$

例 8.2　某飞机 TAS 为 780 km/h，飞某航线长度 1200 km，出航 GS 为 820 km/h，计算等时点至起飞机场的距离。

解： 根据式（8.6）和（8.7），可计算 t_1 和 $D_{等时}$：

$$t_1 = D/2TAS = 1200/2 \times 780 = 46'$$

$$D_{等时} = GS_1 \cdot t_1 = 820\ \text{km/h} \times 46' \approx 631\ \text{km}$$

经计算可知等时点距离航线起点为 631km。

8.2　飞行中领航实施

空中领航实施是从起飞机场飞机开车开始到着陆机场飞机关车为止，是在飞行前准备的基础上，利用机上导航设备，运用相应的导航方法引导飞机沿预定航线准时、准确安全地到达预定地点。如果飞行机组配有专职领航员，领航实施工作由领航员负责；如果没有配专职领航员，则由飞机驾驶员负责实施。由于现在的航线飞机的机载导航系统很先进，因此领航工作由飞行员实施。

8.2.1　空中领航实施方法

飞行过程包括起飞离场加入航线、沿航线爬升、沿航线巡航、沿航线下降、进近着陆等，在不同的阶段需要实施不同的领航工作。

8.2.1.1　起飞离场及加入航线

完成起飞前的各种准备，与空中交通管制员联系，申请起飞。

起飞后，飞机上升到一定高度，按照不同的离场方法离场入航。根据飞行情况，分为目视飞行离场和仪表飞行离场；仪表飞行可采用标准仪表离场和非标准仪表离场。

1）目视飞行离场

目视飞行离场入航常用的方法有直接离场入航和通过机场上空离场入航。

在净空条件好、没有爬升规定、没有周围机场活动限制的机场，按管制指令可以采取直接离场入航的方法。如图 8.5 所示，飞机起飞后，上升到该机型允许的转弯高度，当转至入航航向时，记下入航时刻和高度，直接飞向第一个航路点。当航线方向与起飞方向的夹角小于 30°时，起飞时刻即为入航时刻；当夹角在 30°～90°之间时，以开始转弯的时刻作为入航时刻；当夹角大于 90°时，以正切机场的时刻作为入航时刻。

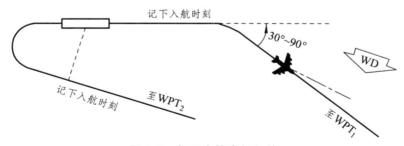

图 8.5　起飞直接离场入航

当机场净空条件差，需要在本场爬高建立目视航线，或周围机场有活动限制时，按管制指令，飞机爬升到规定入航高度通场或经规定的定位点上空，记下入航时刻和高度，飞向第一个航路点，如图 8.6 所示。

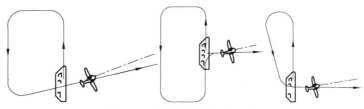

图 8.6　通过机场上空入航

2）仪表飞行离场

在规定有标准仪表离场程序的机场，飞机起飞后，应当严格按管制员指令的离场路线飞行，没有新的指令不得擅自改变。飞行员在起飞前应根据所飞航线和起飞方向，仔细地阅读标准仪表离场图，熟悉离场的程序。

在没有规定标准仪表离场程序的机场，飞机起飞后，应当根据机场使用细则中仪表飞行的规定、地面和机载设备条件、起飞方向等确定离场路线和加入航线的方法。主要有过台入航和旁切电台入航。

8.2.1.2 沿航线爬升

飞机加入航线后，为了节省燃油、增加航程，飞机需保持应飞航向和速度沿航线爬升到指定的飞行高度层巡航，因而在沿航线爬升过程中就需要计算上升时间，确定改平飞的时刻和位置。

1）计算爬升时间

飞机自入航高度（$H_入$）沿航线爬升到航线指定巡航高度（$H_指$），使用平均爬升率（RC：Rate Of Climb），如图 8.7 所示。所以，爬升时间为：

$$TC = \frac{H_指 - H_入}{RC} \tag{8.8}$$

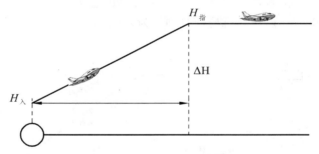

图 8.7　改平飞位置和平飞时刻的计算

2）计算改平时刻和位置

由入航时刻（$T_入$）、爬升时间、爬升平均地速（$GS_平$），计算改平时刻和位置为：

$$T_{改平} = T_入 + TC \tag{8.9}$$

$$D_{改平} = GS_平 \cdot TC \tag{8.10}$$

在实际计算中，一般用飞行高度层的巡航地速 $GS_巡$ 代替上升平均地速进行计算，但用巡航地速 $GS_巡$ 代替爬升平均地速，计算的改平距离存在一定误差。飞行中，按照修正爬升多花时间（Δt），将爬升时间转换为相应的平飞时间（$t_平$），即：

$$t_{平飞} = TC - \Delta t \tag{8.11}$$

$$D_{改平} = GS_巡 \cdot t_{平飞} \tag{8.12}$$

根据推算，目前民航运输机，在中、低空大约每上升 4 min 所飞过的水平距离，要比按平飞地速飞过同样距离多花 1 min；在 6 000 m 以上高空，高度越高，上升平均真空速越接近平飞真空速，上升率也越来越小，上升多花 1 min 的上升时间就要长一些。通过计算，上升多花 1 min 与上升率、上升高度的关系是：

上升率：	1 m/s	上升：240 m（约 250 m）	多花 1 min
	2 m/s	480 m（约 500 m）	多花 1 min
	3 m/s	720 m（约 700 m）	多花 1 min
	4 m/s	960 m（约 950 m）	多花 1 min
	5 m/s	1200 m	多花 1 min

例 8.3 某飞机入航高度 600 m，入航时刻为 10:30:00，指定巡航高度 3 600 m，飞机 RC 为 4 m/s，$GS_巡$ 480 km/h，计算飞机 $T_{改平}$ 和 $D_{改平}$。

解：根据式（8.8）有

$$TC = \frac{H_指 - H_入}{RC} = \frac{3600 - 600}{4} = 750'' = 12'30''$$

改平时刻　　$T_{改平} = T_入 + TC = 10:30 + 12'30'' = 10:42:30$

根据爬升时间 $12'30''$ 可知，按照巡航地速计算爬升时间，多花时间是 Δt 是 $3'$，则：

$$t_{平飞} = TC - \Delta t = 12'30'' - 3' = 9'30''$$

$$D_{改平} = GS_巡 \cdot t_{平飞} = 480 \text{km/h} \times 9'30'' = 76 \text{ km}$$

所以飞机改平时刻为 10:42:30，改平位置为距离航线起点 76 km，可以在航线上标出该位置。

8.2.1.3　沿航线巡航

沿航线巡航时，主要的领航工作就是检查航迹和修正航迹，根据机载导航设施的情况，可通过不同的方法对航线进行检查和修正。地标罗盘领航中，主要是通过地标定位来确定飞机位置，判断偏航距离，并在检查点从飞机偏出位置飞往预定航路点；采用无线电导航设备导航时，可通过导航仪表的指示来判断飞机的偏航情况，可采用从偏出位置飞往预定航路点和切入航线沿航线飞往预定航路点；在具有现代导航系统的飞机上，航线飞行过程采用自动飞行。在检查点检查了飞机的偏航情况并修正后，还需要按规定向管制员发位置报。

飞机沿航线飞行中，当飞机通过转弯航路点转弯后，即进入下一航段的起点，因此应力求准确。飞机可采用飞越式和非飞越式转换航段：飞越式是在飞机飞越转弯航路点后，操纵飞机向下一航段方向转弯，然后估计提前量改出转弯至下一航段；非飞越式是在飞机距转弯航路点前估计一个转弯提前量，然后操纵飞机转弯至下一航段飞行。

8.2.1.4　沿航线下降

飞机沿航线下降、进场到进近着陆，是飞行的最后阶段，在这段飞行过程中，飞机保持规定的下降速度和下降率下降，直至到达着陆机场着陆为止。飞机在下降过程中，下降过早容易使飞机低于安全高度，危及安全，而且飞机在低高度飞行还会大大增加燃油的消耗，造成浪费，使经济效益降低；下降过晚会给进场着陆造成困难，同样会影响飞机的正常飞行。因而在沿航线下降过程中就需要计算下降时间，确定开始下降时刻和位置。

1）计算下降时间

下降时间（TD）是根据航线飞行高度下降到通过降落机场上空规定高度的高度差和下降率（RD-Rate of Descent）计算出来的，如图 8.8 所示。即：

$$TD = \frac{H_巡 - H_规}{RD} \tag{8.13}$$

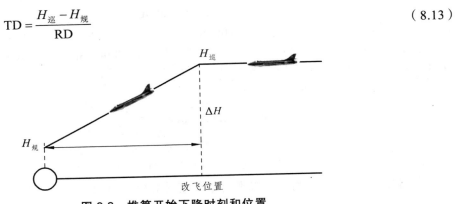

图 8.8 推算开始下降时刻和位置

2）计算开始下降时刻

$$T_开 = T_{预达} - TD \tag{8.14}$$

3）计算开始下降位置

根据下降平均地速（一般用巡航地速 GS）和下降时间，计算开始下降起点至航线终点的距离 $D_开$，再从航线终点沿航线返回量取这段距离，即为飞机开始下降起点的位置。其中 $D_开$ 为：

$$D_开 = GS_平 \cdot TD \tag{8.15}$$

例 8.4 某飞机沿航线飞行，GS170 kn，预达终点的时刻为 10:56:00，航线飞行高度为 10 000 ft，平均下降率为 700 ft/min，进场高度为 2 000 ft，计算开始下降时刻和开始下降距离。

解： 根据 $H_巡 = 10\ 000$ ft，$H_规 = 2\ 000$ ft，RD = 700 ft/mim 和式（8.13），可计算 TD：

$$TD = \frac{H_巡 - H_规}{RD} = \frac{10\ 000 - 2\ 000}{700} = 11.26''$$

根据 $T_{预达} = 10:56:00$ 可计算 $T_开$：

$$T_开 = T_{预达} - TD = 10:56:00 - 11.26'' = 10:44:34$$

根据 GS = 170 kn，可计算 $D_开$：

$$D_开 = GS_平 \cdot TD = 170\ kn \times 11.26'' \approx 60\ km$$

所以飞机开始下降时刻为 10:44:34，开始下降位置为距离着陆机场 60 km。

8.2.1.5 进场进近着陆

　　进场着陆是保证飞行安全的关键，因此必须集中精力、胆大心细，严格按标准执行飞行，完成飞行工作。在不同天气条件下，飞机可以选择目视进场着陆和仪表进场着陆。如果水平能见度和垂直能见度均良好，确定了飞机的精确位置，地形熟悉，可以采取目视进场、进近着陆的方式。在仪表飞行的情况下，必须按照仪表进场图和仪表进近图规定的程序，实施仪表进场和仪表进近着陆。

　　在目视进场着陆的过程中，空中交通管制员应提醒飞行人员加强观察，防止与其他飞机危险接近或低于安全高度飞行。

　　目视进场着陆是根据飞机的进入方法，按照管制员的指挥，保持目视，飞机下降高度进场，灵活地加入起落航线的各边，直接实施着陆。加入起落航线的方法通常有直接加入长五边，加入三边、四边和通场加入一边、三边等，如图 8.9 所示。各机场具体的目视进场着陆方法，要按照机场使用细则的规定和地面管制员的指挥执行。

　　在仪表飞行的情况下，按照标准仪表进场图规定的方法或管制员的指令进场，并按仪表进近图规定的进近程序加入进近，安全着陆。

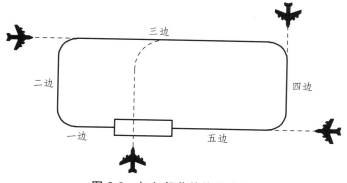

图 8.9　加入起落航线的方法

8.2.2 特殊情况的处置

　　飞行中，遇有雷雨天气、飞机设备故障、有相遇和追赶、改航备降、迷航等特殊情况，飞行人员和管制人员应沉着、冷静地按照特殊情况处置预案正确处置。管制人员和负有指挥责任的人员，应给予飞机必要的帮助（协助），该绕飞的绕飞，该返航、备降的返航、备降，采取一切有利措施，确保飞行安全。

8.2.2.1 绕飞雷雨

　　在复杂气象条件下飞行，飞机遇有雷雨（或雷暴），应首先判明雷雨性质、发展趋势、移动方向和速度，选择绕飞雷雨区的航线和备降机场。在取得管制许可后，可采取云上飞越、侧方绕过或从云隙中穿过等措施。

　　在雷雨活动区，没有雷达设备的飞机，保持目视飞行，根据雷雨性质、飞机设备性能、地形和油量等情况，做出综合分析判断，取得管制许可后，决定绕飞或返航。绕飞雷雨过后，应按无风点推算飞机位置。

有雷达设备的飞机，利用机载雷达观察、判明雷雨活动的情况，取得管制许可后，有步骤实施绕飞，随时确定飞机位置，注意观察雷雨活动变化趋势，与管制员保持联系，不间断地通报天气状况。

绕飞雷雨后，视航路、油料等综合情况，按管制员的指令，决定飞机是否继续执行原飞行计划，或者飞往原航线降落机场，或者飞往备降机场。

8.2.2.2 返航和备降

飞行中如果因天气或任务变化等原因需要在中途返航或飞往备降机场时，应报告管制员。飞机要中途返航，需根据安全返航点位置及时作出返航决定。当飞机既不能继续飞往着陆机场，也不能返回起飞机场时，应该飞往就近的备降机场。飞往备降机场的飞机，首先要确定改航起点，然后从该点选择飞往备降机场的航线，改航飞往备降机场。

在改航飞往备降机场时，对于缺少导航设备的通用飞行飞机，飞行员需要在地图上画出改航航线并量取准确的航线角和距离，按已知风进行领航计算，计算出准确的应飞航向和预计到达时刻，并操纵飞机按计算出的数据进行调整。对于具备先进导航设备的飞机，飞行员可在导航计算机上修改飞行计划，从而让飞机执行修改的飞行计划。

8.2.2.3 准时到达的计算

为了保证民航飞行安全、准点、有序和高效运营，使飞机按任务要求的规定时刻到达目的地，必须做好两方面工作：一方面就是在起飞前准确地计算起飞时刻和到达时刻，经过计算的起飞时刻和到达时刻制成航班时刻表，在一定周期内，一般不允许随意更改，尽量避免人为因素造成航班延误；另一方面就是飞行中严格保持好航行诸元，并经常检查实际到达各航路点时刻与预计到达时刻是否一致，如果发现有偏差，应及时调整速度进行修正，消除时刻误差，准时到达目的地机场着陆。

1）计算起飞时刻 $T_{起飞}$

起飞时刻 $T_{起飞}$ 等于任务规定到达目的地的时刻 $T_{规定}$ 减去航线飞行总时间 $t_总$ 和备份的提前时间。提前的时间，一般为航线飞行总时间的 1%～3%，主要是用于飞行中偏航所造成的时间增加，以及消磨早到时间比补偿晚到时间容易，所以常提前一些时间起飞。因此，准时起飞时刻可表示为：

$$T_{起飞} = T_{规定} - t_总 - (1\% \sim 3\%)t_总 = T_{规定} - (1.01 \sim 1.03)t_总 \tag{8.16}$$

飞机准时到达各航路点的时刻，则应根据规定准时到达目的地的时刻和各航段的预计飞行时间，由目的地往航线起点逐点推算出来。

2）调整速度准时到达

飞行中，如发现飞机将晚到预定点，可增大速度补偿晚到的时间；如发现将早到，可减小速度消磨早到时间。所以，只要使调整速度后飞行时间等于剩余时间，飞机就能准时到达预定点。实施方法如下。

① 计算准时到达应飞地速 GS$_{应}$：

$$\text{GS}_{应} = D_{剩}/t_{剩} \tag{8.17}$$

式（8.17）中，$D_{剩}$ 是飞机到预定点的剩余距离，$t_{剩}$ 是剩余飞行时间。

② 计算地速修正量 ΔGS：

$$\Delta\text{GS} = \text{GS}_{应} - \text{GS} \tag{8.18}$$

式（8.18）中，GS 是飞机实际地速。式中如果 ΔGS < 0，即 GS$_{应}$ < GS，则表示应减速；ΔGS > 0，即 GS$_{应}$ > GS，则表示应增速。

③ 计算应飞真空速 TAS$_{应}$。

由航行速度三角形中影响地速大小的因素可知：不论在什么侧风条件下，真空速的变化量都近似等于地速变化量，所以，应飞真空速 TAS$_{应}$ 就等于当时实际真空速 TAS 加上地速修正量 ΔGS（因为 ΔTAS $\approx$ ΔGS），即：

$$\text{TAS}_{应} = \text{TAS} + \Delta\text{TAS} = \text{TAS} + \Delta\text{GS} \tag{8.19}$$

有真空速指示的飞机，可以用真空速指示器来保持 TAS$_{应}$ 飞行，使飞机准时到达；如果飞机没有真空速指示，则应将 TAS$_{应}$ 换算为 IAS$_{应}$，然后用指示空速表保持 IAS$_{应}$ 飞行，使飞机准时到达。根据前面的学习，我们知道：在低空，IAS 与 TAS 比较接近，可以认为指示空速修正量等于真空速修正量，即 IAS$_{应}$ $\approx$ IAS + ΔIAS = IAS + ΔGS；在高空，指示空速与真空速相差较大，所以如需准确计算，则应用计算尺对尺求出应飞指示空速；如心算，则按 ΔIAS $\approx$ IAS/TAS·ΔGS 计算，所以 IAS$_{应}$ = IAS + ΔIAS = IAS + IAS/TAS·ΔGS。

用调整速度的方法准时到达，准确性比较高，而且在调速的过程中，飞机仍沿预定航线飞行，便于掌握航迹，但如果时刻偏差较大或飞机的速度调速范围较小，就必须作较长时间的调速飞行。因此，这种方法主要用于速度调速范围较大的机型，以及有适当的剩余距离和时刻偏差较小的情况。在管制工作中，管制员经常采用该方法指挥飞行员调速来保持管制间隔和调整到达时刻。

例 8.5 某航线飞行规定 10:00:00 到达目的地，飞行中保持 IAS 为 360 km/h，TAS 为 460 km/h 飞行，飞行高度层为 4 800 m，空中温度为 – 16°C，飞机 09:24:00 到达检查点，测算出地速为 530 km/h，飞机距离目的地还有 300 km，计算飞机准时到目的地应飞指示空速。

解：① 计算 GS$_{应}$：根据 $D_{剩}$ = 300 km 和 $t_{剩}$ = 36′，可计算 GS$_{应}$ = $D_{剩}/t_{剩}$ = 300/36 = 500（km/h）

② 计算 ΔGS：ΔGS = GS$_{应}$ – GS = 500 – 530 = – 30 < 0，说明飞机应减小速度才能准时到达目的地。

③ 计算 TAS$_{应}$：TAS$_{应}$ = TAS + ΔGS = 460 + (– 30) = 430 km/h。

④ 计算 IAS$_{应}$：根据飞行高度层 4 800 m 和空中温度 – 16°C 及求出的 TAS$_{应}$ = 430 km/h，对尺可求出 IAS$_{应}$ 为 337 km/h。

所以，飞机保持 IAS 为 337 km/h 飞行即可在 10:00:00 准时到达目的地。

8.2.2.4　相遇和追赶

在同一航线上同时有多架飞机来往飞行，为了保证飞行安全，避免空中飞机相撞事故的发生，除了采用高度层配备的方法外，还应当计算相向飞行的飞机相遇的时刻，同向飞行的飞机追赶的时刻。

1）计算相向飞行的两机的相遇时刻

两架飞机在同一条航线作相对飞行，相遇时刻 $T_{遇}$ 的计算有两种情况。

（1）两机在同一航路点外相遇。

A、B 两机在同一航线上作相对飞行，A 机于 T_1 时刻通过航路点 WPT，保持 GS_1 飞行，B 机保持 GS_2 飞行，预达到航路点 WPT 时刻为 T_2，如图 8.10 所示。

从图 8.10 知两机相遇所需时间 $t_{遇}$：

$$GS_1 \times t_{遇} + GS_2 \times t_{遇} = GS_2 \times (T_2 - T_1) \tag{8.20}$$

整理为：

$$t_{遇} = GS_2(T_2 - T_1)/(GS_1 + GS_2) \tag{8.21}$$

两机相遇时刻 $T_{遇}$ 为：

$$T_{遇} = T_1 + t_{遇} \tag{8.22}$$

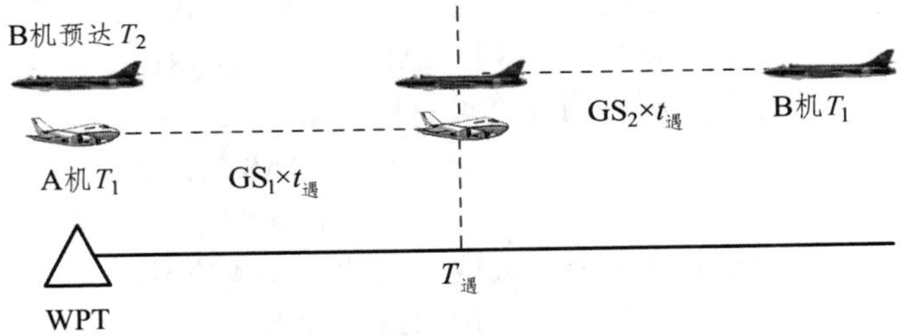

图 8.10　两机在同一航路点外相遇

例 8.6　A、B 两机在同一航线上作相对飞行，A 机 $GS_1 = 760$ km/h，于 10:00:00 飞越某航路点，B 机 $GS_2 = 850$ km/h，于 10:25:00 飞越同一航路点，计算两机相遇时刻。

解：计算两机相遇所需时间

$t_{遇} = GS_2(T_2 - T_1)/(GS_1 + GS_2) = 850 \times (10:25:00 - 10:00:00)/(760 + 850) \approx 13'$

两机相遇时刻 $T_{遇} = T_1 + t_{遇} = 10:00:00 + 13' = 10:13:00$

所以两机相遇时刻为 10:13:00。

（2）两机在两航路点间相遇。

A、B 两架飞机在同一航线作相对飞行，A 机通过航路点 WPT_1 的时刻为 T_1，B 机通过航路点 WPT_2 的时刻为 T_2，A、B 两机作相对飞行，A 机早于 B 机飞越航路点，如图 8.11 所示。

从图 8.11 可知：

$$GS_1 \times (T_2 - T_1) + GS_1 \times t_{遇} + GS_2 \times t_{遇} = D \tag{8.23}$$

整理为：

$$t_遇 = [D - GS_1(T_2 - T_1)]/(GS_1 + GS_2) \tag{8.24}$$

两机相遇时刻 $T_遇$ 为：

$$T_遇 = T_2 + t_遇 \tag{8.25}$$

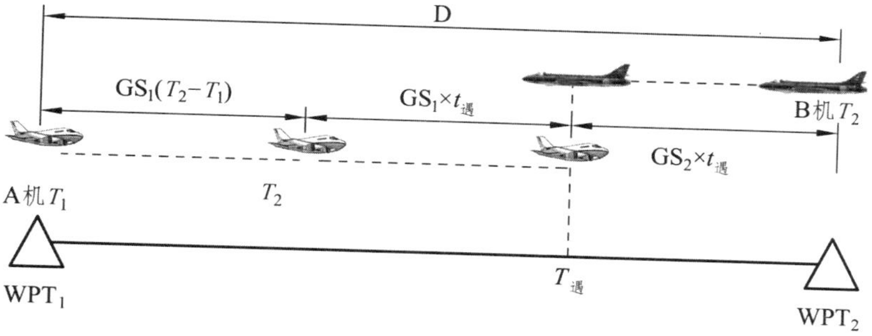

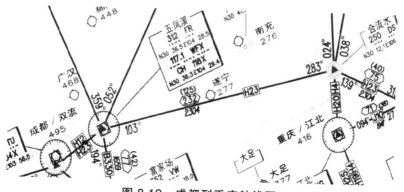

图 8.11　两机在两航路点间相遇

例 8.7　A 机执行成都飞重庆，$GS_1 = 300$ km/h，10:00:00 经过五凤溪航路点，B 机执行重庆飞成都，$GS_2 = 420$ km/h，10:05:00 通过合流水航路点，航线图如图 8.12 所示，计算两机相遇时刻。

图 8.12　成都到重庆航线图

解：从图可知五凤溪到合流水的距离为 232 km，A 机 $GS_1 = 300$ km/h，B 机 $GS_2 = 420$ km/h，则两机相遇时间 $t_遇$ 为：

$$t_遇 = [D - GS_1(T_2 - T_1)]/(GS_1 + GS_2)$$
$$= [232 - 300 \times (10:05:00 - 10:00:00)]/(300 + 420) \approx 17'$$

两机相遇时刻 $T_遇 = T_2 + t_遇 = 10:05:00 + 17' = 10:22:00$

所以两机相遇时刻为 10:22:00。

2）计算同向飞行的飞机后机追赶前机的时刻

两架飞机在同一航线上同方向飞行时，如果速度小的飞机在前、速度大的飞机在后，那么后机将追上前机，如图 8.13 所示，先机通过一航路点 WPT 的时刻为 T_1、地速为 GS_1；后机通过同一航路点 WPT 的时刻为 T_2、地速为 GS_2。

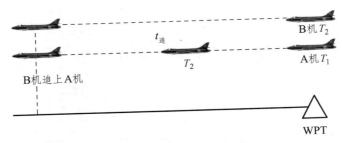

图 8.13　追赶时刻的计算示意图

后机追前机所需时间 $t_{追}$：

$$\text{GS}_2 \times t_{追} = \text{GS}_1(T_2 - T_1) + \text{GS}_1 \times t_{追} \qquad (8.26)$$

经整理为：

$$t_{追} = \text{GS}_1(T_2 - T_1)/(\text{GS}_2 + \text{GS}_1) \qquad (8.27)$$

后机追上前机的时刻 $T_{追}$：

$$T_{追} = T_2 + t_{追} \qquad (8.28)$$

例 8.8　两机执行成都到重庆的飞行，A 机 9:00:00 通过五凤溪航路点，$\text{GS}_1 = 300\ \text{km/h}$，B 机 9:15:00 通过五凤溪航路点，$\text{GS}_2 = 450\ \text{km/h}$，计算 B 机追上 A 机的时刻。

解：计算追赶时间：

$$t_{追} = \text{GS}_1(T_2 - T_1)/(\text{GS}_2 + \text{GS}_1) = 300 \times (9{:}15 - 9{:}00)/(300 + 450) = 6'$$

B 机追上 A 机的时刻为：

$$T_{追} = T_2 + t_{追} = 9{:}15{:}00 + 6' = 9{:}21{:}00$$

所以 B 机追上 A 机的时刻为 9:21:00。

8.2.2.5　飞行进程与燃油的计算

在飞行中，修改飞行计划时，如进行备降场的选择、改航直飞新的航路点等，需要根据现有油量来计算是否能执行新的飞行计划。如油量满足修改的飞行计划，可以按照修改计划执行；如果油量不能满足修改的飞行计划，则需要调整计划。

进行计算时，可根据现有油量和燃油消耗率计算出可以飞行的时间，然后用该时间与地速计算出最大飞行距离，用修改的飞行计划的飞行距离与最大飞行距离进行比较，即可判断该飞行计划是否可执行；也可根据修改的飞行计划来计算所需油量，用飞行距离和地速计算出该计划的飞行时间，再乘以燃油消耗率就可计算出该计划的燃油需要量，与油量表指示相比较，就可知道目前飞机油量够不够。

8.2.2.6　迷航的处置与防止

飞行中，机组不能判明飞机所在位置，无法确定飞往预定点的应飞航向，以致不能按预定的计划完成飞行任务的一种状态，叫迷航。迷航是严重的领航事故，迷航不仅会影响飞行任务的顺利完成，而且处置不好还可能危及飞行安全，甚至导致严重的飞行事故发生。因此，迷航后的处置及迷航的防止是飞行中一项重要工作。

1）迷航的原因

迷航的原因包括：机组领航准备工作不细，特殊情况处置预案不切合实际，飞行中发生错、忘、漏，无根据地随意改航，天气条件恶化，由于导航设备故障而顾此失彼；或者组织指挥失误，空中交通管制失当，规章制度不落实，勤务保障不利等多种多样的主、客观因素。

2）防止迷航的措施

若要防止迷航的发生，从机组的主观因素方面，应做好飞行前的准备工作，飞行中保持好航行诸元，正确处置可能发生的特殊情况；从客观因素方面，应严密组织指挥，一丝不苟地做好勤务保障工作，井然有序地做好空中交通管制工作，随时掌握飞行进程和飞机动态。主、客观共同努力，营造良好的飞行环境，迷航现象的发生完全可以避免。

3）迷航后的处置

（1）机组的处置：

① 迷航飞机的机组应当保持沉着、冷静，立即将迷航情况报告空中交通管制员，以便取得地面可能给予的帮助。

② 保持原航向飞行或在一个显著地标上空盘旋，记下迷航时刻，计算可飞时间，上升到有利高度（提高导航设备的有效距离，便于雷达探测和便于观察地标）。

③ 检查记载的领航数据，回忆飞过的区域，推测迷航的范围，避开不利因素，创造复航的一切有利条件。

④ 检查油量，计算可以继续飞行的最长时间。

⑤ 按照管制员的指挥或领航计划预定的方案飞行，创造对复航有利的条件：如在国境线附近迷航时，必须立即取垂直于国境线的航向飞向本国领空；在恶劣天气附近飞行，如果能摆脱坏天气的区域，应飞向天气较好的地区；在海岸附近飞行，如果是与陆地相连，应飞向陆地；在山区附近飞行，如果能脱离山区，应飞向平原或较为平坦的区域。

（2）管制部门的处置：

① 接到迷航飞机的报告后，管制部门应使用一切可行的手段，迅速搜索、寻找迷航飞机，通过空、地配合，使迷航飞机尽快复航。

② 管制员应积极主动协助迷航飞机脱离困境，提醒机组按特情处置预案实施复航。

③ 根据飞机发出的位置报，推算飞机的概略位置。

④ 了解飞机的续航能力，开放沿线的所有导航设施，为飞机定位提供方便。

4）复航的方法

根据飞机导航设施的情况和飞机所在的区域，采用适当的复航方法复航。如目视飞行情况下，可采用向线状地标飞行复航和显著地标飞行复航；如有可利用的导航设施，可采用向台飞行飞向导航台复航；在雷达监控的区域，可听从管制员的指令复航。

如果采取各种措施仍不能复航时，应当指令迷航飞机在最先遇到的机场着陆；或者选择场地迫降，迫降前，必须保留一定燃油，以备观察地形和复飞时使用。

8.3　我国民用航空导航技术政策

我国制定导航技术政策的目的，是指导民用航空导航系统设施的设计、建设、运行和管理；推进导航新技术的系统性试验和应用；为有关部门的规划、决策、技术发展等提供参考。我国民用航空导航系统将满足不同用户、运行者和管理者的需求，是天、地、空三位一体的综合导航系统。

当前我国陆基导航设备总体数量不足，布局不尽合理；导航技术和系统的应用和研究相对落后；GNSS 及 RNAV 等新技术的应用和运行研究相对滞后；导航技术标准、运行程序的自主研发和评估能力滞后。而为未来基于卫星导航系统的运行提供所需的冗余和备份能力，是平稳过渡和突破向背台飞行的限制必要条件。为我国制定了卫星导航和陆基导航的发展方向。

对于卫星导航系统，主权以及运行风险决定了使用者必须对其进行有效监测，建设自主监测系统是必然的选择；必须建立一整套严格的从系统开发到应用的质量评估体系，确保信息提供的可靠性。对于陆基导航设备，由于总体数量不足，布局不尽合理，所以必须重新整合现有导航设施资源，完善陆基系统的冗余和备份设备网络，充分发挥陆基导航设备性能。使用方式上需要实现向基于性能的运行的转变。

我国对导航系统的发展方向是从提供导航信号过渡到提供基于性能的导航服务。计划在未来 20 年的时间内，实现陆基导航系统向星基导航系统的过渡；逐步在民航实施并推广RNP/RNAV。虽然卫星导航技术发展迅速并在未来全球导航环境中起到重要作用，但至少在可预测的时间内，陆基系统仍然要作为 GNSS 的所有飞行阶段的备份系统。

8.3.1　中国民用航空导航技术发展战略目标

我国民用航空导航技术发展战略目标是完善陆基导航网络，合理推进卫星导航系统，形成陆基导航系统、星基导航系统和航空器自主导航并存发展的综合导航体制，积极推动"自由飞行"概念，拓展 RNP/RNAV 运行模式，提供满足不同用户使用需求的能力，提供保证安全、提高效益的导航政策、技术标准、运行要求和设施装备。

8.3.2　中国民用航空导航技术政策运行要求和政策

我国对于不同的飞行区域，提出了不同的运行要求和政策。

洋区导航：积极采用卫星导航、ADS – C 和 ADS – B、CPDLC、RNP/RNAV、RVSM 等技术，加强运行可监控性，提高运行安全性，降低飞行间隔标准；到 2025 年，在洋区提供保障 RNP 10 航路运行的基础手段，并根据 ICAO 规划和地区性协调情况，逐步实现 RNP10 向RNP4 的过渡；允许不具备 RNP 能力的民用航空器在非 RNP 航路继续使用现有洋区最小间隔标准运行。

航路导航：根据航路网规划需求，完善陆基导航网络，满足航路导航系统冗余和备份网络设施的装备要求；实现 VOR/DME、DME/DME 为基础的 RNP 5 航路运行；支持以 DME/DME 为基础的 RNP 2 航路运行；建设并完善基于 GNSS 的 RNP 5 和 RNP 2 航路运行；保持完善的陆基导航系统。以继续支持民用航空器的非 RNP 运行方式。

终端区导航：积极推进以 DME/DME 方式为基础的 RNP/RNAV 运行；到 2025 年满足在主要终端区使用 RNP2、最高至 RNP1 的飞行运行；推进 3D RNAV 概念的研究、运行应用和技术装备；推进 4D RNAV 概念的研究和试验；支持终端区不同进近方式的灵活应用。

进近和着陆：在 GNSS 系统达到所需性能和标准要求之前，ILS 将继续作为在机场提供 Ⅰ/Ⅱ/Ⅲ 类精密进近的主要导航保障系统；建成以京、沪、穗为龙头的大型枢纽机场Ⅲ类 ILS 系统，根据气象条件和年度起降架次，完成重点干线机场的Ⅱ、Ⅲ类 ILS 设备改造；研究和建立 APV Ⅰ/Ⅱ 进近导航技术，在没有安装 ILS 的机场进行 APV Ⅰ/Ⅱ 运行应用试验。

根据我国对导航提出的运行要求和政策，我国提出了卫星导航系统和陆基导航系统的发展目标。

卫星导航系统近期目标：WGS – 84 坐标转换；评估 GPS 系统导航性能；完善和推广 GPS 卫星导航完好性监测系统；建立基于 GPS 的设施、运行标准及配套规章，提供 GNSS 服务的试运行；GPS 地基增强系统 CAT I 的试验和推广；争取 ICAO SARPs 对我国卫星导航技术方案的支持；推动所需机载设施的装备。

卫星导航系统中期目标：完善建立评估多种卫星导航系统的导航性能平台；完善基于 GNSS 的设施、运行标准及配套规章；推动基于 GNSS 的 RNP/RNAV 的运行，多种卫星导航增强系统试验（GPS/GALILEO/GLONASS/我国二代卫星导航系统），GPS 地基增强系统 CAT Ⅱ/Ⅲ 的试验。

卫星导航系统远期目标：推广基于 GNSS 的 RNP/RNAV 的运行，建立并完善卫星导航的运行体系，研究 4D RNAV。

对于陆基导航系统，做好 RNAV SID/SIARS 应用推广的设备保证；做好 RNAV 进近试验所需设备布局及性能的优化；保持 ILS Ⅰ/Ⅱ/Ⅲ 类能力。为此对于陆基导航设施的发展是：VOR 主要支持通用航空和满足特殊地区的备份导航能力；DME 作为支持常规仪表飞行和区域导航飞行的主要基础设施；ILS 作为机场着陆的主要导航设施，加强布局和建设，保持和适当扩大仪表着陆系统Ⅱ、Ⅲ类运行标准的实施范围；MB/NDB 将不再新建，除非没有其他有效导航手段或存在特殊要求时才装备 NDB 设备。

复习思考题

1. 在预先领航准备过程中，主要的准备内容有哪些？

2. 在直接领航准备中，主要的准备内容有哪些？

3. 飞机沿某航线飞行，航线飞行时间是 1.45′，如果以起飞机场作为备降场，飞机的空中耗油率为 2 500 kg/h，地面滑行按照 200 kg 计算，计算飞机应携带的最少燃油量。

4. B737-300 型飞机执行北京到成都的航线，航线飞行时间 2.20′，选择重庆和贵阳为备降机场，成都飞重庆的飞行时间为 45′，成都飞贵阳的飞行时间为 1.15′，飞机的空中耗油率为

2500 kg/h，地面滑行按照 200 kg 计算，计算飞机应携带的最少燃油量。

5. B737-300 型飞机，TAS 738 km/h，MC 130°，WD 180°，WS 70 km/h，携带燃油 12 000 kg，地面耗油率为 800 kg/h，空中耗油率为 2 500 kg/h，计算返航飞行时间和活动半径。

6. 某飞机 TAS 为 740 km/h，飞某航线长度 1 200 km，出航 GS 为 820 km/h，返航 GS 为 660 km/h，计算等时点位置。

7. 沿航线上升的改平时刻和位置以及沿航线下降的开始时刻和位置是如何确定的？

8. 为什么沿航线上升时，飞过相同的距离要比航线巡航多花一些时间？

9. 某飞机从机场上空入航，入航高度 600 m，入航时刻为 9:28:00，指定巡航高度 4 200 m，飞机 RC 为 5 m/s，$GS_巡$ 480 km/h，计算飞机 $T_{改平}$ 和 $D_{改平}$。

10. 某飞机沿航线飞行，GS 为 210 kn，预达终点的时刻为 17:00:00，航线飞行高度为 10000 ft，平均下降率为 700 ft/min，进场高度为 2 000 ft，计算开始下降时刻和开始下降距离。

11. 两机相遇时刻和位置以及后机追上前机的时刻和位置是如何计算的？

12. 一架飞机 13:01:00 通过某航路点，航线飞行高度 6 000 m，地速 485 km/h；另一架飞机 13:11:00 在同一航线相距 1 150 km 的另一航路点作相向飞行，航线飞行高度 6 600 m，地速 645 km/h。计算两机相遇时刻。

13. 甲机沿航线飞行，于 21:00:00 通过 XPT 航路点，其飞行高度 2 700 m，地速 250 km/h；乙机沿同一航线同向飞行，于 21:34:00 通过 XPT 航路点，飞行高度 3 300 m，地速 450 km/h。计算乙机追赶上甲机的时刻。

14. 加入起落航线的方法有哪些？

15. 飞行中如何防止迷航？迷航后如何处置？

参考文献

[1] 王东光. 领航学. 成都：西南交通大学出版社，2004

[2] 张焕. 空中领航学. 成都：西南交通大学出版社，2003

[3] 莫能逊. 空中领航学（上）. 北京：中国民航飞行学院，1994

[4] 中国人民解放军司令部. 领航学教程. 北京，1970

[5] 袁信，俞济祥，陈哲. 导航系统. 北京：航空工业出版社，1993.

[6] 李海晨. 专题地图与地图集编制. 北京：高等教育出版社，1984.

[7] 钦庆生. 飞行管理计算机系统. 北京：国防工业出版社，1991.

[8] 邓中卫. GPS 技术、应用与市场. 北京：航空工业出版社，1996.

[9] 王广运，郭秉义，李洪涛. 差分 GPS 定位技术与应用. 北京：电子工业出版社，1996.

[10] 魏光顺，郑玉篮，张欲敏. 无线电导航原理. 广州：东南大学出版社，1989.

[11] 蔡成仁主. 航空无线电. 北京：科学出版社，1992.

[12] BOEING COMMERCIAL AIRPLANE COMPANY.BOEING 737-300 AVIONICS SYSTEM MANTTENANCE MANUAL .1985.

[13] 以光衡. 惯性导航原理. 北京：航空工业出版社，1987.

[14] 陈哲. 捷联惯导系统原理. 北京：宇航出版社，1986.

[15] 许其凤. GPS 卫星导航与精密定位. 北京：解放军出版社，1989.

[16] 郑连兴，倪育德. DVOR VRB-51D 多普勒全向信标. 北京：中国民航出版社，1997.

[17] 陆平芝，郑德华. 全向信标和仪表着陆系统. 北京：国防工业出版社，1990.

[18] 王成豪，航空仪表. 北京：科学出版社，1992.

[19] 陈高平，邓勇. 航空无线电导航原理（上、下）. 北京：国防工业出版社，2008.

[20] 邵华木. 基础天文学教程. 合肥：安徽人民出版社，2008.

[21] 翟造成. 时间的计量. 上海：上海科技教育出版社，1991.

[22] 王桥. 变比例尺地图投影方法. 武汉：武汉测绘科技大学出版社，1996.

[23] 蔡孟裔. 新编地图学教程. 北京：高等教育出版社，2000.

[24] 黄丁发，熊永良，周乐韬. GPS 卫星导航定位技术与方法，北京：科学出版社，2009.

[25] 谢钢. GPS 原理与接收机设计. 北京：电子工业出版社，2009.

[26] 陈永冰，钟斌. 惯性导航原理. 北京：国防工业出版社，2008.

[27] 吴文海. 飞行综合控制系统. 北京：航空工业出版社，2007.

[28] Procedures for Air Navigation Services，aircraft operations， Volume II Construction of Visual and Instrument Flight Procedures， International Civil Aviation Organization，Fifth edition-2006

[29] Annex 10 to the Convention on International Civil Aviation， Aeronautical Telecommunications，Volume Radio Navigation Aids，International Civil Aviation Organization，Sixth Edition July 2006

[30] Boeing Commercial Airplane Company. Boeing 737-300 Avionics System Maintenance Training Manual.1985.

[31] 国际民航组织. 基于性能导航（PBN）手册. 第三版. 2008.